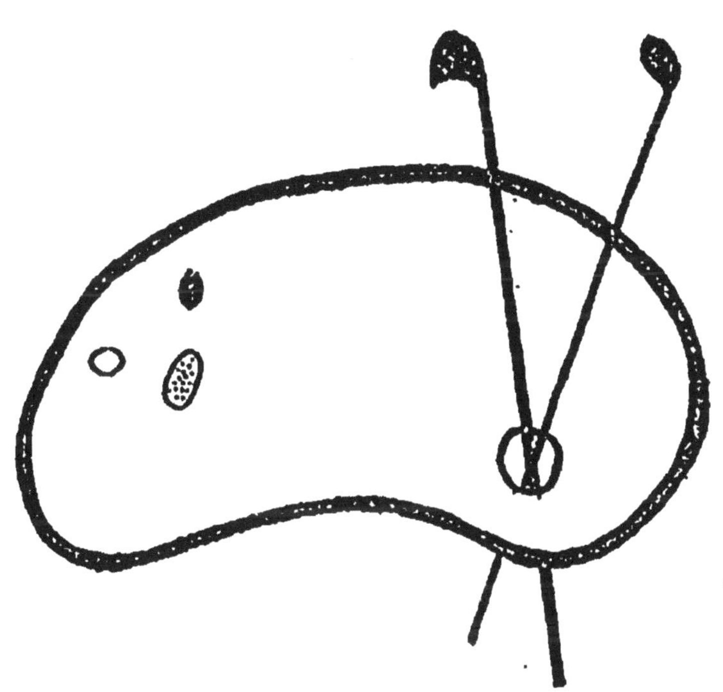

COUVERTURE SUPÉRIEURE ET INFÉRIEURE
EN COULEUR

MANUEL
DU BACCALAURÉAT ÈS SCIENCES RESTREINT
ET DU BACCALAURÉAT ÈS LETTRES (2ᵉ partie)
Rédigé conformément aux programmes du 9 août 1880

CHIMIE
ÉLÉMENTAIRE

PAR

LE Dʳ LE NOIR

Ancien professeur de l'Université

AVEC 76 FIGURES DANS LE TEXTE

PARIS
LIBRAIRIE GERMER BAILLIÈRE ET Cⁱᵉ
108, BOULEVARD SAINT-GERMAIN, 108
(au coin de la rue Hautefeuille)

CHIMIE

ÉLÉMENTAIRE

MANUEL

DU BACCALAURÉAT ÈS SCIENCES RESTREINT

ET DU BACCALAURÉAT ÈS LETTRES (2ᵉ partie)

Rédigé conformément aux programmes du 2 août 1880

CHIMIE
ÉLÉMENTAIRE

PAR

LE Dʳ LE NOIR

Ancien professeur de l'Université

AVEC 79 FIGURES DANS LE TEXTE

PARIS

LIBRAIRIE GERMER BAILLIÈRE ET Cⁱᵉ

108, BOULEVARD SAINT-GERMAIN, 108

(Au coin de la rue Hautefeuille)

PRÉFACE

Le nouveau règlement n'a fait à la chimie qu'une place bien restreinte, dans l'enseignement des classes de lettres. C'est en philosophie seulement, que les élèves abordent l'étude de cette science et, encore, cette étude comprend uniquement l'histoire des métalloïdes ; les produits si importants de la chimie organique y sont à peine mentionnés.

Le programme de la classe de mathématiques élémentaires est, il est vrai, un peu plus étendu ; mais il ne comprend pas davantage la chimie organique. Il n'est pas rare, cependant, que les candidats au baccalauréat ès sciences restreint soient interrogés sur cette partie de la chimie. Dans cette situation il m'était impossible de m'en tenir, pour cette science, aux programmes du nouveau règlement.

Le programme du baccalauréat ès sciences restreint, qui se trouve entre les mains des élèves, m'a paru mieux répondre aux *desiderata* d'un enseignement élémentaire et, comme le plus souvent il sert de base aux examens oraux de la faculté des sciences de Paris, je l'ai pris comme cadre pour cette chimie élémentaire.

L'élève trouvera, dans ce livre, une étude complète des métalloïdes et de leurs combinaisons. — Les principaux métaux y sont envisagés surtout au point de vue de leur origine et de leurs applications. L'histoire des principaux composés organiques termine cet ensemble de connaissances chimiques qui est indispensable aux jeunes gens qui veulent posséder une certaine instruction scientifique.

Je dois au lecteur quelques explications sur les modifications que j'ai apportées à l'ordre suivi habituellement. En ce qui concerne les métalloïdes, j'ai cru logique d'étudier d'abord sucessivement tout les corps simples avant d'examiner les combinaisons qu'ils peuvent former entre eux. La connaissance des affinités d'un corps n'est-elle pas indispensable, en effet, pour savoir avec quels corps il pourra former des combinaisons? — Me plaçant surtout au point de vue pratique, j'ai fait précéder l'étude du métal lui-même de celle des produits naturels; les procédés d'extraction deviennent alors beaucoup plus faciles à comprendre.

Les divers sels trouvent, à mon avis, bien mieux leur place après l'étude générale des divers types de combinaisons des métaux avec les métalloïdes. C'est ainsi que l'histoire des principales combinaisons métalliques termine l'étude générale des *oxydes, sulfures, azotates, sulfates...*

L'analyse organique a fixé tout particulièrement mon attention et les élèves trouveront à la fin de la première partie un résumé complet des moyens à employer, pour arriver à faire la recherche d'un acide ou d'un métal.

Malgré mon admiration pour les travaux de MM. Wurtz et

Berthelot, je n'ai pas cru devoir adopter, pour la chimie organique, leurs remarquables classifications. J'ai voulu, avant tout, rendre attrayante cette partie de la chimie, toujours trop négligée. J'ai cru atteindre ce but, en recherchant les applications les plus usuelles, dont les élèves peuvent apprécier l'importance. C'est ainsi que, considérant la chimie organique comme l'étude des composés hydrogénés du carbone, j'ai étudié successivement les *composés hydrogénés*, puis les *composés oxygénés* et enfin les *composés azotés* de ce métalloïde.

Cette division m'a obligé à rejeter à la fin de la Chimie organique l'étude des composés cyaniques. Mais cet ordre se trouve justifié par la préparation même de ces produits, le produit industriel, le *ferrocyanure de potassium*, étant fabriqué au moyen des matières animales.

Le cadre de cet ouvrage ne me permet pas de mettre en parallèle la théorie atomique et celle des équivalents. J'ai obéi sans doute à une préférence personnelle en choisissant la première; mais on ne doit pas oublier que ce livre est surtout destiné aux étudiants en médecine, dont M. Wurtz sera l'un des plus illustres maîtres. L'éclat dont est entouré le cours de chimie organique, à la Sorbonne, me dispense d'insister davantage sur cette préférence.

Désireux cependant de ne froisser la susceptibilité de personne et de répondre à tous les désirs, j'ai mis en regard les équations dans les deux théories, pour les réactions les plus importantes.

Docteur LE NOIR,

Licencié ès sciences mathématiques et physiques,
Pharmacien de 1re classe,
Ancien professeur de l'Université,
Professeur libre des sciences médicales.

N. B. — Le programme du baccalauréat ès sciences restreint comprend tout ce qui fait partie de l'enseignement secondaire.

CLASSE DE PHILOSOPHIE.

CORPS COMPOSÉS ET CORPS SIMPLES.

Eau : analyse et synthèse. — Hydrogène. — Oxygène.
Air : analyse. — Azote.
Combustion. — Notions générales sur la combinaison chimique. — Chaleur dégagée. — Changement de propriétés.
Principes de la nomenclature et de la notation chimiques.
Acides. — Bases.
Oxydes de l'azote. — Acide azotique. — Ammoniaque.
Lois des combinaisons en poids et en volume.
Chlore. — Acide chlorhydrique. — Eau régale.
Iode.
Soufre. — Acide sulfureux. — Acide sulfurique. — Acide sulfhydrique.
Phosphore. — Acide phosphorique. — Hydrogène phosphoré.
Carbone. — Acide carbonique. — Oxyde de carbone. — Sulfure de carbone. — Cyanogène et acide cyanhydrique.
Carbures d'hydrogène. — Acétylène. — Gaz oléfiant.
Gaz des marais. — Benzine.
Gaz de la houille. — Flamme.
Silice.
Généralités sur les métaux, les oxydes et les sels.

Généralités sur les principales matières organiques, au double point de vue de leur existence dans les végétaux et de leur formation artificielle.

MATHÉMATIQUES ÉLÉMENTAIRES.

CHIMIE.

Cohésion et ses effets. — Cristallisation. — Isomorphisme et dimorphisme.

Formation des corps composés : synthèse. — Leur décomposition : analyse.

Affinité et ses modifications.

Corps simples. — Métalloïdes et métaux.

Corps composés. — Acides, bases, corps neutres, sels.

Principes de la nomenclature.

Proportions multiples.

Oxygène. — Combustion. — Exemples de combustion vive et de combustion lente. — Chaleur dégagée par la combustion des principaux corps combustibles.

Hydrogène. — Eau. — Analyse et synthèse de l'eau.

Eaux potables.

Azote. — Air atmosphérique. — Analyse qualitative et quantitative de l'air.

Équivalents chimiques.

Carbone. — Acide carbonique. — Synthèse de cet acide. — Sa formation par les animaux. — Sa décomposition par les plantes. — Oxyde de carbone. — Hydrogène bicarboné. — Gaz de l'éclairage. — Flammes. — Lampes de sûreté.

Oxydes d'azote. — Acide azotique. — Ammoniaque.

Soufre. — Acide sulfureux. — Acide sulfurique. — Hydrogène sulfuré.

Phosphore. — Acide phosphorique. — Hydrogène phosphoré.

Chlore. — Acide chlorhydrique. — Eau régale.

Classification des métalloïdes en familles naturelles. — Rappeler les principaux composés qu'ils forment entre eux. — Donner leur formule.

Métaux en général. — Leurs propriétés et leur classification.

Alliages.

Action de l'oxygène, de l'air sec et de l'air humide sur les métaux. — Action du soufre et du chlore.

Oxydes métalliques. — Action de la chaleur, du carbone, de l'eau. — Préparation générale des oxydes métalliques.

Potasse, soude et chaux.

Sulfures. — Chlorures. — Sel marin.

Notions sommaires de métallurgie. — Fer, fontes et aciers. — Plomb et cuivre. — Étain et zinc. — Argent.

Sels. — Leurs propriétés générales. — Lois de leur composition. — Lois de Berthollet.

Principaux genres de sels. — Carbonates : carbonate de potasse, de soude et de chaux. — Sulfates : aluns. — Azotates : nitre et poudre.

Un sel étant donné parmi les sels usuels, montrer comment on en reconnaît le genre et l'espèce.

CHIMIE

NOTIONS PRÉLIMINAIRES

I. — CORPS SIMPLES. — CORPS COMPOSÉS.

§ 1. — CORPS SIMPLES.

Définition. — On entend par *corps simple* un corps dans lequel tous les modes d'analyse connus n'ont pu trouver que des éléments de même nature.

On connaît aujourd'hui 65 corps simples. — On les divise en deux grandes classes : les *Métalloïdes* et les *Métaux*. Cette division, tout à fait arbitraire, repose principalement sur les propriétés physiques des corps.

(a) **Métalloïdes.** — Les métalloïdes n'ont pas d'éclat métallique ; — ils sont mauvais conducteurs de la chaleur et de l'électricité ; — ils ne possèdent ni la ductilité, ni la malléabilité ; ils sont *électro-négatifs*, c'est-à-dire que, dans la décomposition par la pile, ils se rendent au pôle positif.

Tableau des métalloïdes.

Azote	Az.	Phosphore	Ph.
Bore	Bo.	Sélénium	Se.
Brôme	Br.	Silicium	Si.
Carbone	C.	Soufre	S.
Chlore	Cl.	Tellure	Te.
Hydrogène	H.	Arsenic	As.
Iode	I.	Fluor	Fl.
Oxygène	O.		

(*b*) **Métaux**. — Ces corps sont tous solides, le mercure excepté ; — ils ont l'*éclat métallique ;* — ils sont bons conducteurs de la chaleur et de l'électricité ; — ils sont en général ductiles et malléables.

Tableau des principaux métaux.

ALUMINIUM.............	Al.	MAGNÉSIUM	Mg.
ANTIMOINE (Stibium)....	Sb.	MANGANÈSE	Mn.
ARGENT...............	Ag.	MERCURE (Hydrargyrium).	Hg.
BARYUM...............	Ba.	NICKEL	Ni.
BISMUTH	Bi.	OR (Aurum)...........	Au.
CALCIUM	Ca.	PALLADIUM............	Pa.
CHROME	Cr.	PLATINE	Pt.
COBALT..............	Co.	PLOMB...............	Pb.
CUIVRE..............	Cu.	POTASSIUM (Kalium)....	K.
ETAIN (Stannum).......	Sn.	RUBIDIUM	Ru.
FER	Fe.	SODIUM (Natrum)......	Na.
IRIDIUM	Ir.	STRONTIUM	Sr.
LITHIUM	Li.	ZINC................	Zn.

M. Wurtz range l'*antimoine* et le *bismuth* parmi les métalloïdes. Ces deux corps ne figurant pas dans le programme comme métalloïdes, nous continuerons de les compter parmi les métaux. S'ils ne sont ni ductiles, ni malléables, ils possèdent les autres propriétés physiques des métaux et, comme eux, peuvent donner naissance à un certain nombre de sels.

§ 2. — CORPS COMPOSÉS.

Combinaison. — Les corps simples peuvent, dans certaines conditions, s'unir pour former des *corps composés* ; c'est ce phénomène qu'on désigne sous le nom de *combinaison*.

Affinité. — On doit entendre par *affinité*, non la force spéciale qui attire les corps l'un vers l'autre, mais bien les conditions favorables qui président aux combinaisons. — Ainsi, nous dirons que le *chlore* a plus d'affinité pour l'hydrogène que pour l'oxygène, parce que le chlore se combine plus facilement avec le premier corps qu'avec le second ; — que cette affinité du chlore pour l'hydrogène est plus grande à la *lumière solaire* qu'à la *lumière diffuse*, parce que, dans le premier cas, la combinaison est *instantanée*.

La *combinaison* ne doit pas être confondue avec le *mélange*. — Lorsqu'on triture dans un mortier de la fleur de soufre et de la limaille de fer, on obtient une poudre jaunâtre, en apparence homogène ; mais, à l'aide d'une loupe, on distingue l'un et l'autre de ces éléments et on peut même, au moyen d'un aimant, isoler complètement le soufre et le fer qui entrent dans la constitution du mélange ; le mélange est donc un *phénomène physique*, c'est-à-dire que les modifications éprouvées par les corps disparaissent aussitôt que la cause qui les a produites a disparu.

Si nous chauffons ce mélange, nous obtenons une masse noire, dans laquelle le microscope ne découvre aucune trace ni de fer ni de soufre ; cette masse n'est plus attirable par l'aimant ; elle présente, en définitive, un ensemble de propriétés durables qui la caractérisent comme une nouvelle individualité ; — la combinaison est donc un *phénomène chimique*, c'est-à-dire que les modifications éprouvées par les corps sont *permanentes* et persistent, alors même que les causes qui les ont produites ont disparu.

Les caractères que nous venons d'indiquer ne sont pas les seuls qui séparent le mélange de la combinaison. Tandis que le mélange n'est accompagné d'aucun phénomène physique appréciable, la combinaison est accompagnée d'un dégagement de *chaleur*, de *lumière* et d'*électricité* ; de plus, le mélange se fait en toutes proportions, tandis que les proportions des corps qui entrent dans les combinaisons sont soumises aux lois suivantes :

1° *Loi des proportions définies* ;

2° *Loi des proportions multiples.*

Loi des proportions définies, ou loi de Proust. — *Deux corps, pour former un même composé, se combinent toujours dans les mêmes proportions.*

Ex. : Étant donné que l'eau est composée de 1 vol. d'oxygène et de 2 vol. d'hydrogène, si l'on fait passer une étincelle dans un mélange de 2 vol. d'oxygène et de 2 vol. d'hydrogène, on trouve un résidu de 1 vol. d'oxygène.

On arrive à la même conclusion si, au lieu de considérer les volumes, on considère les poids. — Ainsi, on trouve que l'acide chlorhydrique, formé par des volumes égaux d'hydrogène et de chlore, contient toujours 1 gr. d'hydrogène et 35^{gr},5 de chlore.

Cette loi importante a été entrevue par Wenzel et Richter, dans leurs recherches sur les sels ; mais elle ne fut définitivement acquise qu'au commencement du siècle, grâce aux efforts de *Proust.*

Loi des proportions multiples, ou loi de Dalton.— Lorsque deux corps forment plusieurs combinaisons, ces combinaisons sont soumises à la loi suivante :

Quand deux corps se combinent en plusieurs proportions, le poids de l'un d'eux étant fixe, les poids de l'autre sont entre eux dans des rapports simples.

Ainsi,

$$14 \text{ gr. d'azote se combinent avec } 8 \quad \text{d'oxygène,}$$

—	—	7.8	—
—	—	3.8	—
—	—	4.8	—
—	—	5.8	—

De même,

$$35'',5 \text{ de chlore se combinent avec } 8 \quad \text{d'oxygène.}$$

—	—	3.8	—
—	—	4.8	—
—	—	5.8	—
—	—	7.8	—

Les quantités 14 d'azote, 35,5 de chlore peuvent donc se remplacer, pour ainsi dire, dans leurs combinaisons avec l'oxygène ; cette quantité, 8 d'oxygène, pourra elle-même être remplacée par 1 d'hydrogène, 39 de potassium.... — En résumé :

Il existe, pour chaque corps simple, une quantité pondérable qui, elle ou ses multiples, forme toutes les combinaisons de ce corps. — Cette quantité a reçu le nom d'*équivalent.*

§ 3. — THÉORIE ATOMIQUE.

Lois de Gay-Lussac. — Gay-Lussac, ayant considéré les volumes des gaz qui se combinent, au lieu d'en considérer les poids, a reconnu que les volumes constituants et les volumes constitués sont les uns et les autres dans des rapports simples. Il a été ainsi conduit à formuler les lois suivantes :

1° *Les volumes des gaz ou des vapeurs qui se combinent sont entre eux dans des rapports simples.*

2° *Le volume d'un gaz ou de la vapeur d'un corps composé est toujours dans un rapport simple avec les volumes des gaz ou des vapeurs qui le constituent.*

Ainsi,

2 vol. d'hydr. et 1 vol. de chl. donnent 2 vol. d'acide chlorydr.
1   —   2 vol. d'oxyg.   —   2 vol. de vapeur d'eau.
1   ---   3 vol. d'azote   —   2 vol. de gaz ammoniac.

Molécule et atome. — On admet que la matière n'est pas divisible à l'infini et qu'elle est composée de particules *insécables*, auxquelles on donne le nom de *molécules*.

La molécule d'un corps composé a évidemment la même constitution que ce corps ; elle peut donc être considérée comme formée par la combinaison de parties insécables de corps simples auxquelles on donne le nom d'*atomes*.

Poids moléculaire. — Poids atomique. — Tous les gaz, sous des pressions identiques et dans les mêmes conditions de température, se dilatant ou se contractant de la même quantité, on a été conduit à admettre que ces *effets constants*, indépendants de la nature du gaz, sont dus à ce que

Les gaz sous le même volume, dans les mêmes conditions de température et de pression, renferment le même nombre de molécules.

Pour établir les poids relatifs des molécules des corps, nous devons donc considérer ces corps à l'état gazeux, puisque sous cet état ils renferment le même nombre de molécules. — On prend, pour terme de comparaison, le poids de deux volumes d'hydrogène, et le nombre ainsi obtenu s'appelle le *poids moléculaire*.

Soit à déterminer le poids moléculaire de la vapeur d'eau, dont la densité par rapport à l'air est égale à 0,622. La densité de l'hydrogène, par rapport à l'air, étant 0,0693, nous aurons :

$$Poids\ d'un\ litre\ de\ vapeur = 1^{gr},299 \times 0,622$$
$$Poids\ d'un\ litre\ d'hydrogène = 1^{gr},299 \times 0,693.$$

Par suite :

$$Densité\ de\ la\ vapeur\ par\ rapport\ à\ l'hydrogène = \frac{0,622}{0,0693}.$$

En prenant pour unité l'hydrogène, le poids de 2 vol. d'hydrogène sera représenté par 2 et le poids de la vapeur d'eau s'obtiendra en multipliant le poids d'un égal volume d'hydrogène par la densité de la vapeur d'eau. En définitive, nous aurons pour le poids moléculaire de la vapeur d'eau :

$$2 \times \frac{0,622}{0,0693} = 2 \times \frac{1}{0,0693} \times 0,622$$
$$= 2 \times 14,44 \times 0,622$$
$$= 28,88 \times 0,622.$$

Ce nombre $2 \times 14,44$ ou $28,88$ est le même pour tous les gaz ; donc :

Pour déterminer le poids moléculaire d'un corps à l'état gazeux, on multiplie par le nombre 28,88, sa densité par rapport à l'air.

Les deux tableaux suivants contiennent les poids moléculaires et la composition en poids de quelques combinaisons oxygénées et hydrogénées.

Combinaisons oxygénées.

	POIDS MOLÉCULAIRE.	QUANTITÉ D'OXYGÈNE EN POIDS.
Eau.	18	16
Alcool.	46	16
Acide acétique.	60	32
Éther	74	16

Combinaisons hydrogénées.

	POIDS MOLÉCULAIRE.	QUANTITÉ D'HYDROGÈNE EN POIDS.
Eau.	18	2
Chloroforme.	131,5	1
Acide chlorhydrique	36,5	1
— sulfhydrique.	34	2
Ammoniaque	17	3

Ces deux tableaux montrent :

1° Que la plus petite quantité d'oxygène qui entre dans les combinaisons de ce corps est égale à 16 ;

2° Que la plus petite quantité d'hydrogène qui entre dans les combinaisons de ce corps est égale à 1.

Poids atomique. — En comparant un certain nombre de molécules qui renferment un corps déterminé, on arrive ainsi à connaître la plus petite quantité du corps que peut renfermer la molécule. C'est ce qu'on appelle le *poids atomique.*

On prend le *poids atomique de l'hydrogène pour unité ; — 16 est le poids atomique de l'oxygène.*

Poids atomiques des corps non volatils. — Pour déterminer les poids atomiques des corps non volatils, on s'appuie sur la loi suivante, découverte par *Dulong* et *Petit:*

Les chaleurs spécifiques des corps simples sont en raison inverse de leurs poids atomiques.

En appelant c et c' les chaleurs spécifiques, p et p' les poids atomiques, on a donc :

$$\frac{c}{c'} = \frac{p'}{p},$$

d'où

$$cp = c'p'.$$

C'est-à-dire que :

Le produit de la chaleur spécifique par le poids atomique est un nombre constant. — Ce nombre a été trouvé égal à 0,37 environ.

Le poids atomique d'un corps, non volatil, sera donc obtenu en divisant 0,37 par la chaleur spécifique de ce corps.

II. — NOMENCLATURE.

La nomenclature des corps simples n'est assujettie à aucune règle. Les noms d'un certain nombre d'entre eux sont consacrés par l'usage et le nom, donné par l'inventeur au corps nouveau, et est toujours adopté.

La nomenclature des corps composés, que nous allons exposer, est celle de *Guyton de Morveau*, modifiée de manière à ce qu'elle devienne en harmonie avec les dénominations nouvelles, exigées par la théorie atomique.

La nouvelle définition du sel que nous donnerons plus loin permet de ramener toutes les combinaisons à 3 types.

1° *Anhydrides et acides ;*
2° *Oxydes et hydrates ;*
3° *Sels.*

Le *tournesol*, qui sert à la préparation du réactif, contient deux principes colorants : l'*azolitmine* et l'*érythrolitmine*, qui sont d'un beau *rouge* quand ils sont purs ; — ils deviennent *bleus*, au contact des alcalis les plus faibles.

§ 1. — ANHYDRIDES ET ACIDES.

Anhydrides. — Les *anhydrides* sont des composés binaires oxygénés qui deviennent des *acides*, en s'assimilant une ou plusieurs molécules d'eau. — Les anhydrides résultent généralement de l'union d'un métalloïde avec l'oxygène.

Le même métalloïde peut former avec l'oxygène un ou plusieurs anhydrides :

1° *Un seul anhydride.* — On forme le nom de l'anhydride en ajoutant au nom du métalloïde la terminaison *ique.*

Ex. :

Anhydride carbonique.

2° *Deux anhydrides.* — On donne à l'anhydride le plus oxygéné la même terminaison, *ique* ; — le moins oxygéné prend la terminaison *eux.*

Ex. :

Anhydride arsénieux,
*   —   arsénique.*

3° *Plus de deux anhydrides.* — En général, les anhydrides sont alors assez nombreux et pour les désigner, on conserve les terminaisons *ique* et *eux*, en faisant précéder le nom de quelques-uns, des préfixes *hypo* ou *hyper.* — Ainsi, on trouve parmi les combinaisons oxygénées du chlore :

Un anhydride hypochloreux.
*   —   chloreux.*
*   —   hypochlorique.*
*   —   chlorique.*
*   —   hyperchlorique ou perchlorique.*

Acides. — On entend, par *acide*, un liquide *qui rougit la teinture de tournesol* ; — l'acide étendu d'eau présente une saveur aigre, analogue à celle du vinaigre.

Les acides ont deux origines :

1° Les uns ne sont autre chose que des *anhydrides* qui se sont assimilé une ou plusieurs molécules d'eau ;

2° Les autres résultent de la combinaison directe de l'hydrogène avec quelques métalloïdes.

En définitive, l'acide est toujours une combinaison hydrogénée, et comme, dans la décomposition par la pile *l'hydrogène se rend toujours au pôle négatif*, nous pouvons dire que :

Un acide est une combinaison d'hydrogène avec les corps simples électro-négatifs : chlore, brôme, iode, fluor, soufre, sélénium, tellure, ou avec un groupe oxygéné également électro-négatif.

Les acides provenant des anhydrides conservent la même *appella-*

tion. On forme le nom des acides qui proviennent de la combinaison directe de *l'hydrogène*, en ajoutant au nom du métalloïde la terminaison *hydrique*. Ex. : Acide *chlorhydrique*. — Ces acides ont été longtemps désignés sous le nom d'*hydracides*.

§ 2. — OXIDES ET HYDRATES.

Oxydes. — On entend par *oxydes* tous les composés binaires oxygénés qui ne rougissent pas la teinture de tournesol.

Les oxydes résultent généralement de la combinaison d'un *métal* avec l'oxygène.

Le même métal peut former avec l'oxygène un ou plusieurs oxydes. La nomenclature des oxydes est soumise aux règles suivantes:

1° *Un seul oxyde.* — On fait suivre le nom du *métal*, ou bien on fait de ce nom un *adjectif*, avec la terminaison *ique*.
Ex. :
Oxyde de plomb, ou *oxyde plombique*.

2° *Deux oxydes.* — Le plus oxygéné conserve la terminaison *ique* ; — le moins oxygéné prend la terminaison *eux*.
Ex. :
Oxyde mercureux,
Oxyde mercurique.

3° *Plus de deux oxydes.* — Un atome du *métal* se combine alors avec 1, 1/2, 2, 3.... atomes d'oxygène. Les *oxydes* prennent, respectivement, les noms de *protoxyde, sesquioxyde, bioxyde....* — Le nom de *peroxyde* est donné souvent à l'oxyde le plus riche en oxygène.
Ex. :
Protoxyde de manganèse,
Sesquioxyde —
Bioxyde —

Le bioxyde de manganèse est un *peroxyde*.

Oxydes salins. — Certains oxydes paraissent échapper à la loi précédente ; mais on reconnaît bientôt que ces oxydes sont une combinaison de deux oxydes qui rentrent dans la loi générale. — Ainsi l'*oxyde de fer magnétique*, Fe^3O^4, est une combinaison du sesquioxyde de fer avec le protoxyde ; le *minium* Pb^3O^4 est une combinaison du bioxyde de plomb avec le protoxyde.

On a, en effet :

$$Fe^3O^4 = FeO.Fe^2O^3$$
$$Pb^3O^4 = 2PbO.PbO^2.$$

Hydrates ou Bases. — Certains oxydes peuvent, comme les anhydrides, s'assimiler une ou plusieurs molécules d'eau et donner naissance à des composés qui *ramènent* au *bleu* la *teinture* de *tournesol*,
rougie par un acide. — Ces *oxydes hydratés*, ou *hydrates*, ont reçu
le nom de *bases*. Les bases ont une saveur plus ou moins caustique,
ou styptique.

Un certain nombre d'oxydes hydratés, considérés jusqu'au commencement de ce siècle comme des corps simples ont conservé leur
nom. Ainsi l'on dit :

Potasse au lieu de	*Protoxyde de Potassium.*	
Soude —	—	*Sodium.*
Lithine —	—	*Lithium.*
Baryte —	—	*Baryum.*
Chaux —	—	*Calcium.*
Strontiane —	—	*Strontium.*

§ 3. — Des Sels.

Définition d'un sel. — Si, dans une dissolution d'acide azotique
étendu, *rougie par la teinture de tournesol*, on verse peu à peu une
dissolution de potasse, on voit la couleur bleue du tournesol repa-
raître. La liqueur est alors *neutre*; elle ne renferme ni acide azotique libre, ni potasse, et elle abandonne, par évaporation, un corps
dont la saveur est fraîche et salée et qui n'exerce aucune action ni
sur la teinture de tournesol, ni sur le sirop de violettes ; — ce corps
est un *sel*. De là, cette définition.

Un sel est le résultat de la combinaison d'un acide et d'une base.

La formation du sel élimine une molécule d'eau ; on a, en effet :

$$AzO^5H \ + \ KHO \ = \ AzO^5K \ + \ H^2O.$$

Acide azotique. Hydrate de potassium. Azotate de potassium.

$$HCl \ + \ KHO \ = \ KCl \ + \ H^2O.$$

Acide chlorhydrique. Chlorure de potassium.

Les oxydes anhydres peuvent également saturer les acides et donner naissance à un sel

$$SO^4H^2 \ + \ PbO \ = \ SO^4Pb \ + \ H^2O.$$

Acide sulfurique.   Oxyde de plomb.   Sulfate de plomb.

$$2HCl \ + \ PbO \ = \ PbCl^2 \ + \ H^2O.$$

Chlorure de plomb.

Enfin, les *métaux* eux-mêmes peuvent, seuls, saturer les acides.

$$SO^4H^2 + Zn = SO^4Zn + H^2$$
$$2HCl + Zn = ZnCl^2 + H^2.$$

En comparant les formules.

$$AzO^3H \qquad\qquad AzO^3K$$
$$HCl \qquad\qquad KCl.$$

On voit que la formule du sel diffère de celle de l'acide, en ce que le métal a pris la place de l'hydrogène.

Les acides constituent donc en quelque sorte des sels d'hydrogène ; ils sont *neutralisés* lorsque cet hydrogène est remplacé par un métal. — De là cette définition :

Un sel est le résultat obtenu en remplaçant l'hydrogène de l'acide par un métal ou un radical, à atomicité équivalente. — Par *Radical*, on entend certains groupes moléculaires qui se comportent dans les combinaisons comme des corps simples.

Cette nouvelle définition du sel nous fait comprendre la valeur du mot *hydrate* et nous permet de considérer comme de véritables sels les oxydes qui s'assimilent une ou plusieurs molécules d'eau.

Ainsi, en s'assimilant une molécule d'eau, l'oxyde de potassium devient :

$$K^2O + H^2O = 2KHO.$$

Or, nous pouvons considérer KHO comme le résultat obtenu en remplaçant dans la formule de l'eau H^2O, un atome d'hydrogène par un atome de potassium, et dire que :

Un hydrate est un sel dans lequel l'eau joue le rôle d'acide.

Nomenclature des sels oxygénés. — Le nom du sel dérive naturellement du nom de l'acide et de celui de la *base*.

Or, il n'existe que deux sortes d'*acides*, les uns en *eux*, les autres en *ique* ; on est convenu de former les noms des sels en changeant

la terminaison *eux* en *ite,*

—   *ique* — *ate,*

et de faire suivre le nom ainsi obtenu du nom de la *base*. Ex. :

Acide sulfureux et potasse   forment un *sulfite de potasse*.
Acide azotique et soude   —   *azotate de soude*.

En acceptant la nouvelle définition, on aura des sels de métal et non des sels de base et on devra dire :

Sulfite de potassium.
Azotate de sodium.

Nomenclature des sels non oxygénés. — *Combinaisons binaires.* — Pendant longtemps, la même règle a été appliquée aux sels non oxygénés. Ainsi, les sels formés par l'acide chlorhydrique étaient appelés *chlorhydrates*. Mais, depuis, on a reconnu que, par suite de l'élimination de l'eau, les sels non oxygénés étaient de véritables *composés binaires*, formés généralement d'un métalloïde et d'un métal et leur nomenclature a été soumise à la règle suivante :

Le nom d'un composé binaire, non oxygéné, s'obtient en donnant la terminaison ure *à l'élément électro-négatif et en faisant suivre le nom du deuxième élément.*

Ex. :
Chlorure de potassium,
Sulfure de carbone.

Lorsque l'un des éléments est un *métalloïde*, c'est toujours lui qui prend la terminaison *ure*, puisque, dans les décompositions par la pile, le métalloïde se rend au pôle positif et le métal au pôle négatif.

Certains métalloïdes peuvent former, avec un seul et même métal, plusieurs composés, dans lesquels 1 atome du métal s'unit à 1, 2, 3... du métalloïde. Ces composés prennent alors les noms sui*vosulfure de potassium, bisulfure de fer, trichlorure de phos-*

§ 4. — ALLIAGES.

Les combinaisons des métaux entre eux portent le nom d'*alliages*. On nomme *amalgames*, les alliages qui renferment du mercure.

III. — CRISTALLISATION.

Cristaux. — Un grand nombre de corps, soit simples, soit composés, lorsqu'ils passent de l'état liquide ou de l'état gazeux à l'état solide, présentent des formes géométriques régulières, qui ont reçu le nom de *cristaux*.

Les corps qui ne sont pas susceptibles de prendre des formes régulières, sont dits *amorphes*. — La structure est dite *vitreuse*, *fibreuse*, suivant qu'elle rappelle celle du verre ou celle des fils de fer, récemment étirés. Des corps qui cristallisent facilement peuvent, quand ils sont refroidis brusquement, se présenter à l'état amorphe ; mais, avec le temps, le corps finit par reprendre une *structure cristalline*.

La cristallisation d'un corps peut être obtenue de deux manières : par *voie sèche* ou par *voie humide*.

Cristallisation par voie sèche. — La cristallisation par voie sèche s'opère par *fusion* ou par *sublimation*.

A. — *C. par fusion.*— On chauffe du soufre dans un creuset et, quand la fusion est complète, on laisse refroidir le creuset au repos, jusqu'à ce qu'une pellicule solide recouvre la surface extérieure du soufre fondu ; on enlève cette croûte superficielle et on fait écouler le soufre qui n'est pas encore solidifié. — Les parois du creuset apparaissent tapissées de longues aiguilles, d'un *jaune clair*.

Ex. : *Soufre, bismuth* et un grand nombre de *métaux.*

B. — *C. par sublimation.* — La sublimation consiste dans le passage d'un corps de l'état *solide amorphe*, à l'état *solide cristallisé*, en passant par l'état gazeux, sans passer par l'état liquide.

Le corps amorphe est chauffé, au *bain de sable*, dans un matras à fond plat. Quand les vapeurs commencent à se former, on dégage de plus en plus la partie supérieure du matras, pour permettre au verre de se refroidir et les vapeurs se condensent à l'origine du col, ou sur les parois.

Ex. : *Iode, arsenic, camphre, sublimé corrosif...*

Cristallisation par voie humide. — Ce procédé consiste à faire dissoudre le corps dans un liquide approprié et à provoquer la cristallisation, soit par refroidissement, soit par évaporation.

Les formes géométriques seront d'autant plus régulières que le passage à l'état solide se fera avec plus de lenteur.

Systèmes cristallins. — Quel que soit le mode de cristallisation, on obtient toujours des *polyèdres réguliers*. Souvent la forme géométrique n'est pas apparente à l'extérieur ; il faut alors, pour la mettre en évidence, pratiquer des *cassures*, suivant certaines directions. Les faces planes ainsi obtenues sont appelées FACES DE CLIVAGE.

D'après le nombre des axes, on peut former deux groupes de sys-

tèmes : *système à 3 axes, système à 4 axes.* Le premier groupe contient
lui-même 4 systèmes, qui se distinguent par la disposition des axes.

Fig. 1. — Systèmes de cristallisation.

Le tableau suivant contient l'ensemble des six systèmes de cristallisation.

Tableau des systèmes de cristallisation.

NOMBRE D'AXES.	DISPOSITION DES AXES.		SYSTÈMES.
3 Axes.	*Axes perpendiculaires.*	3 axes égaux.	I. S. cubique.
		2 axes égaux.	II. } S. du Prisme à { base carrée.
		3 axes inégaux.	III. } { base rectangle.
	Axes obliques.	2 axes perpendiculaires; le 3e oblique au plan des 2 autres.	IV. } S. du Prisme à { base rectangle.
		3 axes obliques.	V. } { base parallélogramme.
4 Axes.	3 *faisant des angles de* 60°; *le* 4e *perpendiculaire au plan des 3 autres.*		VI. S. du Prisme hexagonal.

Dimorphisme. — Certains corps possèdent la propriété de pouvoir cristalliser dans deux systèmes, *lorsqu'on les place dans des conditions différentes.* Ainsi, le *soufre* donne, par voie humide et au moyen de la dissolution dans le sulfure de carbone, des *octaèdres droits*, à base rectangle; — par voie sèche, il donne des *prismes obliques* à base rectangle.

Cette propriété de cristalliser dans deux systèmes différents constitue le *dimorphisme* et les corps qui la possèdent sont appelés *dimorphes.*

On appelle *polymorphes* les substances telles que le bioxyde d'étain qui cristallissent dans plus de deux systèmes.

Isomorphisme. — On appelle *isomorphes* les corps qui ont la même *constitution chimique* et cristallisent dans le même système.

Nous pouvons citer parmi les corps isomorphes :

1° Les *aluns*, qui ont pour formule

$$(SO^4)^3 Al^2 + SO^4 K^2 + 24 H^2 O$$
$$(SO^4)^3 Cr^2 + SO^4 Na^2 + 24 H^2 O$$

2° Les *carbonates*, qui ont pour formule

$$CO^3 Ca$$
$$CO^3 Mg$$
$$CO^3 Mn$$

. . . . . .

IV. — ALLOTROPIE. — ISOMÉRIE.

États allotropiques. — Le même corps se présente quelquefois sous des aspects et avec des propriétés physiques et chimiques différentes. Ainsi, le carbone se présente sous les formes les plus variées : diamant, graphite, houille, anthracite...— Le phosphore, d'un jaune citron, translucide et soluble dans le sulfure de carbone, peut se présenter sous la forme de masses rouges, amorphes, insolubles dans le même liquide. — Le soufre mou, abandonné à lui-même, est incomplètement insoluble dans le sulfure de carbone.

Ces divers états d'un corps simple sont appelés *états allotropiques.*

On sait aujourd'hui que ces corps diffèrent par une certaine quantité de chaleur, qui a été mesurée dans divers cas par MM. Berthelot et Lemoyne. Ainsi, le phosphore translucide absorbe de la chaleur pour passer à l'état de phosphore rouge.

Isomérie.— On appelle *isomères*, les corps qui offrent exactement la même composition et qui possèdent des propriétés physiques ou chimiques différentes.

L'isomérie peut avoir lieu de 2 manières ;

1° Les corps isomériques renferment les mêmes atomes et forment le même poids moléculaire ; ils ne diffèrent entre eux que par l'arrangement des atomes. — Ces corps sont dits isomères par *mélamérie.*

2° Les corps isomériques renferment les mêmes atomes, unis dans les mêmes proportions, mais formant des poids moléculaires différents ; autrement, les formules sont les multiples d'un même groupe moléculaire. — Ces corps sont dits isomères par *polymérie.*

Ainsi,

$$\text{Acide acétique} = C^2H^3O^2H = C^2H^4O^2$$
$$\text{Formiate d'éthyle} = CHO^2CH^3 = C^2H^4O^2$$

sont isomères par *mélamérie.*

$$\text{Acide acétique} = C^2H^4O^2$$
$$\text{Glucose} = C^6H^{12}O^6$$

sont isomères par *polymérie.*

PREMIÈRE PARTIE

CHIMIE INORGANIQUE

La chimie inorganique comprend l'étude des corps simples et celle de leurs combinaisons qui appartiennent plus particulièrement au *Règne minéral.*

Nous diviserons cette étude en 3 livres.

Livre I. — *Métalloïdes.*

Livre II. — *Combinaisons des métalloïdes entre eux.*

Livre III. — *Métaux.*

Livre IV. — *Combinaisons des métalloïdes avec les métaux.*

LIVRE PREMIER

MÉTALLOIDES

Nous avons dit précédemment que le poids atomique de l'hydrogène était pris pour unité. — On appelle *corps monoatomique, diatonique, triatomique... les corps dont l'atome se combine avec 1, 2, 3... atomes d'hydrogène, ou remplace 1, 2, 3... atomes d'hydrogène, dans les combinaisons de ce corps.*

Nous exprimerons souvent cette propriété en disant que ces corps possèdent 1, 2, 3... *atomicités.*

Atomicités des métalloïdes.

MONOATOMIQUES.	DIATOMIQUES.	TRIATOMIQUES.	TÉTRATOMIQUES.
HYDROGÈNE.			
Chlore...... $H\,Cl$.	Oxygène.. H^2O.	Azote ..... AzH^3	Carbone .... CH^4.
Iode ...... $H\,I$.	Soufre.... H^2S.	Phosphore. PhH^3	Silicium .... SiH^4.
Brome .... $H\,Br$.	Selenium . H^2Se.	Arsenic.... AsH^3	
Fluor ..... $H\,Fl$.	Tellure... H^2Te.	Bore.	

CHAPITRE PREMIER

MÉTALLOIDES MONOATOMIQUES.

§ 1. — Hydrogène H.

Poids atomique.......... 1
Poids moléculaire........ 2
Équivalent.............. 1

L'hydrogène a été découvert, en 1766, par le physicien anglais Cavendish. Il a été trouvé, à l'état libre, dans le gaz des solfatares d'Islande; — combiné avec l'oxygène, il constitue l'eau ($\H\delta\omega\rho$, *eau*, $\gamma\epsilon\nu\nu\alpha\omega$, *j'engendre*).

Préparation. — On prépare l'hydrogène de deux manières :

1° *En décomposant l'eau par le fer, chauffé au rouge.* — On fait passer un courant de vapeur d'eau sur des faisceaux de fils de fer, placés dans un tube de grès, ou de porcelaine, et portés au rouge, dans un fourneau à réverbère. La vapeur d'eau se décompose : l'oxygène forme avec le fer un *oxyde de fer magnétique*, Fe^3O^4; l'hydrogène est recueilli sous une éprouvette.

L'équation suivante représente cette réaction.

$$4H^2O + 3Fe = Fe^3O^4 + 8H.$$

$$4\,HO + 3\,Fe = Fe^3O^4 + 4\,H\,[1].$$

2° *En décomposant par un métal les acides étendus.* — Nous avons vu en effet que, dans ce cas, le métal prend la place de l'hydrogène, qui se trouve mis en liberté.

(*a*) *Acide sulfurique.*

$$SO^4H^2 + Zn = SO^4Zn + 2H$$

Sulfate
de zinc.

$$SO^3.HO + Zn = Zn\,O.SO^3 + H.$$

(*b*) *Acide chlorhydrique.*

$$2\,HCl + Zn = Zn\,Cl^2 + 2H$$

Chlorure
de zinc.

1. Les équations en italiques représentent les réactions d'après la théorie dualistique (voir *Introduction*).

On emploie, communément, un flacon à deux tubulures dont l'une porte un entonnoir et l'autre un tube de dégagement. On met dans le flacon de la grenaille de zinc, puis on y verse de l'acide sulfurique,

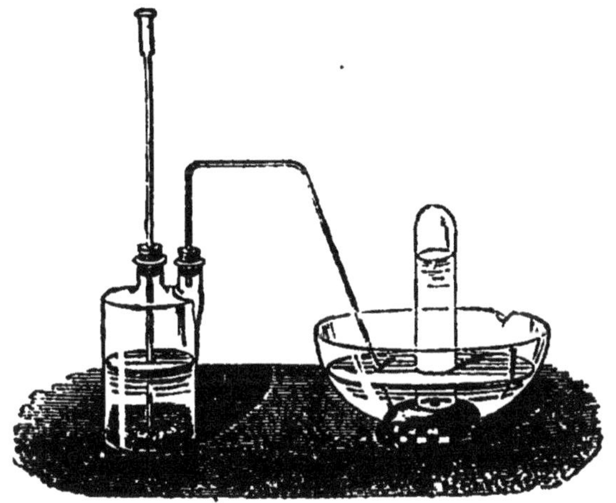

Fig. 2.

étendu de 8 fois son volume d'eau ; — le gaz est recueilli dans une éprouvette pleine d'eau et renversée sur l'eau (fig. 2).

Purification. — L'hydrogène ainsi obtenu a une odeur désagréable, qu'il doit à la présence de l'acide sulfhydrique et de l'hydrogène arsénié, provenant du soufre et de l'arsenic qui accompagnent le plus souvent le zinc du commerce ; — l'acide sulfurique fabriqué avec les pyrites contient lui-même des traces d'arsénic.

Pour obtenir de l'hydrogène pur, on fait passer le gaz dans deux tubes en U, contenant : le premier, du *nitrate de plomb*, pour retenir l'acide sulfhydrique ; le second, du *sulfate d'argent*, destiné à retenir l'hydrogène arsénié.

Propriétés physiques. — L'hydrogène est un gaz incolore, inodore, insipide.

Densité = 0,0693. — C'est le plus léger de tous les gaz ; — il est 14,44 fois plus léger que l'air. De là, son emploi pour gonfler les aérostats.

Solubilité. — L'hydrogène est très peu soluble dans l'eau ; — 1 litre d'eau en dissout 19 centim. cubes, c'est-à-dire 19/1000°.

Diffusibilité. — L'hydrogène est un gaz *très diffusible,* c'est-à-dire qu'il traverse avec une grande facilité les membranes végétales ou animales, ou des plaques poreuses, imperméables à l'air; on ne pourrait conserver ce gaz dans un vase en verre qui présenterait une fente, même très serrée. L'hydrogène traverse avec la même facilité des plaques de fer et de platine chauffées au rouge.

Pour démontrer la diffusibilité de l'hydrogène, on a recours à l'une des expériences suivantes :

On fait passer un courant d'hydrogène dans un tube B, en terre poreuse, et un courant d'acide carbonique dans le tube en verre ou en porcelaine vernie qui l'enveloppe. Le gaz qui se dégage en C contient de l'hydrogène qui s'enflamme au contact d'une bougie allumée ; celui qui se dégage en D contient de l'acide carbonique qui trouble l'eau de chaux (fig. 3).

2° Un flacon, à moitié plein d'une eau colorée, est fermé par un bouchon qui porte deux tubes : l'un, vertical, communiquant avec un vase en porcelaine dégourdie, très poreuse; l'autre, recourbé, es ouvert à son extrémité (fig. 4). Si l'on coiffe le vase poreux avec

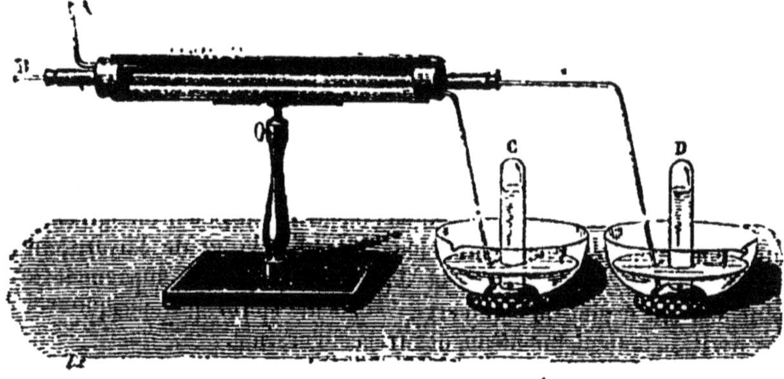

Fig. 3.

une cloche remplie d'hydrogène, il se produit un échange entre ce gaz et l'air du vase, et comme l'hydrogène traverse le vase poreux en plus grande quantité, on voit le liquide coloré monter dans le tube coudé et former un véritable jet d'eau.

Conductibilité. — D'après M. Magnus, l'hydrogène, est le seul gaz qui conduise bien la chaleur, sa conductibilité augmente avec la pression.

Pour démontrer la conductibilité de l'hydrogène on fait rougir, au moyen d'une pile, un fil placé au milieu d'un tube, au travers duquel on peut faire passer un courant d'un gaz quelconque. On reconnaît que le fil reste incandescent avec tous les gaz : azote, acide carbonique..., tandis qu'il cesse de rougir, quand il est placé au milieu d'un courant d'hydrogène.

Liquéfaction et solidification. — En le comprimant à 300 atmo-

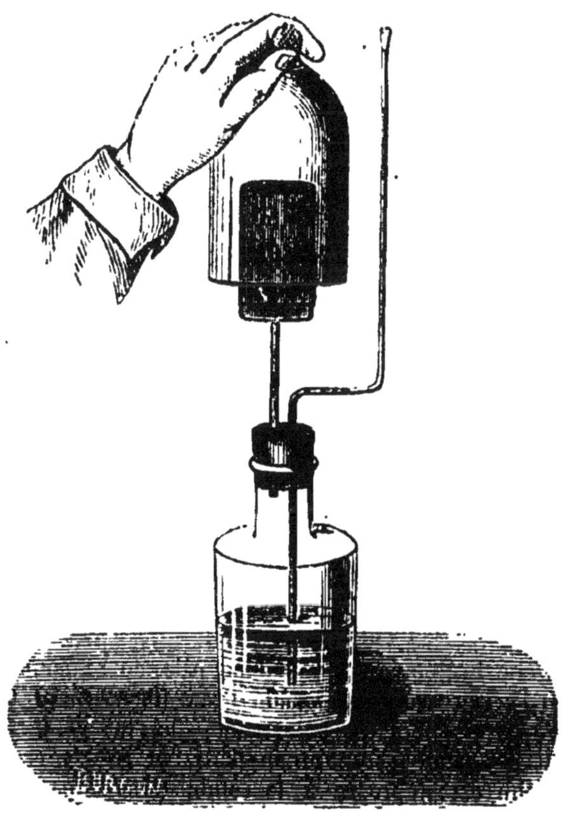

Fig. 4.

sphères et à — 29°, puis en le soumettant ensuite à une brusque détente, M. Cailletet a aperçu l'hydrogène sous forme de brouillard.

M. Raoul Pictet, perfectionnant le procédé, a pu opérer la liquéfaction du gaz à — 140° et sous une pression de 650 atmosphères. Au moment où il a été projeté en dehors du tube de condensation, l'hydrogène a été aperçu sous forme d'*un jet liquide, couleur bleu d'acier*; puis, sous l'influence du froid produit par l'évaporation de ce liquide, une portion du jet s'est solidifiée et est tombée sur le sol, comme une *grenaille métallique*.

Hydrogénium. — *Expérience de Graham.* — La conductibilité de l'hydrogène pour la chaleur avait fait rapprocher ce gaz des métaux. D'autres faits sont venus confirmer cette opinion, consistant à considérer l'hydrogène comme un *métal gazeux.*

M. Graham ayant opéré la décomposition de l'eau, au moyen d'une petite pile de Bunzen, dans un voltamètre dont le pôle négatif était constitué par un fil de *palladium*, tandis qu'un gros fil de *platine* formait le pôle positif, a vu le *palladium augmenter de volume et acquérir des propriétés magnétiques.*

Il se forme ainsi une sorte d'alliage qui contient environ 20 volumes de palladium pour un volume d'hydrogène réduit à l'état solide. (Le palladium peut condenser jusqu'à 900 fois son volume d'hydrogène gazeux).

Graham a désigné ce phénomène, sous le nom d'*occlusion de l'hydrogène par les métaux.* — Le fer et le platine jouissent, à un degré moindre, de la même propriété.

Dans ces circonstances, l'hydrogène se comporte donc comme un métal, auquel Graham a donné le nom d'*hydrogenium.*

Affinités. — L'hydrogène a une très grande affinité pour l'oxygène et pour le chlore.

(*a*) *Oxygène.* — 2 vol. d'hydrogène et un vol. d'oxygène se combinent pour former de l'eau, sous l'influence

1° De la chaleur rouge,
2° De l'étincelle électrique,
3° De la mousse de platine.

L'hydrogène brûle avec une flamme pâle, en se combinant avec l'oxygène de l'air pour former de l'eau (fig. 5). La flamme de l'hydrogène développe une grande quantité de chaleur, surtout quand la combustion a lieu dans une atmosphère d'oxygène pur.

L'hydrogène est impropre à la combustion. Ainsi, une bougie allumée qu'on plonge dans une éprouvette pleine d'hydrogène et tenue verticalement l'orifice en bas, s'éteint après avoir mis le feu aux premières couches en contact avec l'air. On peut, en la retirant lentement, la rallumer à la sortie (fig. 6).

On peut aussi déterminer la combustion de l'hydrogène au moyen de la *mousse du platine.* Lorsqu'on dirige un courant d'hydrogène sur cette masse poreuse, ce gaz se condense dans les pores du platine et la chaleur développée est bientôt assez élevée pour que le jet s'enflamme. — Le *briquet chimique* n'était qu'une application de cette propriété.

Si on enflamme l'hydrogène qui se dégage à l'extrémité effilée d'un tube vertical, on a la *lampe philosophique.* — Si on entoure la flamme d'un gros tube de verre, ouvert aux deux bouts, on entend un son

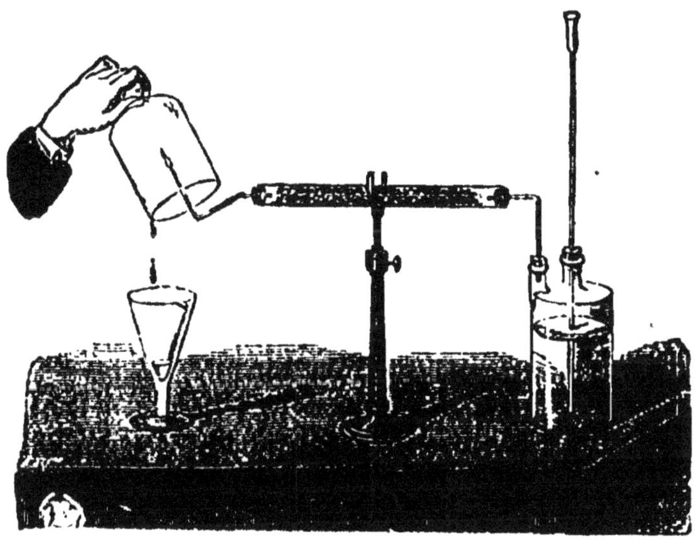

Fig. 5.

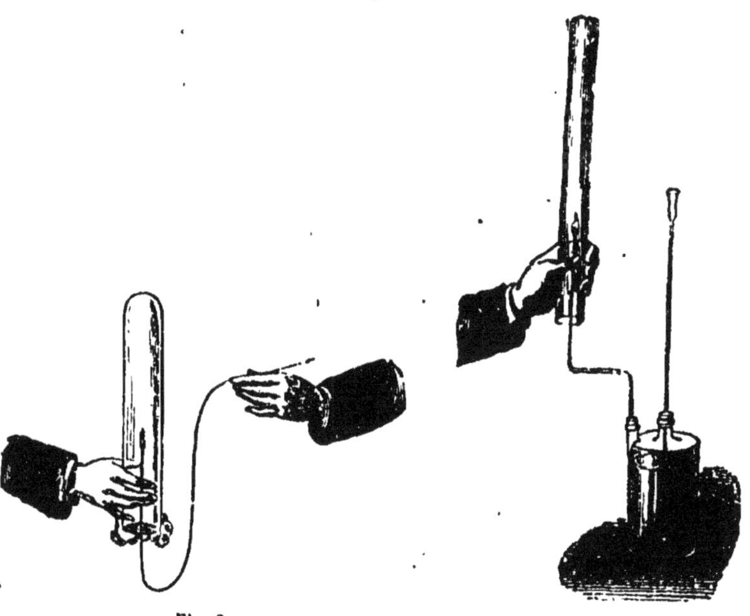

Fig. 6.   Fig. 7.

continu, dont la hauteur dépend des dimensions du tube et de la position de la flamme. Cette expérience porte le nom d'*harmonica chimique* (fig. 7).

(*b*) *Chlore.* — L'hydrogène a une très grande affinité pour le chlore. 1 vol. d'hydrogène et 1 vol. de chlore se combinent : avec détonation, sous l'action des rayons solaires; lentement, à la lumière diffuse. — Il n'y a pas de combinaison dans l'obscurité, à moins que le chlore n'ait été préalablement insolé.

L'hydrogène est incapable d'entretenir la respiration, mais il n'est pas délétère. M. Regnault a fait vivre des animaux dans des atmosphères artificielles renfermant 76 p. d'hydrogène et 24 p. d'oxygène.

Applications. — On appelle *agents réducteurs*, les corps qui sont capables d'isoler les métaux de leurs combinaisons avec les métalloïdes.— L'hydrogène est l'agent réducteur, par excellence, des oxydes,

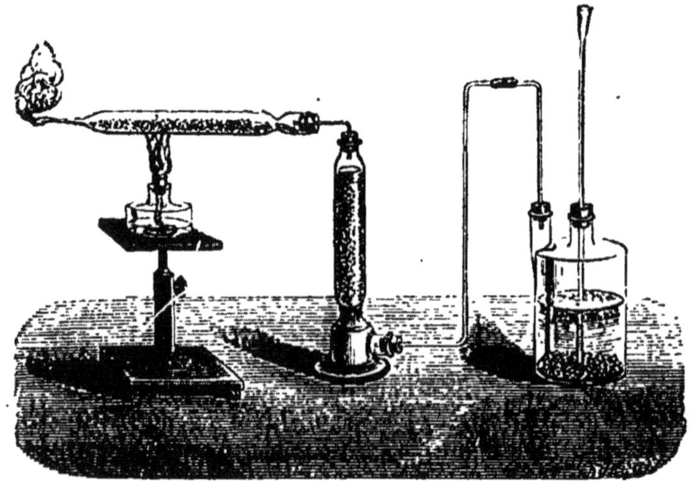

Fig. 8.

des chlorures et des sulfures. L'expérience se fait de la manière suivante : l'oxyde, le sulfure ou le chlorure est introduit dans un gros tube horizontal peu fusible, au travers duquel on peut faire passer un courant d'hydrogène sec; on chauffe les matières dans le courant d'hydrogène et on obtient comme résidu le métal. — L'oxygène, le soufre et le chlore ont formé avec l'hydrogène, soit de l'eau, soit de l'hydrogène sulfuré, soit de l'acide chlorhydrique (fig. 8).

Uni à l'oxygène, l'hydrogène donne le gaz oxhydrique; la combustion de ce mélange est employée pour *fondre le platine* et pour souder les lames de plomb, sans interposition d'un métal étranger.

§ 2. — Chlore Cl.

Poids atomique...... 35,5
Poids moléculaire ... 71
Équivalent.......... 35,5

Le chlore a été découvert, en 1774, par Scheele, chimiste suédois. Il a été reconnu comme corps simple par Gay-Lussac et Thénard, en 1809, par Davy en 1810.

Préparation. — 1° *Procédé de Scheele.* — Scheele le premier, a préparé le chlore en faisant réagir le peroxyde de manganèse sur l'acide chlorhydrique.

$$4\,HCl + MnO^2 = MnCl^2 + 2\,H^2O + 2\,Cl.$$

M. Wurtz admet qu'il se forme d'abord du perchlorure de manganèse

$$4\,HCl + MnO^2 = 2\,H^2O + MnCl^4$$

Tétrachlorure
de manganèse.

Puis le tétrachlorure de manganèse, étant peu stable, se dédouble en chlorure manganeux et en chlore

$$MnCl^4 = MnCl^2 + 2\,Cl.$$

Chlorure
manganeux.

La réaction définitive est exprimée par la formule

$$4\,HCl + MnO^2 = MnCl^2 + 2\,H^2O + 2\,Cl.$$

$$2\,HCl + Mn + O^2 = MnCl + 2\,HO + Cl.$$

2° *Procédé de Berthollet.* — Nous verrons plus loin qu'on obtient l'acide chlorhydrique en faisant agir l'acide sulfurique sur le chlorure de sodium.

Pour obtenir le chlore, Berthollet traitait directement le *chlorure de sodium* par le peroxyde de manganèse et l'acide sulfurique. On a alors l'équation suivante :

$$2\,NaCl + MnO^2 + SO^4H^2 = SO^4Na^2 + SO^4Mn + 2\,H^2O + Cl$$

Sulfate   Sulfate
de sodium.   de manganèse.

$$NaCl + MnO^2 + 2\,SO^3.HO = MnO.SO^3 + NaO.SO^3 + 2\,HO + Cl.$$

Ce procédé donne tout le chlore contenu dans le chlorure, tandis que le mode de préparation de Scheele ne donne que la moitié du chlore contenu dans l'acide chlorhydrique.

L'opération se fait dans un ballon de verre, en communication avec un flacon laveur ; on chauffe légèrement. On recueille le chlore dans une éprouvette pleine d'eau salée et renversée sur une cuve remplie d'eau également salée. — On n'emploie pas l'eau ordinaire, parce qu'elle dissoudrait une trop grande quantité de gaz (fig. 9).

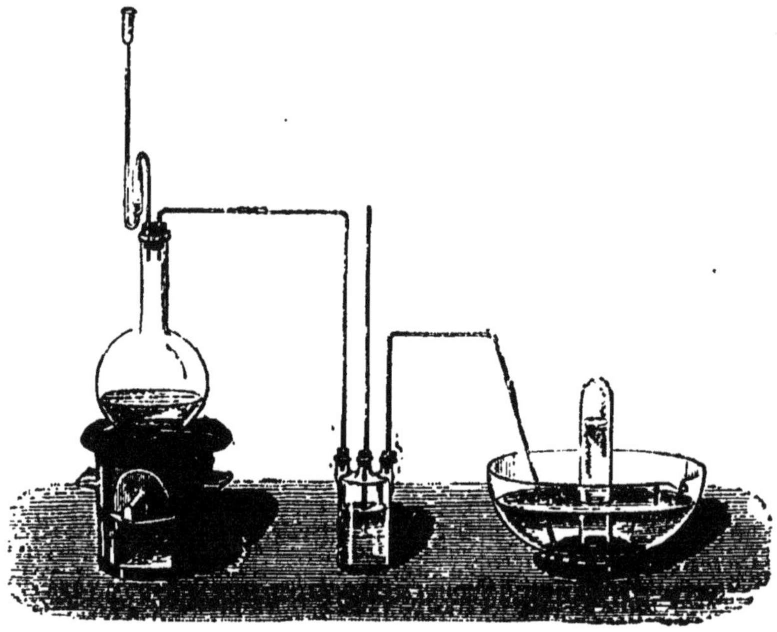

Fig. 9.

Si l'on veut obtenir du chlore sec, on fait traverser au gaz un tube plein de chlorure de calcium fondu et on l'amène à la partie inférieure d'un flacon bien desséché.

Pour avoir une solution concentrée de chlore, on fait passer le gaz dans une série de flacons de Woulf ; le dernier tube plonge dans une liqueur alcaline, destinée à absorber l'excès de gaz.

Propriétés physiques. — Le chlore est un gaz jaune verdâtre (χλωρός, jaune verdâtre), d'une odeur forte et suffocante ; respiré, il provoque la toux et les crachements de sang.

Densité = 2,44.

C'est le plus dense de tous les gaz ; un litre de chlore pèse $3^{gr},152$.

Solubilité. — Il est soluble dans l'eau. Le maximum de solubilité correspond à 8° ; à cette température l'eau dissout 3 vol. de chlore. La solution de chlore, refroidie à 0°, donne des cristaux d'*hydrate de chlore*.

Liquéfaction. — Le chlore se liquéfie sous la pression ordinaire, à — 50°, et forme un liquide jaune, oléagineux, qui bout à — 33° ; — sous la pression de 4 atmosphères, la liquéfaction a lieu à — 15°.

On peut encore obtenir le chlore liquide au moyen de l'hydrate de chlore. Ces cristaux sont introduits dans un tube recourbé, que l'on ferme à la lampe ; on chauffe au bain-marie la branche qui contient les cristaux, tandis que l'autre branche est maintenue dans un mélange réfrigérant ; le chlore liquide se rassemble dans la branche refroidie.

Affinités. — Le chlore est certainement de tous les corps celui qui possède les affinités les plus variées. Il s'unit directement à la plupart des corps simples, et ces combinaisons sont souvent accompagnées d'un dégagement de chaleur et d lumière.

(a) **Hydrogène.** — Le chlore détruit les composés hydrogénés, pour se combiner avec l'hydrogène.

1° Un mélange à volumes égaux de chlore et d'hydrogène se combine : avec *détonation*, sous l'influence de la chaleur rouge, ou par l'action directe des rayons solaires ; — *lentement*, et sans détonation, à la lumière diffuse. — Dans l'obscurité, les deux gaz restent indéfiniment en présence, sans qu'il y ait réaction, à moins que le chlore n'ait été exposé aux rayons solaires.

2° *Eau de chlore.* — Sous l'influence de la lumière directe ou diffuse, le chlore décompose peu à peu l'eau, en s'emparant de l'hydrogène et met l'oxygène en liberté.

3° *Ammoniaque.* — Lorsqu'on fait passer un courant de chlore dans de l'ammoniaque liquide, ce gaz fixe l'hydrogène et met l'azote en liberté.

Si l'on fait arriver un courant de gaz ammoniac dans un flacon de chlore, le jet s'enflamme spontanément ; il se produit des fumées blanches de sel ammoniac et l'azote se dégage.

$$4\,Az\,H^3 + 3\,Cl = 3\,Az\,H^4Cl + Az.$$

4° *Acide sulfhydrique.* — Le chlore met le soufre en liberté :

$$H^2S + 2\,Cl = 2\,HCl + S.$$
$$H\,S + Cl = H\,Cl + S.$$

(*b*) **Métalloïdes autres que l'hydrogène.** — Le chlore s'unit directement à tous les métalloïdes, excepté l'oxygène, l'azote et le carbone.

Le *phosphore*, l'*arsenic* et le *soufre*, introduits dans un flacon de chlore, brûlent, en donnant naissance à des gerbes de feu ; il se forme des chlorures.

Sous l'influence de la chaleur, le chlore se combine avec le *bore* et le *silicium*.

(*c*) **Métaux.** — Le chlore attaque tous les métaux et forme avec eux des *chlorures.* — A l'état naissant, dans l'eau régale, il dissout l'or et le platine, sous la forme de *chlorures.*

$$2\,Az\,O^5\,H + 2\,H\,Cl = 2\,Az\,O^2 + 2\,H^2\,O + 2\,Cl.$$

$$Az\,O^5.\,H\,O + H\,Cl = Az\,O^4 + 2\,H\,O + Cl.$$
Acide azotique.   Acide
hypoazotique.

(*d*) **Alcalis.** — Si l'on fait passer un courant de chlore dans une dissolution alcaline, on obtient :

1° *Toujours un chlorure ;*

2° *Avec un chlorate*, si la solution est *concentrée ;* — avec un *hypochlorite*, si la solution est étendue.

$$6\,KHO + 6\,Cl = ClO^5\,K + 5\,KCl + 3\,H^2O$$
Hydrate
de potassium.   Chlorate
de potassium. Chlorure
de potassium.

$$2\,KHO + 2\,Cl = ClOK + KCl + H^2O.$$
Hypochlorite
de potassium.

Applications. — L'affinité du chlore pour l'hydrogène, explique l'emploi de ce gaz, dans le blanchiment des tissus et comme désinfectant.

En décomposant l'eau, le chlore met en liberté l'oxygène qui oxyde la matière colorante et la transforme en une résine brune, soluble, dans les alcalis, qui dissolvent en même temps les principes pectiques adhérents aux fibres.

En décomposant l'hydrogène sulfuré, le chlore détruit les matières odorantes d'origine organique, les effluves qui se forment dans les fermentations putrides et les miasmes qui se répandent dans l'air.

§ 3. — Iode I.

Poids atomique..... = 127
Poids moléculaire... = 251
Équivalent .... = 127

L'*Iode*, découvert par Courtois en 1812, dans les soudes de varechs, a été reconnu comme corps simple par Gay-Lussac, en 1813.

L'iode se trouve à l'état d'iodure alcalin : dans les soudes de varechs, dans l'eau de la mer, dans beaucoup d'eaux minérales et en petite quantité dans la plupart des eaux douces.

Préparation. — On extrait l'iode des soudes de varechs.

Les cendres de varechs, épuisées par l'eau, donnent une liqueur dans laquelle on trouve du chlorure de potassium, du chlorure de sodium, du sulfate de potassium, des iodures et des bromures alcalins,..... Cette liqueur, évaporée, donne successivement le chlorure de sodium, le chlorure et le sulfate de potassium; — le liquide surnageant a reçu le nom d'*eaux-mères des soudes de varechs*.

Les eaux-mères, concentrées jusqu'à ce qu'elles marquent 55° à l'aréomètre de Baumé, sont additionnées d'acide sulfurique et portées à l'ébullition; les *carbonates* et les *sulfures alcalins* sont décomposés et les sulfates se déposent.

Dans la solution décantée, on fait passer un courant de chlore ; le chlore ayant des affinités plus énergiques que l'iode, ce corps, déplacé de ses combinaisons, se dépose. — Il est indispensable d'éviter un excès de chlore qui déplacerait également le brome.

Le précipité d'iode brut est lavé, desséché et sublimé dans des cornues en grès que l'on chauffe au bain de sable. — L'iode, sublimé, se condense dans de vastes récipients en grès, sous la forme de *lamelles métalliques* d'iode pur (fig. 10).

Les eaux-mères des nitrates de soude du Pérou retiennent l'iode, à l'état d'iodure et d'iodate, et peuvent servir à sa préparation.

On précipite l'iode de l'iodure, par le chlore, puis on sépare l'iode de l'iodate, par le gaz sulfureux.

$$2\,IO^5\,Na + 5\,SO^2 + 4\,H^2O = SO^4\,Na^2 + 4\,SO^4\,H^2 + 2\,I.$$

Iodate   Gaz   Sulfate   Acide   Iode.
de sodium. sulfureux.   de sodium. sulfurique.

Dans les laboratoires, on prépare l'iode en traitant l'iodure de potassium par le peroxyde de manganèse et l'acide sulfurique. L'iode se dégage et il reste, comme résidu, du sulfate de manganèse et du sulfate neutre de potassium. La réaction est la même que pour le chlore et le brôme.

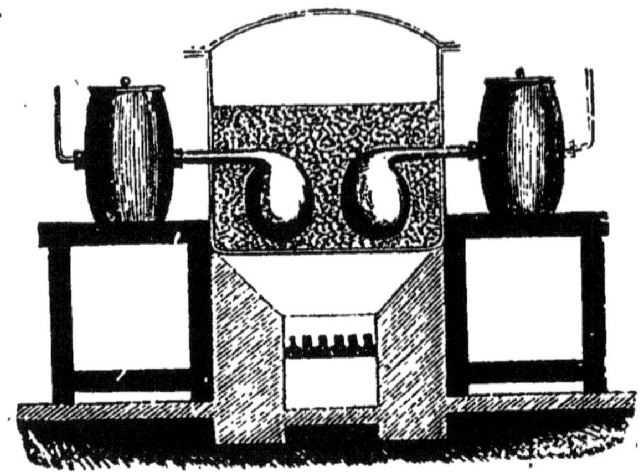

Fig. 10.

Propriétés physiques. — L'iode est un corps solide, d'une odeur forte, moins vive cependant que celle du chlore et du brome, formé de lames hexagonales brillantes, d'un *violet noir*, presque opaque.

Densité, 4,948.

Action de la chaleur. — L'iode fond à 102°; — il bout à 175°, en émettant des *vapeurs violettes.*

Solubilité. — L'iode est très peu soluble dans l'eau. Il est très soluble dans le *chloroforme*, la *benzine*, le sulfure de carbone; ces solutions ont une belle couleur *violette.* — L'alcool et l'éther dissolvent l'iode plus abondamment, en formant des solutions d'un *brun foncé.*

Affinités. — Les affinités de l'iode sont à peu près celles du chlore et du brome, mais elles sont moins énergiques ; le chlore et le brome déplacent l'iode de ses combinaisons.

Comme le chlore et le brome, l'iode se combine avec les métaux, l'arsenic et l'antimoine ; il décompose l'hydrogène sulfuré. Il se combine avec l'hydrogène, mais sous l'influence de la chaleur et de la mousse de platine. — L'iode ne possède pas de pouvoir décolorant.

Réactif. — La propriété caractéristique de l'iode est la *coloration bleue*, que des traces de ce corps, en dissolution dans l'eau, développent à la température ordinaire, au contact de l'empois d'amidon. —

Cette coloration bleue disparaît quand on élève la température à 100°; elle reparaît ensuite par le refroidissement.

Applications. — L'iode est très irritant; il colore la peau en jaune et produit des inflammations locales.

On emploie l'iode pur, en applications topiques, sous la forme de teinture ou de pommade. — Il est très usité, à l'état d'iodure de potassium.

§ 4. — Brome Br.

Poids atomique.......... 80
Poids moléculaire........ 160
Équivalent.............. 80

Le *Brome* a été découvert, en 1826, par Balard, dans les eaux-mères des marais salants.

Préparation. — Les eaux-mères de varechs, dont l'iode a été précipité, évaporées à siccité, donnent un résidu constitué, pour la plus grande partie, par du *bromure de magnésium*. Ce résidu, traité par l'acide sulfurique et le bioxyde de manganèse, donne le brome. — La réaction, exactement semblable à celle qui se produit dans la préparation du chlore, est exprimée par l'égalité suivante :

$$Mg\,Br^2 + Mn\,O^2 + 2\,SO^4 H^2 = SO^4\,Mg + SO^4\,Mn + 2\,H^2O + 2\,Br.$$

Bromure de magnésium.   Sulfate de magnésium.   Sulfate de manganèse.

$$Mg\,Br + Mn\,O^2 + 2\,SO^3.\,HO = Mg\,O.\,SO^3 + Mn\,O.\,SO^3 + 2\,HO + Br.$$

Chaque tonne de soude de varechs fournit 400 grammes de brome et 4 kilogrammes d'iode.

Propriétés physiques. — Le *brome* (βρωμος, *puant*) est un liquide, rouge foncé, à la température ordinaire.

Densité 2,99.

Action de la chaleur. — Il bout à 65° et émet, à la température ordinaire, des vapeurs rouges très irritantes. Respiré en petite quantité, il amène dans la gorge et les fosses nasales une irritation très douloureuse. — A —22°, il se solidifie en une masse lamelleuse.

Solubilité. — Le brome est peu soluble dans l'eau; il se dissout en grande quantité dans le chloroforme, l'éther et le sulfure de carbone, qui prennent une teinte rouge.

Affinités. — Les affinités du brome sont analogues à celles du chlore et de l'iode, moins énergiques que celles du chlore, plus puissantes que celles de l'iode. — Le chlore chasse le brome de ses combinaisons; — si, dans la solution d'un bromure, on ajoute quelques gouttes d'eau de chlore, et qu'on agite avec de l'éther, ce liquide prend une coloration d'un rouge brun.

Le brome possède, comme le chlore, un pouvoir décolorant intense; cependant il ne s'unit pas directement à l'hydrogène, sous l'influence de la lumière solaire; cette combinaison n'a lieu qu'à une température élevée.

Applications. — Le brome est très vénéneux et très caustique. Il colore la peau en jaune et cette coloration persiste jusqu'à la chute de l'épiderme; si le contact dure quelques instants, il produit une vive inflammation, accompagnée d'une sensation de brûlure aiguë.

§ 5. — Fluor Fl.

Il existe dans la nature certains sels qui ne renferment pas de chlore et ressemblent aux chlorures. On a supposé que ces corps étaient, comme les chlorures, constitués par l'union d'un métal et d'un corps qu'on n'a pu isoler, parce qu'il attaque tous les vases qui pourraient le contenir. Ce corps a reçu le nom de *Fluor*.

Nous parlerons plus loin du *spath fluor*, seule combinaison importante dans laquelle paraît entrer le fluor et qui, traitée par l'acide sulfurique, donne naissance à l'acide *fluorhydrique*.

CHAPITRE II

MÉTALLOIDES DIATOMIQUES

§ 1. — Oxygène O.

L'oxygène a été découvert en 1774 : par Priestley, en Angleterre; par Scheele, en Suède. — Deux ans plus tard, Lavoisier faisait connaître le rôle que joue ce gaz dans la respiration et la combustion, et comme il formait des acides avec le charbon, le soufre et le phosphore, il lui donna son nom (ὀξύς, *acide*, γεννάω, *j'engendre*).

Préparation. — Très répandu dans la nature, l'oxygène forme le cinquième de l'air atmosphérique ; combiné avec l'hydrogène, il forme l'eau ; presque tous les minéraux le comptent au nombre de leurs éléments.

On obtient l'oxygène de deux manières : 1° *on décompose les corps oxygénés;* — 2° *on extrait le gaz de l'air.*

A. — Décomposition des corps oxygénés.

1° Oxyde rouge de mercure.— Le résultat est représenté par l'égalité suivante :

$$HgO \ = \ Hg \ + \ O$$
Oxyde rouge
de mercure.

L'opération se fait dans une petite cornue de verre.

2° Chlorate de potassium. — Chauffé à une température voisine du rouge, le chlorate de potassium se décompose en oxygène qui se dégage, et en chlorure de potassium qui reste dans la cornue.

$$ClO^3K \ = \ KCl \ + \ 3O.$$
Chlorate   Chlorure
de potassium.   de potassium.

$$KO.\,ClO^5 = KCl + 6O.$$

Fig. 11.

Si l'on chauffe doucement le chlorate, une partie de l'oxygène se porte sur la portion du chlorate qui n'est pas décomposée et forme du *perchlorate de potasse;* ce dernier sel n'est décomposé qu'à une température beaucoup plus élevée.

La décomposition du chlorate de potassium est favorisée par la présence de certains oxydes métalliques, tels que le peroxyde de manganèse et l'oxyde de cuivre ; c'est le procédé qu'on emploie dans les laboratoires pour remplir les gazomètres.

3° Peroxyde de manganèse. — A la chaleur rouge, le peroxyde de manganèse perd le tiers de son oxygène et se convertit en oxyde rouge de manganèse.

$$3 \, Mn \, O^2 = Mn^3 \, O^4 + 2 \, O.$$

L'opération se fait dans une cornue en grès qu'on place dans un fourneau à réverbère (fig. 12).

L'oxygène obtenu par ce procédé n'est pas pur ; il contient particu-

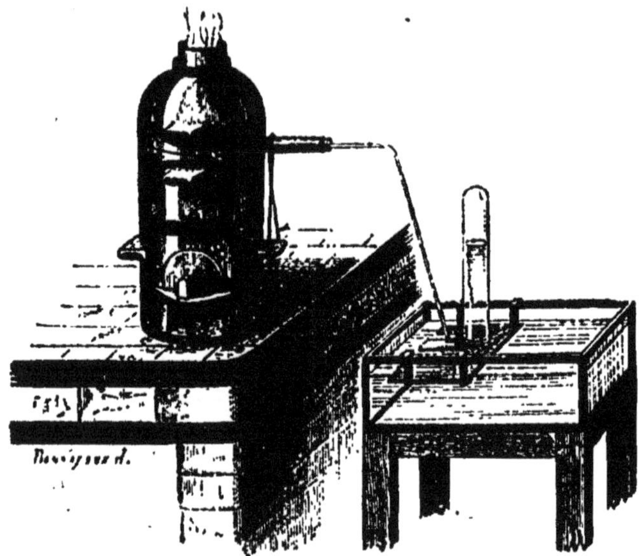

Fig. 12.

lièrement de l'acide carbonique, provenant des carbonates qui accompagnent le plus souvent la *pyrolusite*. — On se débarrasse de cet acide, en faisant passer le gaz dans un flacon laveur, contenant de la potasse. On peut encore traiter le peroxyde de manganèse par l'acide sulfurique. On a alors

$$Mn \, O^2 + SO^4 \, H^2 = SO^4 \, Mn + H^2 \, O + O$$
Sulfate
de manganèse.

$$Mn \, O^2 + SO^3 . HO = MnO . SO^3 + HO + O.$$

B. — Extraction de l'oxygène de l'air.

1° Procédé de Boussingault. — On fait passer un courant d'air sur de la *baryte, chauffée au rouge sombre;* la baryte absorbe l'oxygène et se change en bioxyde de baryum. Ce bioxyde, chauffé ensuite au *rouge vif*, abandonne la moitié de son oxygène et repasse à l'état de baryte.

2° Procédé de Sainte-Claire Deville. — On décompose l'acide sulfurique par la chaleur; il se forme du gaz sulfureux et de l'oxygène

$$SO^4 H^3 = SO^3 + H^2O + O.$$

On fait couler goutte à goutte l'acide sulfurique sur des feuilles de platine ou des fragments de briques, contenus dans une cornue chauffée au rouge. Les deux gaz, la vapeur d'eau et l'acide non décomposé, entraînés par la distillation, passent d'abord dans un serpentin où l'acide sulfurique se condense; l'acide sulfureux et l'oxygène traversent ensemble un flacon laveur, qui retient l'acide sulfureux.

Procédé de MM. Tessié du Motay et Maréchal. — On fait arriver un courant d'air sur un mélange de bioxyde de manganèse et de soude caustique, chauffé vers 450°. Il se forme du manganate de sodium.

$$MnO^3 + NaHO + O = MnO^4 Na.$$

Au bout d'une heure, on remplace le courant d'air par un courant de vapeur d'eau surchauffée. L'oxygène est entraîné, et il reste dans la cornue un mélange de soude et de peroxyde de manganèse qui peut servir pour une nouvelle opération.

$$2 MnO^4 Na + H^2O = 2 MnO^3 + 2 NaHO + 3O.$$

L'oxygène et la vapeur d'eau passent dans un tube refroidi, où l'eau se condense, et le gaz est recueilli dans un gazomètre.

Propriétés physiques. — L'oxygène est un gaz incolore, inodore, insipide.

Densité 1,1056.

Solubilité. — L'oxygène est très peu soluble dans l'eau ; ce liquide en dissout $\frac{1}{23}$.

Liquéfaction. — M. Cailletet l'a obtenu sous la forme de brouillard, en le soumettant à une forte détente, après l'avoir comprimé à 300 atmosphères, avec une température de — 29°. M. Pictet a obtenu l'oxygène liquide, avec une température de — 140° et une pression de 300 atmosphères.

Affinités. — L'oxygène peut se combiner directement avec la plupart des corps simples. Cette combinaison, souvent accompagnée d'un dégagement de chaleur, produit ce phénomène qu'on désigne sous le nom de *combustion.*

L'air étant, comme nous le verrons plus tard, constitué par un mélange de 4 volumes d'azote et de 1 volume d'oxygène, on comprend que les combustions soient bien plus vives dans l'oxygène pur que dans l'air.

1° Une bougie, présentant encore quelques points en *ignition*, se rallume instantanément, quand on la plonge dans l'oxygène.

2° Le *charbon*, le *soufre*, le *phosphore* brûlent vivement dans l'oxygène en donnant : le charbon, un gaz incolore et impropre à la combustion (acide carbonique); le soufre, un gaz incolore et irritant (gaz sulfureux) ; le phosphore, des flocons d'anhydride phosphorique.

3° Certains métaux, dont l'oxydation est lente dans l'air, même au rouge, s'enflamment et brûlent dans une atmosphère d'oxygène. Un ressort de montre, préalablement décapé est roulé en spirale et suspendu à un large bouchon de liège; à l'extrémité, on fixe un petit morceau d'amadou, qu'on enflamme. Si on plonge le ressort, ainsi préparé, dans un flacon plein d'oxygène, on voit bientôt la combustion de l'amadou se propager au fer qui s'enflamme, en projetant de tous côtés des étincelles formées d'oxyde de fer, porté à la température rouge, et la combustion continue tant que le fer trouve de l'oxygène pour se combiner avec lui.

La combustion du magnésium s'accomplit, dans les mêmes conditions, avec un éclat tel, que l'œil ne peut le supporter.

Oxydation et combustion. — L'oxydation des corps n'est pas le seul phénomène chimique qui donne lieu à la production de chaleur et de lumière. Le nom de *combustion*, d'une façon générique, s'applique à toutes les réactions dans lesquelles il y a production de chaleur et de lumière. — Mais, dans le sens habituel du mot et à moins de spécification, *combustion* est synonyme d'*oxydation.*

Combustions lentes. — Par analogie, on désigne sous le nom de *combustions lentes*, les phénomènes d'oxydation dans lesquels la chaleur et la lumière ne sont pas toujours appréciables.

Telle est l'oxydation du fer qui, dans un air humide, se transforme peu à peu en rouille.

Applications. — Les flammes sont produites par la combustion des gaz; les combustibles et les substances éclairantes brûlent, parce que le charbon et l'hydrogène qu'elles renferment forment des gaz qui se combinent à l'oxygène de l'air, avec dégagement de chaleur et de lumière (voy. *Gaz d'éclairage*).

Pour qu'une flamme ait de l'éclat, il faut qu'elle tienne en suspension des particules solides, portées à l'incandescence; la flamme de l'hydrogène est peu éclairante, malgré sa température élevée. — Le gaz d'éclairage donne une flamme éclairante, parce que le gaz hydrocarboné se décompose en partie dans l'intérieur de la flamme, en produisant des particules de charbon qui deviennent incandescentes.

Il suffit, pour rendre une flamme lumineuse, lorsqu'elle est suffisamment chaude, de placer en son milieu un corps solide qu'elle pourra porter à l'incandescence. — Le platine, la chaux, la magnésie rendent très éclairante la flamme du gaz hydrogène.

Respiration. — L'oxygène de l'air, introduit dans la circulation par les poumons, se fixe sur les globules rouges et est entraîné dans les capillaires, où il se combine avec le charbon et l'hydrogène des tissus; les produits de cette combustion, acide carbonique et eau, circulent avec le sang veineux et sont rejetés par le poumon, siège des échanges gazeux de l'organisme.

Ozone.

Production de l'ozone. — En 1840, Schœnbein, le premier, attribua l'odeur produite par les décharges répétées d'une machine électrique, à la présence d'un corps particulier, auquel il donna le nom d'*ozone* (ὄζω, je sens).

L'ozone se produit dans les circonstances suivantes :
1° Dans l'*électrolyse de l'eau* (fig. 13);
2° Par l'*action de l'étincelle électrique sur de l'oxygène pur et sec* ;
3° Dans les *oxydations lentes* ;
4° Par la *décomposition du bioxyde de baryum par l'acide sulfurique*.

Électrolyse de l'eau. — Pour obtenir l'ozone, il faut que l'électrode positive soit formée d'un métal inoxydable, et que l'eau ne contienne aucune substance capable d'absorber l'oxygène.

On donne à l'expérience la disposition suivante. C'est un vase contenant de l'eau acidulée avec l'acide sulfurique; on refroidit ce vase en le plongeant dans l'eau froide. D est un tube fermé en haut

par un bouchon dans lequel sont fixés l'électrode positive de la pile,
formée par une lame de platine, et un tube E, par lequel l'oxygène
se rend dans des flacons bouchés à l'émeri (fig. 14).

L'oxygène, ainsi recueilli, contient environ 1 centième d'ozone.

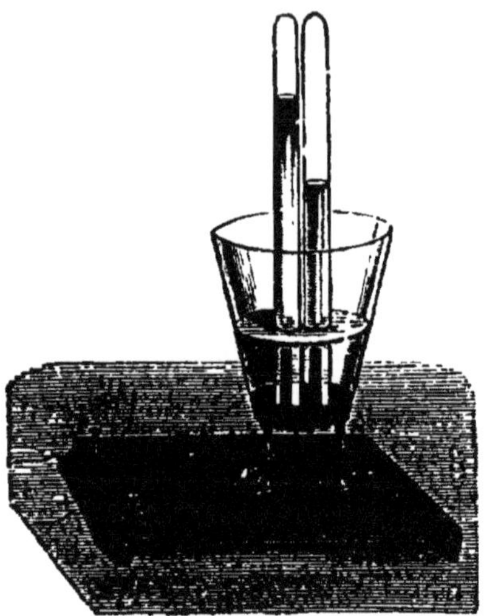

Fig. 13.

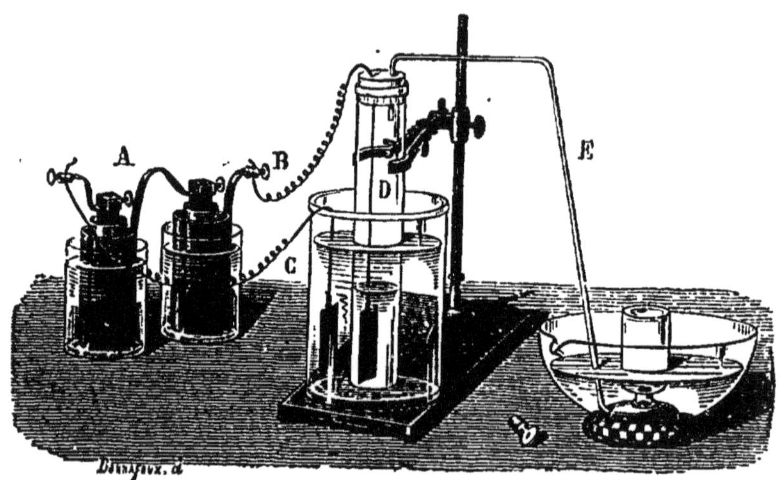

Fig. 14.

Action de l'étincelle électrique. — La chaleur détruisant l'ozone, les
étincelles les moins chaudes sont les plus favorables à sa production.

On introduit l'oxygène pur dans un tube, au-dessus du mercure, avec une solution mixte d'amidon et d'iodure de potassium, et on fait passer une série d'étincelles électriques, au moyen d'une bobine de Ruhmkorff. — On voit bientôt le liquide *bleuir* et le gaz disparaît à la longue.

Oxydations lentes. — D'après Schœnbein, l'ozone se produit dans toutes les oxydations lentes.

Expérience. — On met quelques bâtons de phosphore dans un gros ballon D, contenant un peu d'eau ; on fait communiquer ce ballon avec une éprouvette C, renfermant de l'eau destinée à retenir les va-

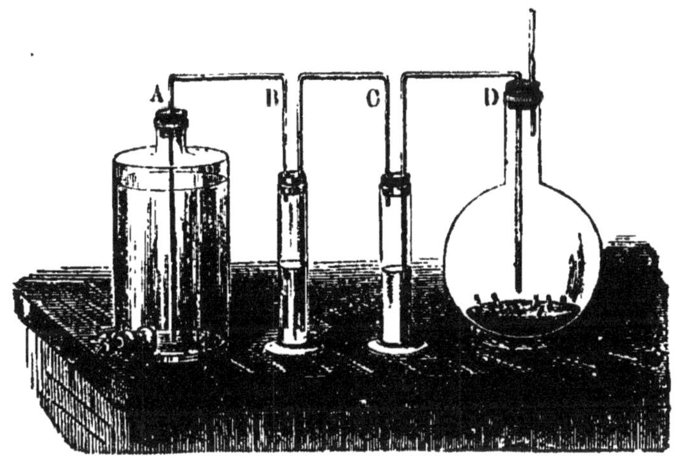

Fig. 15.

peurs phosphorescentes, et avec une éprouvette B, contenant une dissolution d'iodure de potassium et d'amidon. — Si l'on détermine un courant d'air, au moyen d'un aspirateur, on voit l'éprouvette B se colorer en bleu.

Décomposition du bioxyde de baryum. — Cette décomposition donne naissance à un sulfate de baryum et à de l'oxygène, chargé d'une petite quantité d'ozone.

$$SO^4H^2 + BaO^2 = SO^4Ba + H^2O + O.$$

Nature de l'ozone. — Si l'on fait passer une série d'étincelles électriques dans un volume déterminé d'oxygène sec, on voit bientôt le volume du gaz diminuer, et en même temps le gaz acquiert les propriétés de l'ozone. D'un autre côté, si l'on chauffe le tube à 250°, le gaz redevient de l'oxygène normal. Donc l'ozone n'est que de l'oxygène condensé.

Propriétés de l'ozone. — L'ozone est un oxydant énergique ; il oxyde, à froid, des corps sur lesquels l'oxygène ordinaire est sans action : *argent, matières organiques...*

L'ozone fait partie de notre atmosphère. En se combinant avec l'hydrogène des matières organiques, il détruit les miasmes et devient ainsi un *agent purificateur.* On a remarqué que certaines épidémies coïncident avec l'absence d'ozone.

Réactif. — On se sert d'un papier de tournesol, rougi par un acide et imprégné d'iodure de potassium ; l'ozone transforme le potassium en potasse, qui ramène au bleu le papier de tournesol.

On emploie encore un papier amidonné, imbibé d'iodure de potassium ; ce papier bleuit en présence de l'ozone.

Dosage. — Pour doser l'ozone, on fait passer le gaz dans une solution titrée d'*acide arsénieux,* et l'on détermine la quantité d'acide arsénique formé par l'action de l'ozone. — L'oxygène normal ne transforme pas l'acide arsénieux en acide arsénique.

§ 2. — SOUFRE S.

Poids atomique........ 52
Poids moléculaire..... 64
Équivalent........... 16

État naturel. — Le soufre se trouve dans la nature, soit à l'*état natif,* soit combiné avec des métaux, à l'état de *sulfures* ou *pyrites.*

État natif. — On le trouve en grandes quantités dans les terrains volcaniques. Dans certaines régions, le sol en est imprégné jusqu'à une profondeur de 10 à 15 mètres. — Ces gisements, appelés *solfatares,* se rencontrent particulièrement en Islande et en Sicile.

Le soufre natif se trouve encore dans les matières bitumineuses des couches de gypse et de calcaire des terrains tertiaires.

Pyrites. — On donne le nom de *pyrites,* à des sulfures de fer, de cuivre, de plomb, qui brûlent facilement au contact de l'air avec les lignites qui les accompagnent. — Les *pyrites* accompagnent les lignites et les charbons fossiles de tous les âges.

Extraction. — A. **Soufre natif.** — L'extraction du soufre des solfatares se fait par deux procédés :

1° *Par fusion.* — Ce procédé consiste à élever des tas de minerai de 5 à 600 mètres cubes et à les allumer en divers endroits. Une partie du soufre sert de combustible, et la température produite par cette combustion fond une autre partie du soufre qui se réunit à la partie inférieure, coule dans des rigoles placées sous la meule et se rend dans des chambres en maçonnerie.

Ce procédé, qui amène une grande perte de soufre, n'est applicable qu'aux minerais qui renferment 80 pour 100 de soufre. — On l'emploie dans les provinces de Catane, Girgenti et Palerme, où le combustible est rare.

2° *Par distillation.* — Cette opération s'opère dans des fourneaux de *galère* (fig. 16).

Les matières terreuses sont placées dans de grands pots en terre ; ces pots, rangés sur deux files dans les fourneaux, communiquent par

Fig. 16.

des tubulures latérales avec des pots semblables, placés à l'extérieur et dans lesquels la vapeur de soufre se condense. Le soufre liquide s'écoule par un petit tube, dans des baquets pleins d'eau froide.

Ce procédé, applicable aux minerais qui contiennent de 10 à 15 pour 100 de soufre, est employé à la *solfatare de Pouzzoles.*

B. Soufre des pyrites. — Les lignites pyriteux, abandonnés au contact de l'air, absorbent l'oxygène et sont le siège d'une combustion lente, qui a pour résultat la mise en liberté d'une partie du soufre.

$$\text{Fe S}^2 + 10 = \text{SO}^4\text{Fe} + \text{S}$$

Pyrite   Sulfate
de fer.   ferreux.

Ce soufre forme, à la surface du tas de lignites, des efflorescences jaunes, comme celles que l'on voit dans les solfatares.

Depuis quelques années, on extrait une certaine quantité de soufre des pyrites, en les distillant dans des cornues en fonte disposées transversalement, au nombre de 12 à 24, dans un fourneau de galère. — L'équation suivante exprime la réaction :

$$3\,FeS^2 = 2S + Fe^3 S^4.$$

Raffinage. — Le soufre brut, que fournissent ces procédés, contient encore 2 à 3 pour 100 de matières étrangères. On le purifie au moyen d'une deuxième distillation, qui prend le nom de *raffinage*.

L'appareil se compose d'une cornue de fonte A, dans laquelle on fait arriver du soufre préalablement fondu dans le vase O, et d'une

Fig. 17.

chambre de condensation B, d'une capacité de 80 mètres cubes environ. — La chambre porte à la voûte une soupape qui livre passage à l'air dilaté (fig. 17).

(a) *Fleur de soufre.* — Si la distillation marche lentement, de manière à ce que les parois et l'air de la chambre ne s'échauffent pas

la vapeur de soufre passe immédiatement de l'état gazeux à l'état solide et se condense, sous la forme d'une poudre fine; c'est la *fleur
de soufre.*

La fleur de soufre est toujours imprégnée d'un peu de gaz sulfureux, qui se forme aux dépens de l'oxygène de l'air contenu dans la
chambre au début de l'expérience. — Pour la médecine, on lave la
fleur de soufre à l'eau bouillante, jusqu'à ce que les eaux de lavage
ne soient plus acides.

(b) *Soufre en canons.* — Si la distillation marche rapidement, de
manière à ce que les parois et l'air de la chambre de condensation
s'échauffent au-dessus du point de fusion du soufre, celui-ci se condense à l'état *liquide.*

On le recueille au dehors et on le coule dans des moules cylindro-
coniques en bois. — On obtient ainsi les cylindres connus dans le
commerce sous le nom de *soufre en canons.*

Propriétés physiques. — Le soufre est un corps solide, d'une
couleur jaune citron, insipide et inodore, mauvais conducteur de la
chaleur et de l'électricité. — Un bâton de soufre, qu'on serre dans la
main, fait entendre des craquements et finit par se rompre; frotté
avec de la laine, il prend l'électricité négative.

Densité 2,05.

Action de la chaleur. — Le soufre fond à 111°,5 et bout à 440°,
en émettant des *vapeurs rouges.*

Cependant le soufre, fondu dans un tube scellé à la lampe, peut
rester liquide au-dessous de 110°; lorsqu'il se solidifie, il prend la
forme octaédrique du *soufre natif.*

A 120°, le soufre fondu est très fluide et présente une couleur
jaune clair; si l'on élève la température, le soufre prend une coloration *brune,* et devient *très visqueux;* à 200°, on peut retourner le vase
qui le contient, sans en renverser. Au delà de 200°, le soufre redevient liquide, et à 250° on peut le verser dans l'eau froide; on obtient
alors une masse molle ,translucide, d'un jaune brunâtre, élastique
comme du *caoutchouc,* qui constitue le *soufre mou.*

Le soufre mou contient une très grande quantité de chaleur latente; car, si on le chauffe à 100°, sa température s'élève subitement
à 110°; le soufre fond et donne le soufre cristallisé. Cette transformation se fait lentement à la température ordinaire. Au bout de
quelques heures, le soufre mou durcit et devient cassant comme le
soufre ordinaire.

Solubilité. — Le soufre est insoluble dans l'eau, à peine soluble dans l'alcool, très soluble dans le sulfure de carbone, la benzine et les huiles essentielles.

Dimorphisme. — Le soufre cristallise dans deux systèmes :

1° Lorsqu'on laisse refroidir lentement le soufre fondu jusqu'à ce qu'il forme une couche solide à sa surface, on trouve, après avoir percé la croûte et décanté les portions encore liquides, la paroi du creuset tapissée de longues aiguilles *jaunes*, transparentes, fusibles à 120° ; — ces cristaux sont des *prismes clinorhombiques*.

2° La dissolution du soufre dans le sulfure de carbone, évaporée lentement, laisse déposer le soufre, sous la forme d'*octaèdres orthorombiques*, fusibles à 114°,5 ; — les cristaux de soufre natif sont des octaèdres.

Le soufre est donc *dimorphe*. La forme cristalline dépend de la température à laquelle les cristaux sont formés. Ainsi, les prismes obtenus par fusion se convertissent peu à peu en *octaèdres*, à la température ordinaire ; — de même le soufre octaédrique, maintenu entre 105° et 110°, se transforme en soufre prismatique.

Cette influence de la température est mise en évidence par l'expérience suivante, due à M. Sainte-Claire Deville : On fait une solution de soufre dans la benzine, à 100°, dans un tube qu'on scelle à la lampe, et on laisse refroidir lentement. Les premiers cristaux qui se forment, vers 100°, sont des prismes obliques, tandis que ceux qui se forment, au voisinage de la température ordinaire sont des octaèdres droits à base rectangle.

D'après Favre et Silbermann, le soufre prismatique dégage en brûlant 44 calories de plus que le soufre octaédrique. Cette première forme contient donc plus de chaleur latente que la deuxième.

Soufre amorphe. — M. Sainte-Claire Deville a le premier reconnu que le soufre en canons et même la fleur de soufre étaient incomplètement solubles dans le sulfure de carbone ; il a donné le nom de *soufre amorphe* au résidu insoluble. — On peut obtenir des quantités notables de soufre amorphe, soit en décomposant par l'eau le chlorure de soufre, soit au moyen du soufre mou. Le soufre mou est, en effet, incomplètement soluble dans le sulfure de carbone et donne un ré·sidu très abondant de soufre amorphe.

Affinités. — Le soufre prend feu vers 250° et brûle à l'air, avec une flamme bleue, en formant avec l'oxygène du gaz sulfureux.

Il s'unit directement au chlore, au brome, à l'iode, au phosphore, à l'arsenic, au charbon et à la plupart des métaux ; le fer, le zinc, l'argent, l'étain, brûlent avec éclat dans la vapeur de soufre. — La combinaison du fer et du soufre a même lieu à la température ordinaire, lorsqu'on abandonne à lui-même un mélange humide de soufre et de fer finement divisé (*volcan de Lemery*).

Applications. — 40 millions de kilogrammes de soufre sont employés annuellement, en France, pour la fabrication de l'*acide sulfurique*, du *gaz sulfureux* et du *sulfure de carbone*.

La fabrication de la poudre, celle des allumettes, le soufrage de la vigne, la vulcanisation du caoutchouc, en consomment de grandes quantités.

En médecine, le soufre est peu usité à l'intérieur. Il est surtout appliqué à l'extérieur, sous forme de pommade, contre les affections cutanées.

§ 3. — Sélénium Se. — Tellure Te.

Sélénium. — Le sélénium a été découvert par Berzelius, dans certaines pyrites de Suède.

Il est solide, cristallisé en prismes quadrangulaires, d'un brun foncé.

Densité = 4,5 à 4,8.

Tellure. On trouve le tellure, à l'état natif, en Hongrie et en Transylvanie.

Il est d'un aspect métallique, brillant, cristallin, d'une couleur pâle.

Densité = 6,25.

CHAPITRE III

MÉTALLOÏDES TRIATOMIQUES

§ 1. — Azote.

Poids atomique........... 14
Poids moléculaire........ 28
Équivalent 14

Lavoisier et Scheele ont retiré l'azote de l'air, en 1777. — Le nom d'azote (α privatif, ζωη vie) lui vient de ce qu'il constitue la portion de l'air impropre à entretenir la respiration.

Préparation. — On peut retirer l'azote de l'air, en absorbant 'oxygène au moyen du phosphore.

Fig. 18.

Sur une plaque de liège, flottant à la surface d'une cuve à eau, on met une petite coupelle avec un morceau de phosphore ; on enflamme

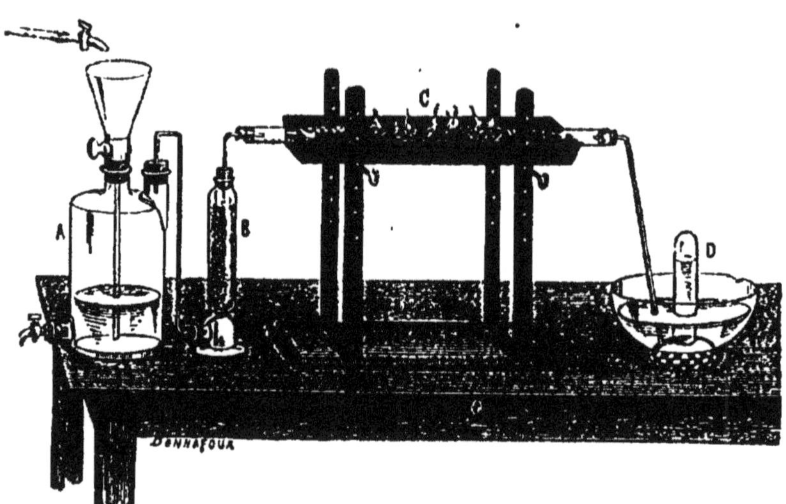

Fig. 19.

le phosphore et on recouvre le tout avec une cloche pleine d'air. — Le phosphore brûle, en produisant d'abondantes fumées blanches d'acide phosphorique, qui se dissolvent peu à peu dans l'eau. Lorsque le phosphore est éteint, il reste un gaz transparent, qui est de l'azote à peu près pur (fig. 18).

Pour obtenir de l'azote pur, on emploie l'un des procédés suivants :

1° On dirige un courant d'air dans un tube renfermant des fragments de potasse qui retiennent la vapeur d'eau et l'acide carbonique, puis dans un tube de porcelaine chauffé au rouge et contenant de la tournure de cuivre ; l'azote pur se dégage à l'autre extrémité de l'appareil (fig. 19).

2° On chauffe, dans une cornue, de l'azotite d'ammonium.

$$Az\,O^3 Az\,H^4 = 2\,H^2O + 2\,Az$$
Azotite
d'ammonium.

$$Az\,H^3, HO.Az\,O^5 = 4\,HO + 2\,Az.$$

Propriétés physiques. — L'azote est un gaz incolore, inodore, insipide, permanent.

Densité $= 0,971$. — Un litre d'azote pèse 1,257.

Solubilité. — Il est très peu soluble dans l'eau ; — à 0°, l'eau n'en dissout que $\frac{1}{50}$.

Affinités. — Les affinités de l'azote sont peu énergiques ; il ne se combine directement qu'avec un petit nombre de corps : le carbone, le bore, le silicium, le magnésium.

Sous l'influence de l'étincelle électrique et en présence de la vapeur d'eau, l'azote se combine avec l'oxygène et avec l'hydrogène pour former de l'azotate d'ammonium (Cavendish). Il est impropre à la combustion et à la respiration.

Applications. — L'azote fait partie intégrante des principes immédiats des tissus animaux et végétaux : *albumine, fibrine, caséine, gluten.* — Il entre dans la composition de l'ammoniaque, du cyanogène et des alcaloïdes.

Dans les laboratoires, l'azote est constamment employé pour remplacer l'air des vases, où l'on veut conserver des substances organiques, à l'abri du contact de l'oxygène qui les altérerait.

Dans l'air, il paraît destiné à modérer l'action comburante de l'oxygène dans la respiration.

§ 2. — Phosphore Ph.

Poids atomique............ 31
Poids moléculaire........ 120
Équivalent................ 31

Brandt, alchimiste de Hambourg, en cherchant la *pierre philoso-phale*, retira le phosphore de l'urine, en 1669.— Un siècle plus tard, Cahn constata l'existence du phosphore dans les os; Scheele, le premier, indiqua le mode d'extraction encore employé de nos jours.

Préparation. — Les os, calcinés au contact de l'air, contiennent environ 80 pour 100 de *phosphate tribasique* de *calcium* et 20 pour 100 de *carbonate de calcium*.

Ces os, pulvérisés, sont traités par l'acide sulfurique qui transforme le phosphate tricalcique en phosphate monocalcique soluble; il se forme du sulfate de calcium qui se dépose.

$$(Ph\,O^4)^3\,Ca^3 + 2\,SO^4\,H^2 = 2\,SO^4\,Ca + (Ph\,O^4)^3\,Ca\,(H^2)^2.$$

Phosphate tricalcique.   Phosphate monocalcique.

$$(3\,Ca\,O).\,Ph\,O^5 + 2\,(S\,O^3.\,HO) = 2\,(Ca\,O.\,S\,O^3) + Ca\,O,\,2\,H\,O.\,Ph\,O^5.$$

On décante et on évapore la solution jusqu'à consistance sirupeuse;

Fig. 20.

on y ajoute 1/4 de son poids de charbon en poudre; on dessèche le tout et on l'introduit dans des cornues en grès, que l'on chauffe au rouge (fig. 20).

Le phosphate monocalcique perd d'abord de l'eau et se convertit en métaphosphate de calcium.

$$(Ph\,O^4)^2\,Ca\,(H^2)^2 = 2\,H^2O + (Ph\,O^5)^2\,Ca.$$

Phosphate monocalcique.   Métaphosphate de calcium.

Enfin, en présence du charbon, le métaphosphate redevient du phosphate tricalcique, et une partie du phosphore se dégage avec l'oxyde de carbone.

$$3\,(Ph\,O^5)^2\,Ca + 10\,C = (Ph\,O^4)^2\,Ca^3 + 10\,CO + 4\,Ph.$$

Métaphosphate de calcium.   Phosphate tricalcique.

$$3\,(Ca\,O.\,Ph\,O^5) + 10\,C = 10\,C\,O + (3\,Ca\,O).\,Ph\,O^5 + 2\,Ph.$$

Le col des cornues s'engage dans un récipient en cuivre, contenant de l'eau, où se condense le phosphore.

Épuration. — Le phosphore ainsi obtenu est fondu dans de l'eau à 60°, filtré sur du noir animal et au travers d'une peau de chamois. — Tandis qu'il est fondu sous l'eau, on l'aspire, dans des tubes de verre, avec une poire de caoutchouc ; le tube plein est bouché avec le doigt, puis porté dans l'eau froide, où le phosphore se solidifie.

100 kilogrammes d'os fournissent de 8 à 9 kilogrammes de phosphore.

Propriétés physiques. — Le phosphore pur est un corps solide, incolore, ou jaune paille, translucide ; il peut être rayé par l'ongle. Il possède une odeur assez forte, qui rappelle celle de l'ail.

Densité $= 1,84.$

Action de la chaleur. — À la température ordinaire, le phosphore émet des vapeurs, dans le vide et même dans l'air. Il luit dans l'obscurité. Il est très probable que ce phénomène est lié à une oxydation lente que le phosphore subit dans l'air.

Le phosphore fond à 44°, s'enflamme à 60° et bout à 290°.

Solubilité. — Le phosphore est insoluble dans l'eau, très peu soluble dans l'alcool ; il se dissout dans l'éther, les huiles essentielles, la benzine, le pétrole, et surtout le *sulfure de carbone.*

La solution dans le sulfure de carbone, évaporée à l'abri de l'air, donne des dodécaèdres rhomboïdaux. — Conservé sous l'eau privée d'air, il se recouvre au bout de quelque temps d'une couche blanche, opaque, formée d'une infinité de cristaux microscopiques.

Phosphore noir. — Le phosphore, distillé plusieurs fois, puis chauffé à 70° et refroidi brusquement dans l'eau à 0°, devient noir (Thénard). — Le phosphore noir, fondu de nouveau, reprend son état primitif.

Phosphore rouge. — Exposé à la lumière, le phosphore finit par se recouvrir d'une couche rouge, qu'on a longtemps considérée comme un oxyde du phosphore, mais qui n'est qu'un état moléculaire particulier. — L'action prolongée de la chaleur fait subir au phosphore la même transformation.

Le phosphore est introduit dans une chaudière hermétiquement fermée et placée dans un bain de sable dont on maintient la tem-

Fig. 21.

pérature entre 230° et 250°; le dégagement du gaz s'effectue par un tube qui plonge dans un verre plein de mercure destiné à empêcher la rentrée de l'air dans l'appareil (fig. 21).

L'opération dure huit jours. On laisse refroidir l'appareil; on broie le phospore rouge sous l'eau et on le lave avec du sulfure de carbone, qui s'empare du phosphore non transformé; on lave et on sèche.

Le phosphore rouge est insoluble dans le sulfure de carbone et incristallisable; de là son nom de *phosphore amorphe*; il n'est pas vénéneux. — A 260°, il devient du phosphore normal.

Affinités. — Le phosphore possède une grande affinité pour l'oxygène. Exposé à l'air, à la température ordinaire, il donne de l'acide phosphoreux; à 60°, le phosphore s'enflamme et donne des fumées blanches d'*anhydride phosphorique*.

Métalloïdes. — Le phosphore se combine directement avec le *chlore*, le *brome* et l'*iode*, avec production de lumière et vif dégagement de chaleur. — Un morceau de phosphore, plongé dans un flacon de chlore, s'enflamme spontanément.

Acide azotique. — L'acide azotique oxyde le phosphore, avec énergie, et le convertit en acide phosphorique.

Alcalis. — Le phosphore, chauffé avec une dissolution alcaline, donne du phosphure d'hydrogène et un hypophosphite.

$$4\,Ph + 3\,K\,HO + 3\,H^2O = 3\,Ph\,O^2\,H^2\,K + Ph\,H^3$$

Hypophosphite   Phosphure
de potassium.   d'hydrogène.

$$4\,Ph + 3\,KO + 9\,HO = Ph\,H^3 + 3\,(KO, 2\,HO.\,PhO).$$

Le phosphore rouge donne avec le chlore, le brome et l'iode, les mêmes produits que le phosphore normal; mais la réaction ne s'accompagne pas de production de lumière et de chaleur.

Applications. — Le phosphore est surtout employé pour la fabrication des *allumettes chimiques*.

Allumettes ordinaires. — Les *bois* des allumettes sont d'abord imprégnés, à leur extrémité, de soufre, de cire, d'acide stéarique ou de paraffine, pour les rendre plus combustibles, puis recouverts d'une pâte faite avec de la colle forte, du phosphore, du minium et du salpêtre; ces deux derniers corps, riches en oxygène, facilitent l'inflammation du phosphore par le frottement.— La pâte est colorée : en bleu, par le *bleu de Prusse;* ou en rouge, par le *minium.*

Allumettes sans phosphore. — Les allumettes, dites au *phosphore rouge,* ne portent qu'une pâte combustible, formée de sulfure d'antimoine et de chlorate de potassium ; elles s'enflamment seulement, quand on les frotte sur une surface recouverte d'un mélange de phosphore amorphe, de sulfure d'antimoine et de sulfure de fer ; ce dernier, grossièrement pulvérisé, joue le rôle d'un corps rugueux.

Le phosphore entre dans la composition des *pâtes* destinées à faire périr les rats.

Recherche du phosphore. — La recherche du phosphore doit être faite peu de temps après l'empoisonnement; car, au contact de l'air, il s'oxyde et se transforme en acide phosphorique.

Les matières suspectes sont introduites dans un ballon; on y

ajoute de l'eau distillée, pour en faire une bouillie claire, et l'on y
verse une petite quantité d'acide sulfurique, pour neutraliser l'ammoniaque, qui empêcherait la phosphorescence de se produire. On met

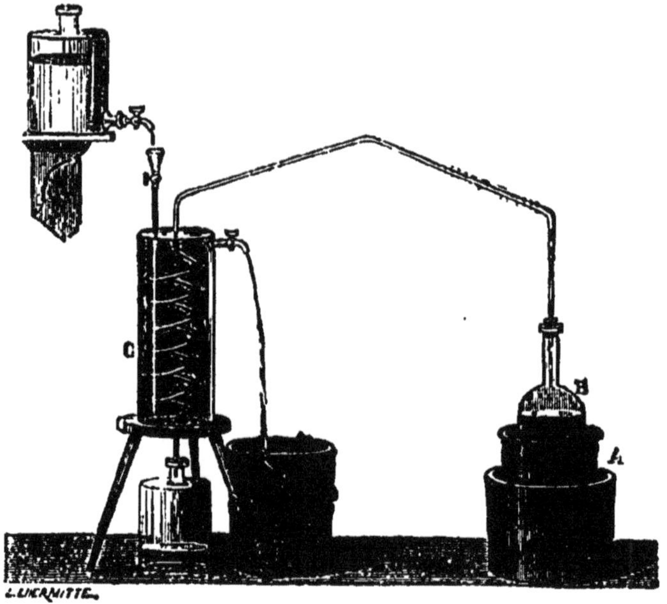

Fig. 22. — Appareil de Mitscherlich.

le ballon en communication avec un serpentin de verre, entouré d'un
manchon, dans lequel circule un courant d'eau froide, et l'on chauffe
le ballon au bain de sable, en ayant soin d'envelopper le fourneau
pour que la lumière ne rayonne pas sur le verre. — On opère dans
l'obscurité, et, à l'endroit du serpentin où se condense la vapeur
d'eau, on aperçoit une lueur (fig. 22).

Ce procédé, dû à Mitscherlich, est tellement sensible, qu'une seule
allumette, mélangée avec 150 grammes d'eau, donne une phosphorescence qui dure une demi-heure.

§ 5. — Arsenic As.

L'arsenic se rencontre dans la nature, à l'état natif (Sainte-Marie-
aux-Mines, *Alsace-Lorraine*) ; plus souvent, on le trouve combiné au
soufre (*réalgar* $As^2 S^2$, — *orpiment* $As^2 S^3$). — Le minerai le plus ré-

pandu est le *sulfoarséniure de fer*, qu'on désigne sous le nom de *mispickel*.

Extraction.— On calcine le mispickel dans des cornues de terre, en communication avec des tuyaux de tôle qui servent de récipient. L'arsenic se volatilise et se condense sous la forme d'une masse grise, d'aspect métallique, tandis que le sulfure de fer reste dans les cornues.

$$ \underset{\text{Mispickel.}}{FeSAs} = \underset{\substack{\text{Sulfure} \\ \text{de fer.}}}{FeS} + As $$

On purifie l'arsenic, en le soumettant à une nouvelle distillation, en présence du charbon.

Propriétés physiques. — Récemment sublimé, l'arsenic est d'un gris d'acier, doué de l'éclat métallique; — il est bon conducteur de l'électricité.

Densité $= 5,7$.

L'arsenic se volatilise, sans fondre, à 180°.— La vapeur de l'arsenic est incolore et présente une odeur *alliacée*, due à une oxydation partielle.

L'arsenic, distillé, est cristallisé sous la forme de *rhomboèdres*.

Affinités. — L'arsenic ne s'altère pas à l'air sec. Réduit en poudre et humecté d'eau, il s'oxyde peu à peu et se convertit en anhydride arsénieux As^2O^3. — Pulvérisé et chauffé au rouge, au contact de l'air, il s'oxyde énergiquement, en brûlant avec une flamme bleuâtre; le produit est encore l'anhydride arsénieux.

L'arsenic se combine directement avec le chlore, le brome et l'iode.

L'acide azotique et l'eau régale l'attaquent vivement et le font passer à l'état d'acide arsénique AsO^4H^3.

Mélangé avec l'azotate de potassium et projeté dans un creuset chauffé au rouge, il donne de l'arséniate de potassium.

L'arsenic est toxique, mais moins que l'acide arsénieux

§ 4. — Bore Bo.

Le bore se trouve dans la nature, à l'état d'anhydride borique. Gay-Lussac et Thénard l'ont isolé les premiers, à l'état amorphe; Sainte-Claire Deville a réussi à le faire cristalliser.

Préparation. — On prépare le bore sous deux formes : *amorphe* et *cristallisé.*

1° *Bore amorphe.* — On chauffe au rouge l'anhydride borique avec le potassium.

$$2 \, Bo^2 O^3 + 3 \, K = 3 \, Bo \, O^3 K + Bo.$$

Anhydride   Borate
borique.   de potassium.

2° *Bore cristallisé.* — On chauffe l'anhydride borique avec l'aluminium, à une très haute température. Il se forme de l'alumine qui se combine avec un excès d'acide borique ; le bore, mis en liberté, se dissout dans l'excès d'aluminium et cristallise par refroidissement.

Propriétés. — Le bore amorphe est une poudre verdâtre, infusible, brûlant à l'air à une température peu élevée, en se transformant en anhydride borique. Il forme avec le chlore un *chlorure de bore*, $BoCl^3$, liquide incolore, mobile, bouillant à 17°.

Le bore cristallise en octaèdres réguliers, quelquefois incolores, mais, plus généralement, colorés en jaune brun. Ces cristaux ont une densité égale à 2,68 ; ils sont très réfringents, très durs ; ils rayent facilement le corindon et peuvent même rayer le diamant.

Le bore ne brûle dans l'air ou dans l'oxygène qu'à une température élevée.

Quoique triatomique, le bore se rapproche plus du silicium, par ses propriétés. — Il devrait former une famille à part.

CHAPITRE IV

MÉTALLOIDES TÉTRATOMIQUES

§ 1. — CARBONE.

A l'état naturel, le carbone pur constitue le *diamant* et le *graphite.* — Plus ou moins mélangé de matières étrangères, il forme les divers charbons de terre, produits par la nature, et les charbons artificiels.

Nous distinguerons deux sortes de charbons :

1° *Des charbons naturels;*

2° *Des charbons artificiels.*

A. Charbons naturels.

Diamant. — On trouve le diamant dans les sables d'alluvion, aux Indes, dans l'île de Bornéo, au Brésil, en Sibérie, au Cap.

Le diamant est cristallisé en *cubes*, ou en *dodécaèdres rhomboïdaux*, ordinairement recouverts d'une croûte terreuse plus ou moins adhérente.

Le diamant est le plus dur de tous les corps; il n'est usé que par sa propre poussière. — La taille du diamant a été inventée par Louis de Berquem, de Bruges, au milieu du quinzième siècle.

Densité = 3,5.

Un diamant brut est estimé 48 fr. le carat (20 centigrammes 1/2), pour un carat; au-dessus d'un carat, on multiplie par le carré du poids. Ainsi, un diamant brut de 3 carats vaut $48 \times 3^2 = 432$ francs. Une fois taillés, les diamants valent de 2 ou 300 francs le carat, suivant la beauté de la pierre.

Le *Grand-Mogol* pèse 64 grammes; il est estimé 11 millions. Le *Régent* pèse 27 grammes; il est estimé 8 millions.

Graphite, ou Plombagine. — On trouve le graphite dans les terrains primitifs, en France, en Angleterre, et principalement en Sibérie. — La plus grande partie du graphite vient actuellement de *Marninski*, près d'*Irkoutzk*, dans la Sibérie orientale

Le charbon se dissout dans la fonte en fusion et cristallise, par refroidissement, sous la forme de *graphite*.

Le graphite cristallise en tables hexagonales. Il est opaque, d'un gris d'acier, d'un éclat métallique, gras et tendre au toucher. — Il tache les doigts et laisse une tache sur le papier.

Densité = 2,2.

Le graphite est bon conducteur de la chaleur et de l'électricité.

Applications. — Le graphite, sous le nom de *mine de plomb*, sert à la fabrication des crayons. On l'emploie encore pour vernir le plomb de chasse et enduire les objets de fer et de fonte, afin de les préserver de l'oxydation. On l'utilise en galvanoplastie, pour rendre la surface conductrice, ou encore pour empêcher l'adhérence du moule avec le métal déposé.

Mêlée avec de l'argile réfractaire, la plombagine sert à la fabrication de creusets, dans lesquels on peut fondre l'acier. — On l'emploie, seule, pour adoucir le frottement dans certaines pièces d'horlogerie.

Charbons de terre. — Sous le nom de *charbons de terre*, nous confondrons les combustibles qui sont extraits du sol, c'est-à-dire l'anthracite, la houille, la lignite et la tourbe.

(*a*) **Anthracite.** — L'anthracite, appelé encore *charbon de pierre*, se trouve dans le premier étage du terrain carbonifère, aux États-Unis, en Angleterre, en France dans le Dauphiné et sur les bords de la Loire. L'anthracite se présente sous la forme de masses noires, brillantes, compactes, renfermant 90 à 92 pour 100 de carbone pur.

Il est difficile à allumer, mais il produit une chaleur très forte et est employé, dans diverses localités, comme combustible industriel.

(*b*) **Houille.** — La houille occupe l'étage moyen du terrain carbonifère ; elle paraît avoir été produite par la carbonisation lente de végétaux enfouis dans le sol. Elle donne, suivant sa provenance, de 1 à 10 pour 100 de cendres.

La houille est le plus important de nos combustibles. Sa distillation fournit : *le gaz d'éclairage, des sels ammoniacaux, de la benzine, du phénol...*

(*c*) **Lignite.** — On rencontre les lignites, à la base des terrains tertiaires, comme près de Laon et de Soissons.

La lignite conserve la forme du végétal dont elle provient. Elle brûle avec une flamme peu chaude, accompagnée d'une fumée noire, d'une odeur désagréable.

Certaines variétés de lignites sont assez dures pour être travaillées au tour et polies. Telle est l'origine du *jais, jayet* ou *ambre noir*.

(*d*) **Tourbe.** — La tourbe est formée par l'agglomération de plantes marécageuses.

Elle brûle lentement et ne produit qu'une température peu élevée. — Desséchée et comprimée, elle fait un excellent combustible.

B. — Charbons artificiels.

Toutes les fois qu'on détruit par une forte chaleur une matière carbonée, d'origine végétale ou animale, elle laisse un charbon plus ou moins mélangé de substances étrangères, qui constitue un *charbon artificiel*. — Telle est l'origine du *charbon de bois,* du *coke,* du *noir de fumée,* et du *noir animal.*

Charbon de bois. — On prépare le charbon de bois par deux procédés :

(a) *Par distillation.* — Le bois, consumé à feu nu dans une cornue en fonte, donne :

1° Des *gaz* : oxyde de carbone, acide carbonique, carbures d'hydrogène ;

2° Du *goudron* ;

3° Une *partie aqueuse*, contenant principalement de l'*esprit-de-bois* et de l'*acide acétique impur*.

On obtient ainsi, comme résidu, environ 27 pour 100 de charbon.

C'est ainsi qu'on prépare le *fusain* et le charbon destiné à la fabrication de la poudre. — On emploie, pour cette fabrication, du bois léger, tels que le saule et le peuplier.

(*b*) *Par carbonisation en meules.* — Au centre d'une clairière, on plante dans le sol quatre longues perches verticales ; on dispose tout autour, le bois coupé en rondins de 60 centimètres et l'on forme ainsi 2 ou 3 lits superposés, de manière à constituer une espèce de *meule*, en ayant soin de laisser de place en place des canaux, qui communiquent avec la cheminée centrale et qui portent le nom d'*évents.*— On recouvre le tout de mousse, de feuilles, de gazon et enfin d'une couche de terre, qui ne laisse libre que la cheminée et les évents inférieurs.

On allume la meule, en jetant dans la cheminée des copeaux enflammés ; la fumée est d'abord noire, puis elle devient d'un bleu clair. On bouche alors la cheminée et l'on ouvre des évents à 30 centimètres au-dessous ; quand la fumée est transparente, on bouche ces évents à leur tour, pour en ouvrir d'autres plus bas, et ainsi de suite, jusqu'au pied de la meule.

Quand la carbonisation est terminée, on bouche toutes les ouvertures et on laisse refroidir pendant 24 heures. On démolit alors la meule et on sépare les *fumerons*, qui sont facilement reconnaissables à leur poids et à leur couleur terne, tandis que le charbon bien cuit est léger et à cassure brillante.

Ce procédé fournit de 18 à 20 pour 100 de charbon.

Coke. — Le coke est le résidu de la fabrication du gaz d'éclairage. Il se présente sous deux formes : 1° en *masses* boursouflées, brillantes, d'un gris métallique, si la distillation a été rapide ; — 2° en masses volumineuses et très compactes, si la distillation a été conduite lentement.

Le coke est d'une combustion difficile ; il ne brûle qu'en grandes masses, et sa combustion doit être activée par un courant d'air. Comme il ne contient plus d'hydrogène, il brûle presque sans flamme et ne répand pas l'odeur désagréable de la houille. A volume égal, il donne plus de chaleur que la houille.

Charbon de cornue. — On trouve sur les parois des cornues qui servent à la préparation du gaz d'éclairage, un dépôt cohérent de charbon, provenant de la décomposition partielle des carbures d'hydrogène, au contact des parois des cornues chauffées au rouge.

Ce charbon, appelé *charbon de cornues*, est à peu près chimiquement pur. Il est noir, brillant, presque aussi dur que le diamant, et se travaille avec facilité. On le taille en prismes, ou en cylindres, pour les piles; on en fait également des creusets, complètement infusibles.

Noir de fumée. — Le noir de fumée est un charbon léger, très fin, qui provient de la combustion incomplète des corps organiques riches en carbone, telles que les résines et les matières grasses.

Dans l'industrie, on dirige la fumée dans une chambre dont les parois sont revêtues de toiles; pour détacher le noir de fumée, on fait descendre un cône métallique, qui sert de *racloir*.

Le noir de fumée est un carbone impur. Il sert à la peinture en bâtiment et à la fabrication des encres d'imprimerie.

Charbon animal. — C'est un mélange de charbon, de phosphate et de carbonate de calcium, provenant de la calcination des os, en vases clos.

Il renferme de 70 à 80 pour 100 de matières minérales.

C. — Propriétés.

Pouvoir absorbant du charbon. — Si l'on introduit dans une cloche pleine de gaz ammoniac, renversée sur le mercure, un morceau de charbon incandescent, éteint sous le mercure, le gaz est entièrement absorbé en quelques minutes et le mercure monte dans la cloche. — Les gaz sont d'autant plus facilement absorbés, qu'ils sont plus solubles dans l'eau.

Le pouvoir absorbant du charbon dépend de sa porosité; le charbon de bois le possède au plus haut degré, tandis que l'anthracite, la plombagine, le coke, ne le possèdent que faiblement.

Les propriétés *désinfectantes* et *décolorantes* du charbon ne sont que des manifestations du pouvoir absorbant. — On consomme de grandes quantités de noir animal dans l'industrie, pour la décoloration des sirops de sucre. Les résidus des raffineries sont employés comme engrais; ils sont utiles à la végétation, en raison des phosphates et des matières azotées qu'ils renferment.

Quand le charbon animal a absorbé une certaine quantité de matière colorante, il peut être revivifié par une nouvelle calcination, qui détruit la substance organique.

Affinités.—Toutes les variétés de carbone sont fixes et infusibles.

Chauffé au contact de l'air, le carbone se convertit; en acide carbonique, si l'oxygène est en excès ; en oxyde de carbone, si l'oxygène est en quantité insuffisante.

Le carbone se combine directement avec l'hydrogène, quand on fait jaillir un arc voltaïque dans un ballon plein de gaz hydrogène (Berthelot).

A la température rouge, il donne, avec le soufre, du sulfure de carbone.

Chauffé avec un corps oxygéné, le charbon enlève tout ou partie de l'oxygène. Il convertit l'acide sulfurique en gaz sulfureux ; il réduit l'acide phosphorique, l'acide arsénieux... De toutes les compositions oxygénées des métalloïdes, l'anhydride borique et la silice sont les seules qui soient inattaquables par le charbon.

Un charbon chauffé au rouge décompose l'eau en donnant un mélange d'oxyde de carbone et d'hydrogène.

$$H^2O + C = CO + 2H.$$

§ 2. — SILICIUM Si.

Le silicium a été découvert par Berzélius, en 1808; M. Sainte-Claire Deville l'a obtenu à l'état cristallin, en 1854.

Le *fluoure double* de silicium et de potassium, réduit par un mélange de *zinc* et de *sodium*, donne du silicium qui se dissout dans le zinc et s'en sépare en cristaux d'un gris d'acier, octaédriques, doués de l'éclat métallique. On isole le métal en dissolvant le zinc dans l'acide chlorhydrique.

Le silicium est presque inattaquable par les acides; au rouge sombre, le gaz chlorhydrique le transforme en chlorhydrine, $SiCl^3H$. Le chlore, au rouge naissant, donne le chlorure $SiCl^4$.

LIVRE II

COMPOSÉS DES MÉTALLOIDES ENTRE EUX

CHAPITRE PREMIER

AIR ATMOSPHÉRIQUE

Historique. — Parmi les composés formés par les métalloïdes, l'air occupe la première place, en ce qu'il constitue le milieu dans lequel se produisent le plus grand nombre des combinaisons.

L'air a été considéré comme un *élément*, jusqu'à la fin du dix-septième siècle. En 1667, un médecin anglais, John Mayow, annonça que l'air n'était pas un corps simple et qu'il contenait un principe dont la fixation sur les métaux, pendant la calcination, déterminait une augmentation de poids. Il attribua à ce principe toutes les propriétés de l'air, et le désigna sous le nom d'*esprit igno-aérien*.

C'est Lavoisier qui, après de nombreuses recherches sur la cause de l'augmentation du poids des métaux durant la calcination, parvint à donner la démonstration expérimentale de la composition de l'air.

Expérience de Lavoisier. — Lavoisier introduisit 120 grammes de mercure dans un matras, dont le col recourbé s'engageait sous une cloche renversée sur le mercure, après avoir pris soin de mesurer exactement le volume d'air contenu dans tout l'appareil (fig. 23).

Pendant douze jours et douze nuits, il chauffa le mercure à une température voisine de l'ébullition. Dès le deuxième jour, il vit le mercure se recouvrir de pellicules rouges et le niveau du mercure monter dans l'éprouvette. — Voyant, après douze jours, que le niveau du mercure demeurait stationnaire, Lavoisier éteignit le feu et, une fois l'appareil refroidi, il mesura l'air restant ; celui-ci n'occupait plus que les 5/6 du volume primitif.

L'air restant avait perdu toutes ses propriétés habituelles, et constituait un gaz impropre à la respiration et à la combustion. — D'autre part, ayant chauffé les pellicules au rouge, dans une petite cornue, il recueillit un gaz rallumant les corps présentant quelques points en

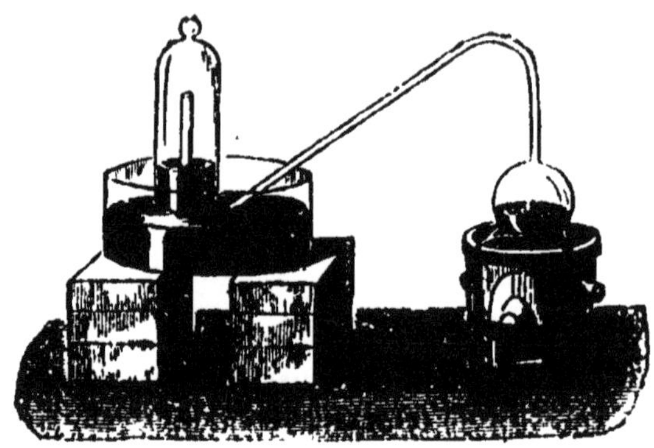

Fig. 23

ignition, éminemment propre à la combustion, et dont le volume représentait à peu près le 1/6 du volume de l'air primitivement contenu dans l'appareil.

Des expériences plus précises ont permis de déterminer plus exactement la composition de l'air atmosphérique.

Analyse de l'air. — L'analyse de l'air comprend deux opérations :

1° *La détermination de l'oxygène et de l'azote;*

2° *La détermination du gas carbonique et de la vapeur d'eau.*

A. — Détermination de l'oxygène et de l'azote.

Phosphore à froid. — Dans une éprouvette graduée, renversée sur l'eau, on introduit un volume déterminé d'air, puis un bâton de phosphore ; au bout de quelques heures, le phosphore a absorbé l'oxygène de l'air, on lit le volume d'azote qui forme le résidu (fig. 24).

Phosphore à chaud. — On détermine immédiatement l'absorption de l'oxygène, en chauffant le phosphore dans une petite cloche courbe, où l'on a introduit sur le mercure un volume d'air connu; après la combustion, on mesure le volume de l'azote (fig. 25).

Acide pyrogallique et potasse. — On introduit dans un tube gradué, renversé sur le mercure, un volume déterminé d'air, puis, à l'aide d'une pipette, on y fait arriver successivement une solution de potasse caustique et une solution d'acide pyrogallique faite au moment même. On ferme le tube avec le doigt et l'on agite : l'acide pyrogalliqu absorbe l'oxygène et se colore en brun. — Quand le volume ne change plus, on transporte le tube sur la cuve à eau et l'on ôte le doigt; la liqueur brune tombe au fond de la cuve et l'on mesure le gaz.

On donne à l'expérience la disposition suivante : on verse dans un tube en U fermé à l'une de ses extrémités une solution d'acide pyrogallique de manière

Fig. 21.

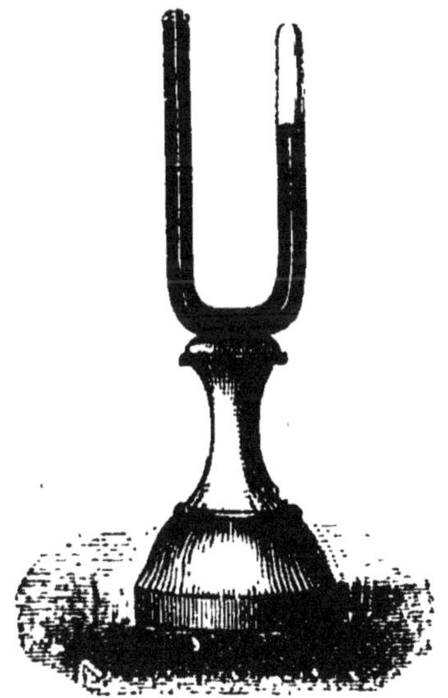

Fig. 23.   Fig. 20.

à enfermer un certain volume d'air dans la branche fermée; on achève de remplir la branche ouverte avec de la potasse. On bouche avec le doigt et on retourne l'appareil de manière à mettre l'air en contact avec la solution alcaline. On agite et on réunit l'air dans la branche fermée; on peut ainsi apprécier le volume disparu (fig. 20).

Hydrogène. — Dans un tube gradué, plein de mercure et placé sur la cuve à mercure, on introduit

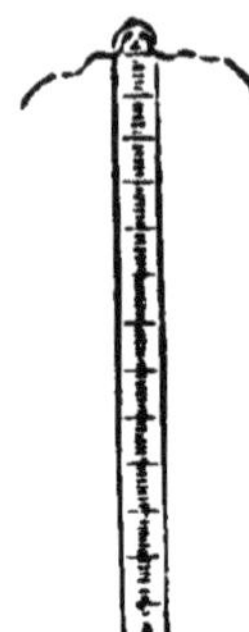

100 vol. d'air,
100 vol. d'hydrogène;

on fait passer une étincelle électrique, au moyen de deux fils de platine, qui sont mastiqués à la partie supérieure et on constate que les 200 volumes primitifs sont réduits à 137,21 vol.; il est donc disparu 62,79 vol., qui ont formé de la vapeur d'eau. L'eau étant constituée par 2 vol. d'hydrogène et 1 vol. d'oxygène, la quantité d'oxygène contenue dans l'air est représenté par

$$\frac{62,70}{3} = 20,93 \text{ vol.}$$

Fig. 27.

Méthode pondérale. — L'analyse pondérale de l'oxygène et de l'azote, contenus dans l'air, a été faite par MM. Dumas et Boussingault, au moyen de l'appareil suivant :

Un tube de verre vert, peu fusible, rempli de cuivre très divisé et muni d'un robinet à chacune de ses extrémités, communique : d'une part, avec un ballon A, de 12 à 20 litres de capacité et muni d'un robinet qui permet de le visser sur la machine pneumatique; d'autre part, avec une série de tubes en U et de tubes à boules de Liebig C,D,E,F,G,H,I,J, renfermant : les uns de la pierre ponce imbibée d'acide sulfurique et destinée à retenir la vapeur d'eau, les autres de la potasse pour fixer le gaz carbonique.

L'appareil étant ainsi disposé, comme le montre la figure 28, on fait le vide dans le ballon A et dans le tube B ; on chauffe au rouge le cuivre du tube B, puis on ouvre les robinets du tube et du ballon, de manière à déterminer un courant lent d'air qui vient remplir les espaces vides. L'air passe à travers les tubes, où il se débarrasse de l'eau et de l'acide carbonique; il abandonne son oxygène au cuivre du tube B, chauffé au rouge, de telle sorte que dans le tube et dans le ballon il ne reste que de l'azote pur.

On pèse le ballon et le tube pleins d'azote ; l'augmentation de poids du tube indique tout à la fois le poids de l'oxygène fixé sur le cuivre, et le poids de l'azote qui y est contenu. — En faisant le vide dans le tube, la différence de poids donne la quantité d'azote que renfermait le tube, quantité qu'on ajoute à celle fournie par l'augmentation de poids du ballon. La différence entre la dernière pesée et la première fait connaître la quantité d'oxygène fixé par le cuivre.

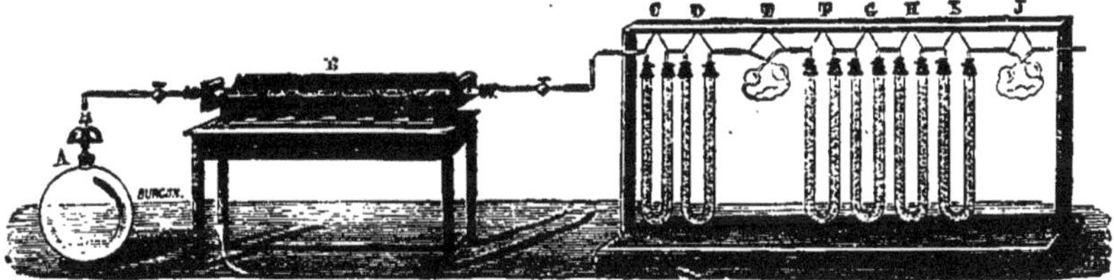

Fig. 28. — Appareil de MM. Dumas et Boussingault.

MM. Dumas et Boussingault ont ainsi obtenu les résultats suivants :

Oxygène...................... 23
Azote........................ 77

B. — Gaz carbonique et vapeur d'eau.

Présence du gaz carbonique dans l'air.— Le gaz carbonique
est fourni à l'air par les volcans en activité, par la combustion des
matières employées à l'éclairage et au chauffage, par la décomposition
des substances organiques, et enfin par la respiration des animaux
et des végétaux.

Pour constater la présence du gaz carbonique dans l'air, il suffit
d'abandonner à l'air libre et pendant plusieurs jours une capsule de
verre remplie d'eau de chaux ; la surface du liquide se recouvre d'une
pellicule blanche de carbonate de chaux.

Dosage. — M. Boussingault a dosé, par une seule expérience, le
gaz carbonique et la vapeur d'eau, au moyen de l'appareil suivant :
Un aspirateur H, dont la capacité est connue, communique avec

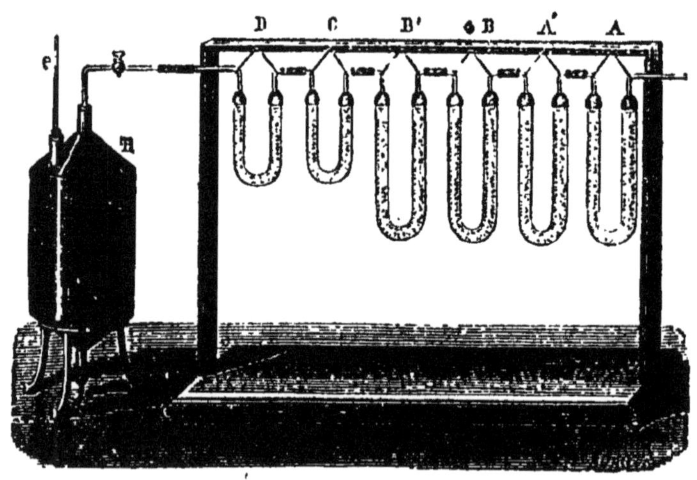

Fig. 29.

une série de tubes, dont les uns A,A′ sont remplis de pierre ponce
imbibée d'acide sulfurique ; les autres B,B′ contiennent de la potasse caustique.— Ces deux séries de tubes sont pesées avant l'expérience.

On laisse écouler l'eau contenue dans l'aspirateur, puis on pèse de nouveau les deux séries de tubes. Les tubes AA' doivent leur augmentation de poids à la vapeur d'eau; — les tubes BB' indiquent la quantité d'acide carbonique contenue dans un volume d'air égal au volume de l'aspirateur.

De nombreuses analyses ont démontré que la quantité d'acide carbonique contenue dans l'air varie de 4 à 6 10 000°, c'est-à-dire qu'elle est en moyenne de *un demi-millième*.

C. — L'air est un mélange.

En effet :

1° Les volumes de l'oxygène et de l'azote ne sont pas dans des rapports simples, suivant la loi de Gay-Lussac.

2° Un mélange d'azote et d'oxygène, fait dans les proportions où se trouvent ces deux gaz dans l'air, possède toutes les propriétés de l'air atmosphérique, et, cependant, en opérant le mélange, on n'observe aucun dégagement de chaleur, ni d'électricité.

3° Enfin, l'air dissous dans l'eau contient environ 67 p. d'azote et 33 p. d'oxygène. — Les proportions ne seraient pas changées, si l'air était une combinaison.

Principes divers contenus dans l'air. — On a signalé, dans l'air, la présence d'un peu d'ammoniaque, d'azotate et d'azotite d'ammonium, de gaz des marais, produits par la putréfaction. — Accidentellement, on y trouve de l'hydrogène sulfuré et, autour des grandes usines, toute espèce de corps, tels que gaz chlorhydrique, vapeurs nitreuses, essences...

On y trouve également de l'ozone et des *miasmes.*

CHAPITRE II

EAU

Les eaux que l'on trouve dans la nature sont chargées de principes étrangers, en proportions variables. Suivant qu'elles sont plus ou moins propres à la boisson, ou complètement inaptes à cet usage, en raison de la grande quantité de principes minéraux qu'elles renferment, les eaux sont dites *eaux douces* ou *eaux minérales.*

Dans un troisième paragraphe, nous étudierons les propriétés de l'eau pure.

§ 1. — EAUX DOUCES.

Les eaux naturelles contiennent toujours en dissolution une certaine quantité de matières solides : *sulfate de chaux, chlorure de potassium, de sodium, ou de calcium ;* elles renferment quelquefois des matières organiques. — Le carbonate de chaux, le phosphate de chaux, la silice, insolubles dans l'eau pure, deviennent solubles dans l'eau qui contient de l'acide carbonique.

Tableau des principaux sels, avec leurs réactifs.

SEL.	RÉACTIF.	PRÉCIPITÉ.
Carbonate de calcium.	Bois de campêche....	La teinture, ordinairement *jaune,* se colore en *violet* d'autant plus foncé qu'il y a plus de carbonate.
Sulfates....	Azotate de baryum...	*Blanc lourd* de sulfate de baryte, insoluble dans l'eau et dans l'acide azotique.
Chlorures	Azotate d'argent......	Précipité *blanc, caillebotté,* de chlorure d'argent, insoluble dans l'acide azotique, froid ou bouillant, soluble dans l'ammoniaque.
Chaux.	Oxalate d'ammonium.	Précipité *blanc.*
Matières organiques..	Chlorure d'or........	Coloration *brune,* due à la réduction du sel d'or.

L'eau distillée ne doit donner de précipité avec aucun de ces réactifs.

Eaux potables. — Pour qu'une eau soit bonne comme boisson, elle doit présenter les qualités suivantes :

Être fraîche, limpide, sans odeur, d'une saveur agréable et très faible, ni douce, ni amère, ni salée ; — renfermer de l'air en dissolution ; — dissoudre le savon, sans former de grumeaux ; — contenir une quantité de matières minérales inférieure à 50 centigrammes par litre.

La température de l'eau potable doit être de 8° à 15° ; au-dessus

de cette température elle ne donne pas une sensation agréable; au-
dessous, elle est fatigante pour l'estomac. — La présence de l'air est
indispensable ; les eaux non aérées sont fades ; l'eau obtenue sur les
navires, par la distillation de l'eau de mer, doit être exposée à l'air,
avant d'être employée.

Essai d'une eau potable. — On reconnaît facilement une eau
potable à ce qu'elle ne donne avec la teinture de bois de campêche
qu'une légère coloration bleue, et ne forme pas de grumeaux, quand
on y verse quelques gouttes de *teinture de savon.*

Eau crue. — L'eau qui contient plus de 0ᵍʳ,50 de matières minérales par litre, est *lourde* et *indigeste;* on l'appelle communément
eau crue.

On appelle *eaux sélénileuses,* les eaux qui contiennent une grande
quantité de sulfate de chaux, ce qui les rend impropres au savonnage
et à la cuisson des légumes.

Hydrotimétrie. — Le dosage des principes fixes de l'eau et particulièrement des sels de chaux et de magnésie, qui en constituent
la plus grande partie, peut être fait rapidement, au moyen d'un procédé d'analyse, connu sous le nom d'*hydrotimétrie.*

Ce procédé est fondé sur la propriété que possède le savon de donner, avec l'eau pure, une mousse persistante, tandis que les eaux calcaires ou magnésiennes ne donnent de mousse que lorsque tous
leurs sels ont été précipités par le savon, à l'état de stéarate de chaux
ou de magnésie.

Le procédé consiste à verser goutte à goutte, dans l'eau à analyser,
une *liqueur de savon titrée* et à agiter dans un flacon, jusqu'à ce qu'on
obtienne une *mousse persistante.* La quantité de liqueur employée permet d'évaluer la quantité de stéarate formée, par suite la quantité de
sels de chaux et de magnésie, contenue dans l'eau en expérimentation.

Purification des eaux. — Lorsqu'on est obligé de se servir
d'eaux lourdes, riches en sels calcaires, on peut les rendre propres à
la consommation en y ajoutant du carbonate de soude cristallisé.

Le carbonate de soude précipite les sels de chaux, à l'état de *carbonate insoluble,* qu'on sépare par la filtration.

§ 2. — Eaux minérales.

Définition et division. — On donne le nom d'*eaux minérales,*
aux eaux qui sont susceptibles d'une application thérapeutique quelconque.

Elles sont *froides* ou *thermales*. Sont dites thermales, les eaux dont la température, au moment de l'émergence, est supérieure à 15°.

Avec M. Wurtz, nous diviserons les eaux minérales en cinq classes :

1° *Eaux acidules ou gazeuses;*

2° *Eaux alcalines;*

3° *Eaux ferrugineuses;*

4° *Eaux sulfureuses;*

5° *Eaux salines.*

Eaux acidules. — Les eaux *acidules* sont froides; elles ont la saveur aigrelette, au moment où elles émergent du sol; mais elles peuvent, au bout de quelques instants, prendre une saveur légèrement saline ou même alcaline, par suite du dégagement d'une partie de l'acide carbonique.

Elles peuvent renfermer, en effet, des carbonates de sodium, de calcium, de magnésium; les deux derniers sels étant dissous à la faveur de l'acide carbonique.

Seltz................ (Duché de Nassau).
Condillac............. (Drôme).
Soulzmatt............. (Haut-Rhin).

Eaux alcalines. — Les eaux *alcalines* renferment le plus souvent du *bicarbonate de sodium,* avec un excès d'*acide carbonique.*

L'*eau de Vichy* en renferme environ 5 grammes par litre; l'*eau d'Ems* (ancien duché de Nassau) contient 2 grammes de bicarbonate de sodium et 1 gramme de chlorure de sodium.

L'*eau de Plombières* renferme du *silicate de sodium* et des *bicarbonates alcalins.*

Eaux ferrugineuses. — Le fer se rencontre en dissolution dans presque toutes les eaux. On donne le nom d'*eaux ferrugineuses* aux eaux qui contiennent assez de fer, pour posséder des propriétés thérapeutiques spéciales.

On distingue trois variétés d'eaux ferrugineuses : des eaux *carbonatées;* des eaux *crénatées* et des eaux *sulfatées.*

EAUX FERRUGINEUSES CARBONATÉES.

Orezza........ (Corse).
Schwalbach... (Ancien duché de Nassau).
Spa.........\
Pyrmont.....} (Belgique).

Ces eaux renferment du *carbonate ferreux*, dissous à la faveur de l'acide carbonique.

Au contact de l'air, l'acide carbonique s'évapore et le carbonate se dépose; — le carbonate ferreux perd lui-même son acide carbonique, en absorbant l'oxygène, et forme un *hydrate ferrique*, qui constitue les dépôts ocreux que l'on remarque autour du point d'émergence des sources ferrugineuses.

EAUX FERRUGINEUSES CRÉNATÉES.

Bussang. . . . .   (Vosges).
Forges. . . . .   (Seine-Inférieure).

Ces eaux se forment particulièrement dans les terrains riches en *humus*. Berzélius a donné le nom d'acides *crénique* et *apocrénique* à deux corps qu'il considère comme dérivant de l'acide ulmique de l'humus; les eaux chargées de ces acides, rencontrant des couches d'óligiste ou sesquioxyde de fer, hydraté, donnent naissance à des crénates et des apocrénates de fer qui constituent les principes actifs de cette variété d'eaux minérales.

EAUX FERRUGINEUSES SULFATÉES.

Passy. . . . .}
Auteuil. . . . .} (Paris).
Cransac. . . . . (Aveyron).

Les eaux de Passy et d'Auteuil contiennent 22 centigr. de *sulfate ferreux* par litre. L'eau de Cransac contient 75 centigr. de *sulfate ferreux* et 50 centigr. de *sulfate manganeux*.

Eaux sulfureuses. — On distingue deux variétés d'eaux sulfureuses : les eaux sulfureuses *naturelles* et les eaux sulfureuses *accidentelles*.

EAUX SULFUREUSES NATURELLES.

(Quantité de sulfure alcalin par litre.)

Luchon. 0gr,078
Labassère 0gr,015
Barèges 0gr,010
Cauterets. 0gr,020
Eaux-Bonnes. 0gr,021
Eaux-Chaudes 0gr,000

Ces eaux renferment, en plus du *sulfure de sodium*, une matière organique, la *barégine*, qui se trouve en dissolution ou qui forme un dépôt gélatineux.

Toutes ces eaux sont thermales, excepté celle de *Labassère*, près de Bagnères-de-Bigorre.

Au contact de l'air, les eaux sulfureuses des Pyrénées absorbent de l'oxygène ; le sulfure de sodium est transformé en hyposulfite et une partie du soufre se dépose.

EAUX SULFUREUSES ACCIDENTELLES.

Enghien.. .... (Près Paris).

Les eaux, chargées de sulfate de calcium, en traversant les terrains riches en matières organiques, abandonnent l'oxygène du sulfate et ne renferment plus que du *sulfure de calcium*.

Eaux salines. — Cette classe comprend toutes les eaux minérales chargées de divers sels neutres et qui ne rentrent pas dans les classes précédentes.

On a admis trois variétés d'eaux salines : *eaux chlorurées, sulfatées, bromo-iodurées.*

A. **E. Chlorurées.** — On rencontre dans ces eaux des *chlorures de sodium, magnésium, calcium;* le *chlorure de sodium* constitue l'un des éléments les plus fréquents de ces eaux minérales.

L'eau de la mer doit son amertume au *chlorure de magnésium.*

EAU DE LA MER.

Chlorure de sodium.	27,2
— magnésium.	6,1
— potassium.	0,1
Sulfate de magnésium.	7,0
— calcium.	0,2
Carbonate de calcium et de magnésium.	0,2
— potassium.	0,2
Iodures et bromures. .... traces.	»
Eau.	958,1
	1000,0

B. **E. Sulfatées.** — On y trouve des sulfates de *sodium;* de *magnésium* et de *calcium.*

Les principales eaux sulfatées sont les suivantes :

EAU DE CARLSBAD

(Bohême).

Sulfate de sodium.
Bicarbonate de sodium.
Chlorure de sodium.

EAUX MAGNÉSIENNES

(Sedlitz, Pullna).

Sulfate de magnésium. } 23 grammes par litre.
— de sodium.

L'eau de *Friedrichshall* contient parties égales de *sulfate de magné-sium* et de *chlorure de magnésium*. C'est au chlorure qu'elle doit son nom d'*eau amère* de Friedrichshall.

C. Eaux bromo-iodurées. — Ces eaux sont des eaux chlorurées, dans lesquelles on trouve une petite quantité de bromures ou d'iodures.

Kreuznach........ (Belgique).
Challes.......... (Haute-Savoie).

§ 3. — EAU PURE.

Préparation. — L'eau pure s'obtient par distillation. Cette opé-ration se fait ordinairement dans un alambic.

Cet appareil se compose d'une chaudière, appelée *cucurbite*, commu-niquant au moyen d'un dôme, appelé *chapiteau*, avec un *serpentin* placé au milieu d'un vase dans lequel circule un courant d'eau froide. — L'eau pure est recueillie à la partie inférieure du serpen-tin (fig. 50).

On ne doit pas pousser la distillation jusqu'à la fin ; car les eaux, les eaux de mer surtout, renferment du chlorure de magnésium qui se décompose à près de 100° et dégage de l'acide chlorhydrique.

L'eau distillée pure ne laisse aucun résidu par l'évaporation et ne doit troubler par aucun réactif.

Propriétés physiques. — L'eau est liquide à la température ordinaire, transparente, inodore et insipide.

Vue en petite quantité, l'eau est incolore, mais les grandes masses d'eau présentent une belle *couleur bleue.*

Le zéro de nos thermomètres correspond au point de solidification de l'eau. — Refroidie lentement, l'eau peut s'abaisser au-dessous de zéro sans se solidifier, mais par l'agitation elle se solidifie immédia-tement et sa température remonte brusquement à zéro (*surfusion*).

L'eau solide est cristallisée : la *glace* est formée par l'enchevêtre-ment de petits cristaux, qui sont des prismes à 6 *pans* ou de doubles

pyramides hexagonales. — La neige présente souvent des étoiles à
6 rayons réguliers (fig. 31).

Fig. 30.

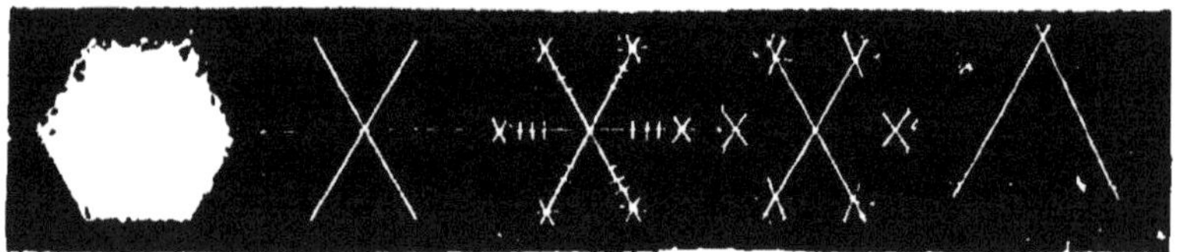

Fig. 31.

Maximum de densité. — C'est à 4 degrés, que l'eau acquiert son
maximum de densité. Pendant sa solidification, l'eau augmente de vo-

lume; la densité de la glace est égale à 0,916. — Cette augmentation de volume explique pourquoi la glace reste à la surface de l'eau et comment les vases pleins d'eau se brisent au moment de la congélation.

Décomposition de l'eau par la chaleur. — D'après M. H. Sainte-Claire Deville, l'eau éprouve vers 1200 degrés une décomposition partielle, à laquelle il donne le nom de *dissociation*.

L'appareil se compose de deux tubes concentriques, l'un intérieur en *terre poreuse*, l'autre extérieur en *porcelaine*. — On fait passer dans le tube intérieur un courant de vapeur d'eau, dans l'espace an-

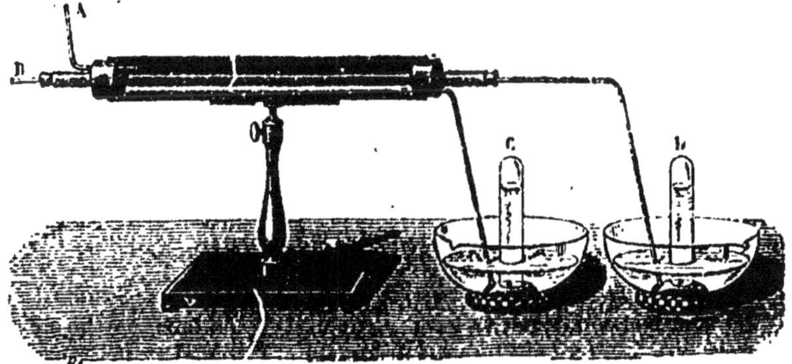

Fig. 32. — Dissociation de l'eau.

nulaire un courant de gaz carbonique, et l'on porte les tubes à 1200 degrés, dans un fourneau à réverbère (fig. 32).

La vapeur d'eau se décompose partiellement : l'hydrogène, fort diffusible, traverse le tube poreux, est entraîné par le gaz carbonique et se rend dans l'éprouvette C; l'oxygène, peu diffusible, se rend dans l'éprouvette D.

Décomposition de l'eau par l'électricité. — L'expérience se fait dans un petit appareil, appelé *voltamètre*.

Cet appareil se compose d'un vase en verre conique, dans le fond duquel on a scellé hermétiquement deux fils de platine destinés à servir d'*électrodes*. — On met dans le voltamètre de l'eau légèrement acidulée; on renverse sur les électrodes deux petites cloches graduées remplies d'eau, puis on fait passer le courant (fig. 33).

L'acide sulfurique hydraté se dédouble : l'hydrogène se rend au pôle négatif et SO^4 se rend au pôle positif.

$$SO^4H^2 = H^2 + SO^4.$$

Au pôle positif, SO⁴ se dédouble en oxygène qui se dégage, et en anhydride sulfurique qui s'hydrate de nouveau.

$$SO^4 = SO^3 + O.$$

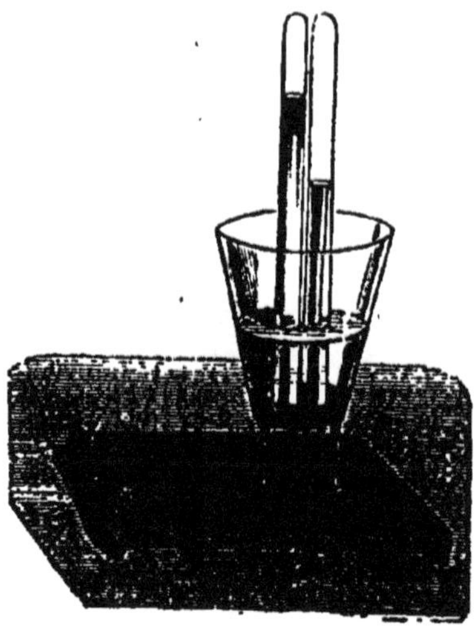

Fig. 33.

En définitive, l'eau d'hydratation de l'acide sulfurique est seule décomposée.

Le volume de l'hydrogène est double de celui de l'oxygène.

Affinités. — Nous avons dit déjà que, sous l'influence de la lumière, le chlore de l'eau chlorée décompose peu à peu l'eau, en s'emparant de l'hydrogène, et met l'oxygène en liberté.

Plusieurs métalloïdes décomposent l'eau au rouge. Lorsqu'on fait passer un courant de vapeur d'eau sur du charbon chauffé au rouge, l'oxygène se porte sur le charbon et il se dégage un mélange d'hydrogène et d'oxyde de carbone.

$$H^2O + C = H^2 + CO.$$

Action des anhydrides et des oxydes. — Nous avons vu déjà que les anhydrides s'assimilent une ou plusieurs molécules d'eau, pour devenir des *acides*, et qu'un certain nombre d'oxydes deviennent des *bases*, dans les mêmes conditions.

Action des métaux. — Nous avons vu que pour préparer l'hydrogène, il suffit de faire arriver un courant de vapeur d'eau sur du fer incandescent ; l'oxygène se fixe sur le fer et forme un *oxyde de fer magnétique* et l'hydrogène se dégage (fig. 31).

Fig. 31.

Un grand nombre de métaux jouissent de la même propriété que le fer.

L'affinité des métaux pour l'oxygène de l'eau, et par suite, la facilité plus ou moins grande avec laquelle l'eau se décompose en leur présence, a servi de base à la classification de Thénard.

A. — **Métaux décomposant l'eau.**

1re Section . *A froid.*	{	Potassium. Sodium. Lithium. Rubidium. Baryum. Strontium. Calcium.
2e Section . . *Au-dessus de 50°, vers 100°.*	{	Magnésium. Manganèse. Aluminium.
3e Section . . *Au rouge sombre.*	{	Fer. Zinc. Nickel. Cobalt. Chrome.
4e Section . . *Au rouge vif.*	{	Étain. Antimoine.
5e Section . . *Au rouge blanc.*	{	Cuivre. Plomb. Bismuth.

B. — Métaux ne décomposant l'eau à aucune température.

6ᵉ Sᴇᴄᴛɪᴏɴ. . . . . {
Mercure.
Palladium.
Argent.
Or.
Platine.
Iridium.
}

Synthèse de l'eau. — La synthèse de l'eau se fait de deux manières : soit au point de vue de la composition volumétrique, soit au point de vue de la composition pondérale.

Fig. 35.

A. Synthèse volumétrique. — La synthèse volumétrique se fait au moyen de l'*eudiomètre* (fig. 35).

L'eudiomètre de Volta se composé essentiellement d'un tube de
verre épais, terminé en haut et en bas par une monture en laiton en
forme d'entonnoir et muni d'un robinet. — La garniture supérieure
porte, de plus, un pas de vis, dans le fond de l'entonnoir, et une petite tige latérale en laiton, séparée de la monture par un tube en
verre rempli de mastic. On introduit dans l'eudiomètre 100 volumes
d'hydrogène et 100 volumes d'oxygène ; on fait passer l'étincelle, au
moyen d'un électrophore et l'on reconnaît qu'il reste un excès de 50
volumes de gaz oxygène.

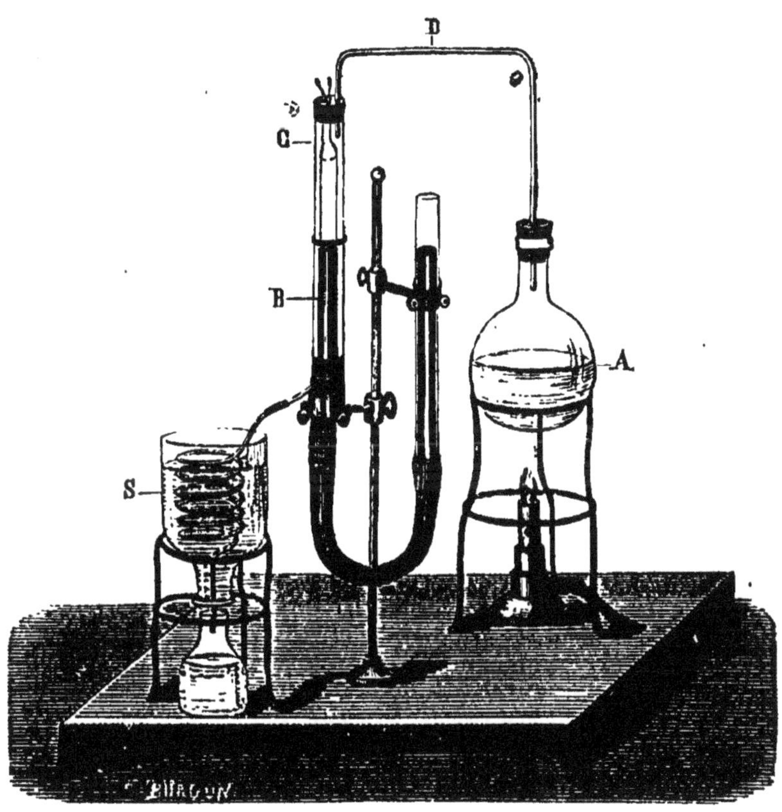

Fig. 56.

Cette expérience montre que la combinaison de l'hydrogène avec
l'oxygène se fait dans la proportion de 2 volumes d'hydrogène pour
1 volume d'oxygène, mais elle ne fait pas connaître le rapport qui
existe entre le volume de la vapeur d'eau et le volume des gaz consti-

tuants. — Pour arriver à cette détermination, on donne à l'appareil la disposition suivante :

L'eudiomètre B est formé par un tube épais, muni à sa partie supérieure de deux fils de platine, dont les extrémites intérieures sont très voisines; il est enveloppé d'un manchon C, dont la partie supérieure est traversée par les deux fils de platine; l'extrémité inférieure du manchon communique, par un tube en caoutchouc, avec un tube vertical. — Le manchon C est en rapport avec un ballon A, dans lequel on met de l'alcool amylique, qu'on portera à l'ébullition, et dont la vapeur élèvera à 150 degrés la température de l'eudiomètre; les vapeurs d'alcool se condensent dans le serpentin S (fig. 36).

On fait arriver dans l'eudiomètre un mélange de 2 volumes d'hydrogène et de 1 volume d'oxygène; on porte l'alcool amylique à l'ébullition, on amène le mercure au même niveau dans les deux tubes, puis on fait passer l'étincelle. L'eau produite par la combinaison des deux gaz, se trouvant à une température supérieure à 100 degrés, reste à l'état de vapeur; on rétablit le volume du mercure dans les deux tubes, et l'on constate que le niveau occupé par la vapeur d'eau dans l'eudiomètre est le tiers du volume primitif.

En résumé :

L'eau est constituée par 2 volumes d'hydrogène et 1 volume d'oxygène, condensés en 2 volumes.

B. **Synthèse pondérale.** — Cette méthode de synthèse est due à M. Dumas (fig. 37).

L'appareil comprend :

1° Un flacon A, destiné à dégager l'hydrogène;

2° Des tubes B, C, D, E, F, destinés à la purification du gaz;

3° Des tubes G et H, remplis de pierre ponce imbibée d'acide sulfurique. — Le petit tube I, rempli d'*anhydride phosphorique*, sert de tube-témoin pour indiquer que le gaz est complètement sec; il ne doit pas varier de poids pendant l'expérience ;

4° Un ballon L, contenant de l'oxyde de cuivre récemment calciné et qu'on a pesé, après y avoir fait le vide;

5° Un petit ballon M, destiné à recueillir l'eau provenant de la synthèse ;

6° Des tubes P, Q, R, S, qui renferment des substances hygroscopiques; — l'un de ces tubes Q, contient de l'*anhydride phosphorique* et est entouré de glace.

Avant de commencer l'expérience, on chauffe le ballon L, pour le dessécher; on fait le vide, puis on le pèse. — On fait passer dans l'appareil un courant d'hydrogène, et quand on juge que tout l'air a été expulsé, on chauffe l'oxyde de cuivre avec une lampe à alcool, jusqu'à ce qu'il soit presque entièrement réduit.

L'eau provenant de la combinaison de l'oxygène naissant avec l'hy-

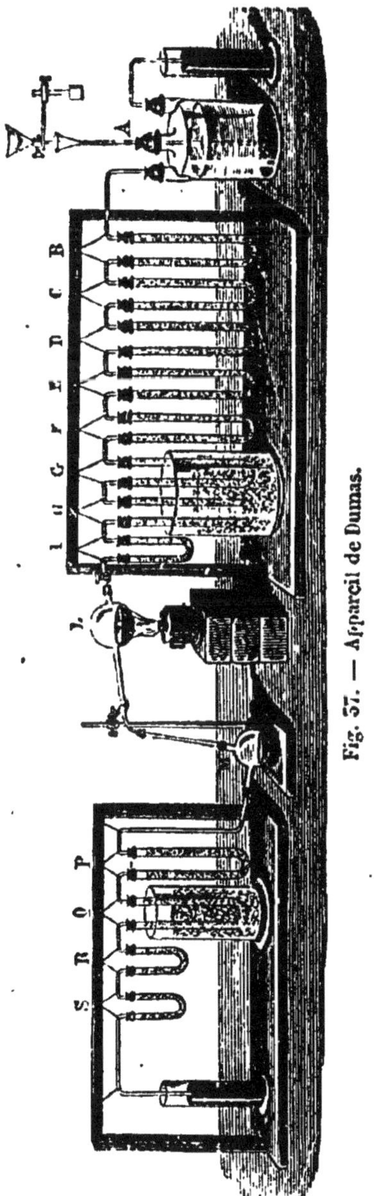

Fig. 57. — Appareil de Dumas.

drogène, se condense dans le ballon M; l'eau non condensée dans le

5.

ballon, est retenue par les tubes P, Q, R, S. — L'augmentation de poids du ballon M et des tubes P', Q, R, S', indique la quantité d'eau formée; la perte de poids du ballon L, pesé vide d'air et refroidi après l'opération, indique la quantité d'oxygène employée pour la production de l'eau.

D'après Dumas, l'eau contient en poids :

$$\begin{array}{lr}\text{Hydrogène} & 11,11 \\ \text{Oxygène} & 88,89 \\ \hline & 100,00\end{array}$$

§ 4. — EAU OXYGÉNÉE. H^2O^3.

L'eau oxygénée, ou *bioxyde d'hydrogène*, a été découverte par Thénard, en 1818.

Préparation. — On sature l'acide chlorhydrique concentré par le *bioxyde de baryum*.

$$Ba\,O^3 + 2\,HCl = BaCl^3 + H^2O^3.$$
$$\underset{\text{de baryum.}}{\text{Bioxyde}} \qquad \underset{\text{de baryum.}}{\text{Chlorure}}$$

$$HCl + BaO^3 = Ba\,Cl + HO^3.$$

On verse, goutte à goutte, une petite quantité d'acide sulfurique qui précipite le baryum et régénère l'acide chlorhydrique.

$$BaCl^3 + SO^4H^2 = SO^4Ba + 2HCl.$$

$$Ba\,Cl + HO.\,SO^3 = Ba\,O.\,SO^3 + HCl.$$

On ajoute une nouvelle quantité de bioxyde de baryum et l'on répète la même opération un certain nombre de fois. Pour terminer, on ajoute à la liqueur une dissolution de nitrate d'argent, qui précipite le chlorure de baryum et met l'eau oxygénée en liberté

$$BaCl^3 + SO^4Ag^3 = SO^4Ba + 2\,Ag\,Cl.$$
$$\underset{\text{d'argent.}}{\text{Chlorure}}$$

$$Ba\,Cl + AgO.\,SO^3 = Ba\,O.\,S\,O^3 + Ag\,Cl.$$

L'eau oxygénée, ainsi obtenue, est évaporée dans le vide, jusqu'à consistance sirupeuse.

Dissolution d'eau oxygénée. — Quand on ne veut avoir qu'une dissolution d'eau oxygénée dans l'eau ordinaire, on délaye dans l'eau le bioxyde de baryum et on fait passer un courant d'acide carbo-nique

$$Ba\,O^2 + H^2O + CO^2 = CO^5 Ba + H^2O^2.$$
Carbonate
de baryum.

$$Ba\,O^2 + HO + CO^2 + Ba\,O.\,CO^2 + HO.$$

On filtre, pour séparer le dépôt de carbonate de baryum.

Propriétés physiques. — L'eau oxygénée est un liquide incolore, inodore, d'une saveur métallique, qui excite la salivation.

Densité $= 1,452.$

L'eau oxygénée reste liquide à — 30°. Elle est peu stable; à 20°, elle se décompose partiellement; à 100°, elle se dédouble entière-ment en eau et en oxygène.

Affinités. — L'action de l'eau oxygénée sur les corps simples ou composés peut s'exercer de trois manières :

1° *Décomposition simple sans oxydation.* — Le charbon divisé, le platine, l'or, l'argent... décomposent l'eau oxygénée en eau et en oxygène libre, sans être eux-mêmes altérés. — La fibrine musculaire possède la même propriété.

2° *Décomposition avec oxydation.* — L'eau oxygénée convertit : l'oxyde de calcium, en bioxyde de calcium; l'acide chromique, qui est *rouge*, en acide perchromique qui est *bleu.*
Le sulfure de plomb, qui est *noir*, se transforme sous l'action de l'eau oxygénée en sulfate de plomb, qui est *blanc.* — On a utilisé cette réaction pour la restauration des vieux tableaux.

3° *Décomposition avec décomposition du corps intervenant.* — Ainsi, quand on projette de l'oxyde d'argent dans l'eau oxygénée, il y a dé-composition immédiate avec explosion.

$$H^2O^2 + Ag\,O = H^2O + Ag + O^2.$$

Réactif. — Quelques gouttes d'une dissolution d'acide chromique au centième donne à l'eau oxygénée une belle *coloration bleue.*

CHAPITRE III

COMBINAISONS DE L'HYDROGÈNE AVEC LES MÉTALLOIDES

L'hydrogène forme avec les métalloïdes :

1° Des *acides*, parmi lesquels nous étudierons les suivants :

$$\text{Acide} \dots\dots \quad \textit{chlorhydrique,}$$
$$\text{—} \dots\dots \quad \textit{iodhydrique,}$$
$$\text{—} \dots\dots \quad \textit{fluorhydrique,}$$
$$\text{—} \dots\dots \quad \textit{sulfhydrique.}$$

2° Un composé, le *gaz ammoniac*, qui devient, en s'assimilant une molécule d'eau, une *base* énergique, à laquelle on donne le nom d'*ammoniaque*.

5° Enfin, des composés *neutres*, qui n'ont aucune action sur la teinture de tournesol et qui ne forment avec l'eau ni des acides, ni des bases :

$$\textit{Hydrogène phosphoré,}$$
$$\text{—} \quad \textit{arsénié.}$$

Nous renverrons à la *Chimie organique* l'étude des combinaisons du carbone avec l'hydrogène.

§ 1. — ACIDE CHLORHYDRIQUE.

L'acide chlorhydrique, appelé autrefois *esprit de sel, acide muriatique*, a été obtenu pendant longtemps, en calcinant le sel marin avec du sulfate de fer (*vitriol*). — Ce fut Glauber qui, le premier, remplaça le vitriol par l'acide sulfurique.

Préparation.— On retire l'acide chlorhydrique du sel marin, par le procédé de Glauber, c'est-à-dire en chauffant le sel marin avec l'acide sulfurique.

Il se forme d'abord du sulfate acide de sodium

$$NaCl + SO^4 H^2 = \underset{\substack{\text{Sulfate acide} \\ \text{de sodium.}}}{SO^4 NaH} + HCl.$$

$$Na Cl + 2 SO^3 . HO = Na O, HO . 2 SO^3 + HCl.$$

Puis, le sulfate acide, réagissant lui-même sur le chlorure de sodium, se transforme en sulfate neutre, en formant une nouvelle quantité d'acide chlorhydrique.

$$SO^4 Na H + Na Cl = SO^4 Na^2 + H Cl.$$
Sulfate neutre
de sodium.

$$Na O, H O.2 SO^3 + Na Cl = 2 Na O.S O^3 + H Cl.$$

Procédé industriel. — L'acide chlorhydrique est ordinairement le produit accessoire de la fabrication du sulfate de soude, destiné à fournir la *soude artificielle;* — souvent même on laisse le gaz chlorhydrique se perdre dans l'atmosphère.

Quand on veut recueillir l'acide chlorhydrique, on chauffe le mélange de sel marin et d'acide sulfurique, dans de grands cylindres en fonte. — Le gaz va se dissoudre dans des bonbonnes en grès qui contiennent de l'eau.

L'acide du commerce n'est autre chose qu'une dissolution saturée d'acide chlorhydrique. — Il doit marquer 22° à l'aréomètre de Baumé. Il est coloré en jaune, par des *chlorures de fer*, qui se sont formés aux dépens des parois des cornues.

Procédé des laboratoires. — Quand on veut obtenir le gaz chlorhydrique, on fait arriver le tube de dégagement dans un *flacon laveur;* là, le gaz abandonne l'acide sulfurique entraîné et passe ensuite dans une éprouvette sur la cuve à mercure.

On obtient la solution d'acide chlorhydrique, en dirigeant le gaz dans une série de flacons de Woulf. Les flacons doivent être à moitié remplis d'eau distillée. Le premier flacon sert de flacon laveur. Les tubes de dégagement peuvent ne plonger qu'à peine dans l'eau; la solution, plus dense que l'eau, tombe au fond.

Propriétés physiques. — L'acide chlorhydrique est un gaz incolore, d'une odeur très forte, piquante, acide, absolument irrespirable.

Densité = 1,247. — Un litre d'acide chlorhydrique pèse 1gr,62.

Solubilité. — A 20° l'eau dissout 464 volumes de gaz chlorhydrique, c'est-à-dire les 3/4 de son poids. — L'expérience suivante prouve la grande solubilité du gaz chlorhydrique. On descend dans l'eau une éprouvette pleine de gaz recueilli sur le mercure; le gaz est isolé, par une petite couche de métal qui remplit le fond de la soucoupe. — Si l'on soulève l'éprouvette, l'eau s'élance avec une telle violence, qu'elle peut briser l'éprouvette.

La solution saturée de gaz chlorhydrique est incolore à l'état de

pureté; elle répand à l'air des fumées épaisses, en absorbant la vapeur d'eau atmosphérique; elle possède une saveur et une réaction
acides.

A 7°, la solution saturée marque 26°,5 à l'aréomètre de Baumé et
renferme 42 à 43 pour 100 de gaz chlorhydrique.

Liquéfaction.— Le gaz chlorhydrique se liquéfie à 10°, sous la pression de 18 atmosphères; Faraday l'a liquéfié sous la pression ordinaire à — 80°. — L'acide chlorhydrique liquide est incolore; on ne
l'a pas encore solidifié.

Affinités. — *Eau.* —Le gaz chlorhydrique ne se dissout pas seulement dans l'eau, il forme avec elle une véritable combinaison, avec
dégagement de chaleur.

A 60°, la solution concentrée, entre en ébullition, en perdant une
partie du gaz dissous; puis, la température s'élève peu à peu et à
110°, sous la pression ordinaire, il distille un liquide renfermant
20 pour 100 de gaz chlorhydrique et d'une densité égale à 1,10.

Cette combinaison peut être représentée par la formule

$$HCl + 16 H^2 O.$$

Gaz ammoniac. — Si l'on approche l'un de l'autre deux verres
contenant l'un une dissolution de gaz ammoniac, l'autre une dissolution d'acide chlorhydrique, on voit aussitôt se former d'épaisses
fumées blanches de *sel ammoniac.*

Métaux. — L'acide chlorhydrique attaque tous les métaux, l'or et
le platine exceptés. Il se forme un chlorure et l'hydrogène se dégage.

Oxydes. — L'acide chlorhydrique attaque la plupart des oxydes
en formant le *chlorure correspondant* et de l'*eau*

$$Ca O + 2 H Cl = Ca Cl^2 + H^2 O.$$
$$\text{Chlorure de calcium.}$$

Sulfures. — Avec les sulfures, l'acide chlorhydrique donne un *chlorure* et de l'hydrogène sulfuré

$$Sb^2 S^5 + 2 H Cl = 2 SbCl^5 + 3 H^2 S.$$
$$\text{Sulfure d'antimoine.} \qquad \text{Chlorure d'antimoine.}$$

Eau régale. — L'acide chlorhydrique, mêlé à l'acide azotique,
constitue l'*eau régale*, employée pour dissoudre l'or et le platine.

$$2 HCl + 2 Az O^5 H = 2 AzO^3 + 2 H^2 O + 2 Cl.$$

Cette réaction montre que la dissolution des deux métaux est due au *chlore naissant*, qui forme un chlorure d'or et un chlorure de platine, solubles.

L'eau régale contient

    1 *p.* Acide azotique . . . . à 35° B.
    4 *p.* Acide chlorhydrique . . . . à 22° B.

Applications. — La plus grande partie de l'acide chlorhydrique est utilisé pour la fabrication du *chlorure de chaux* et de *l'eau de Javel.*

§ 2. — ACIDES IODHYDRIQUE III, — BROMHYDRIQUE BrI.

Acide iodhydrique. —Pour préparer l'acide *iodhydrique*, on fait réagir l'iode sur le phosphore, en présence de l'eau. Il se forme de l'acide phosphoreux et de l'acide iodhydrique

$$PhI^3 + 3 H^2 O = Ph O^5 H^3 + 3 HI.$$
Acide
phosphoreux.

L'acide iodhydrique est gazeux, très soluble dans l'eau; sa solution se décompose spontanément, en déposant de l'iode, tandis que l'hydrogène se combine avec l'oxygène de l'air.

L'acide iodhydrique n'a d'usage que dans les laboratoires de chimie.

Acide bromhydrique. — On prépare l'acide bromhydrique, en faisant réagir l'eau sur le bromure de phosphore

$$PhBr^3 + 3 H^2 O = Ph O^5 H^3 + 3 BrI.$$

L'acide bromhydrique est un gaz incolore, qui répand à l'air d'épaisses fumées blanches. Il est très soluble dans l'eau, la solution concentrée fume à l'air et est très corrosive.

L'acide bromhydrique ne s'emploie également que dans les recherches de laboratoire.

§ 3. — ACIDE FLUORHYDRIQUE HFl.

L'acide fluorhydrique n'a pas été analysé. On lui attribue la formule HFl, par analogie, en s'appuyant sur ce fait que l'acide fluorhydrique, en agissant sur les bases, donne des sels ressemblant aux chlorures.

Préparation. — Le *spath fluor*, ou *fluorure* de *calcium*, réduit en poudre fine, est introduit avec l'acide sulfurique dans une cornue en plomb, munie d'un récipient de même métal et plongé dans un mélange réfrigérant (fig. 38).

Fig. 38.

On chauffe doucement la cornue; il se condense, dans le récipient, une solution très concentrée d'*acide fluorhydrique*.

Propriétés. — L'acide fluorhydrique est un liquide incolore, mobile, bouillant à 15° et dont les vapeurs sont très corrosives; les doigts, exposés quelques instants aux vapeurs d'acide fluorhydrique se recouvrent d'ampoules, bientôt suivies de plaies excessivement douloureuses.

Applications. — On emploie l'acide fluorhydrique pour *graver sur verre*.

Le verre est d'abord recouvert d'un vernis formé d'une partie de térébenthine et de quatre parties de cire jaune. On dessine sur ce vernis et on recouvre la plaque d'une solution étendue d'acide fluorhydrique. — Quelquefois on expose la plaque au-dessus d'un vase en plomb dans lequel on a mêlé une petite quantité d'acide sulfurique et de fluorure de calcium.

§ 4. — ACIDE SULFHYDRIQUE H^2S.

Poids moléculaire, 34.

L'acide sulfhydrique, ou *hydrogène sulfuré*, existe dans beaucoup d'eaux minérales et se dégage dans les localités où l'on exploite les *solfatares.* — Il prend naissance dans la putréfaction des matières organiques.

Préparation. — L'acide sulfhydrique se dégage dans la réaction des acides sur les sulfures.

1° *Sulfure de fer et acide sulfurique.* — Il se forme du sulfate ferreux

$$FeS + SO^4 H^2 = SO^4 Fe + H^2 S,$$

Sulfure de fer. Sulfate ferreux.

$$FeS + SO^3 . HO = FeO . SO^3 + HS.$$

Le sulfure de fer employé est obtenu, en chauffant dans un ballon un mélange de fleur de soufre et de limaille de fer. Il reste toujours un peu de fer libre, de telle sorte que l'hydrogène sulfuré ainsi obtenu contient toujours une petite quantité d'hydrogène.

2° *Sulfure d'antimoine et acide chlorhydrique.* — Il se forme un chlorure d'antimoine et l'acide sulfhydrique se dégage

$$Sb^2 S^3 + 6 HCl = 2 SbCl^3 + 3 H^2 S.$$

Sulfure d'antimoine. Chlorure d'antimoine.

$$SbS^3 + 3 HCl = SbCl^3 + 3 HS.$$

Ce deuxième procédé donne de l'acide sulfhydrique à peu près pur. — On fait passer le gaz dans un flacon laveur, on le dessèche sur le chlorure de calcium fondu et on le recueille sur le mercure.

Propriétés physiques. — L'acide sulfhydrique est un gaz incolore, doué d'une odeur pénétrante d'*œufs pourris.*

Densité = 1,20. — Un litre de ce gaz pèse 1^{gr},54.

Solubilité. — L'eau en dissout 4 vol. 37 à 0°, 3 vol. 58 à 10°, 3 vol. seulement à 15°. — L'alcool en dissout 18 vol. à 0°, 12 vol. à 10°.

Liquéfaction. — Sous une pression de 17 atmosphères et à 0°, l'hydrogène sulfuré se condense sous la forme d'un liquide incolore très réfringent. Ce liquide se solidifie à — 85° et donne une masse blanche cristalline.

Affinités. — L'hydrogène sulfuré brûle, avec une flamme *bleue*, en donnant du gaz sulfureux et de la vapeur d'eau. — Si la quantité d'oxygène n'est pas suffisante, la combustion est incomplète et il se forme un dépôt de soufre.

Le chlore, le brome, l'iode décomposent l'acide sulfhydrique avec dépôt de soufre

$$H^2S + 2Cl = 2HCl + S.$$

C'est en raison de cette propriété que le chlore est employé pour désinfecter l'air, qui renferme de l'hydrogène sulfuré.

Dissolution. — La solution d'hydrogène sulfuré est un acide faible ; elle fait passer la teinture de tournesol au rouge vineux.

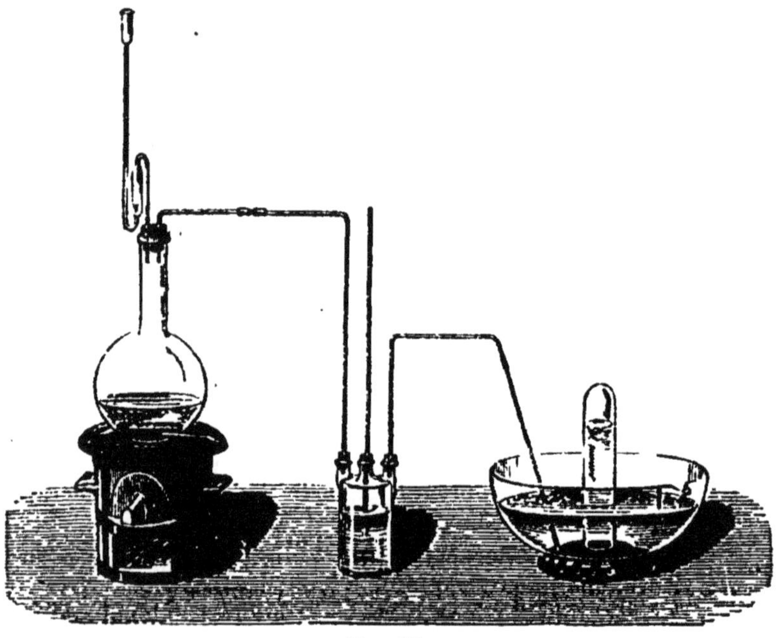

Fig. 39.

Avec un grand nombre de solutions métalliques, elle donne des *sulfures insolubles*, dont la couleur est quelquefois caractéristique.

Ces précipités se forment d'après la loi suivante :

Les dissolutions métalliques, acidulées par l'acide chlorhydrique, précipitent avec l'hydrogène sulfuré, si le métal appartient aux trois dernières sections ; — si le métal appartient aux trois premières sections, il n'y a pas de précipité.

Applications. — Dans les laboratoires, on fait fréquemment usage d'un appareil à production intermittente. Cet appareil est composé de deux grands flacons, ayant de 7 à 8 litres de capacité, et reliés à leur partie inférieure par un gros tube de caoutchouc.

Dans le flacon B, on met d'abord un lit de coke, puis un lit de monosulfure de fer, en morceaux ; le goulot du flacon est fermé par un bouchon à robinet, auquel on adapte un tube de dégagement. Le flacon A contient de l'acide sulfurique étendu (fig. 40).

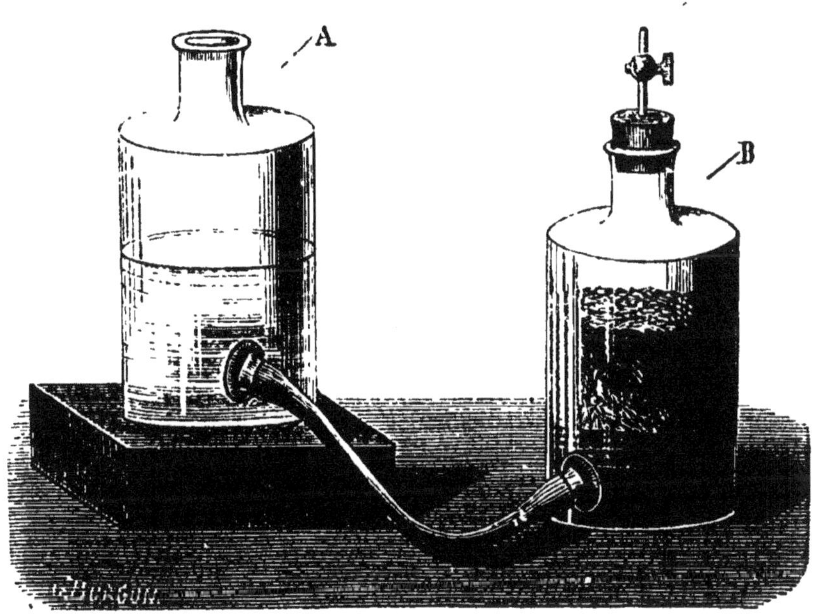

Fig. 40.

Le robinet étant ouvert, l'acide s'élève au même niveau dans les deux flacons. Quand l'hydrogène sulfuré a chassé l'air, on ferme le robinet ; le gaz s'accumule et refoule l'acide sulfurique. Quand celui-ci est descendu au-dessous du sulfure de fer, le dégagement s'arrête. — En ouvrant plus ou moins le robinet, on règle l'écoulement du gaz.

§ 5. — GAZ AMMONIAC Az H³.

Poids moléculaire, 17.

Le gaz ammoniac se trouve en petite quantité dans l'air, l'eau de pluie et l'eau de neige. On le rencontre encore, libre ou combiné avec l'acide carbonique, dans la distillation sèche de la houille et dans la décomposition des matières organiques.

Le gaz ammoniac a été découvert par Kunckel en 1612, puis préparé et étudié par Priestley.

Préparation. — On prépare le gaz ammoniac en chauffant dans un ballon de verre un mélange de chaux vive et de sel ammoniac (*chlorure d'ammonium*).

$$2\,Az\,H^4Cl + CaO = CaCl^2 + H^2O + 2\,Az\,H^3.$$

Chlorure   Chlorure   Gaz
d'ammonium.   de calcium.   ammoniaux.

$$Az\,H^3.\,HCl + CaO = CaCl + HO + Az\,H^3.$$

Pour obtenir du gaz sec, on achève de remplir le ballon, avec des

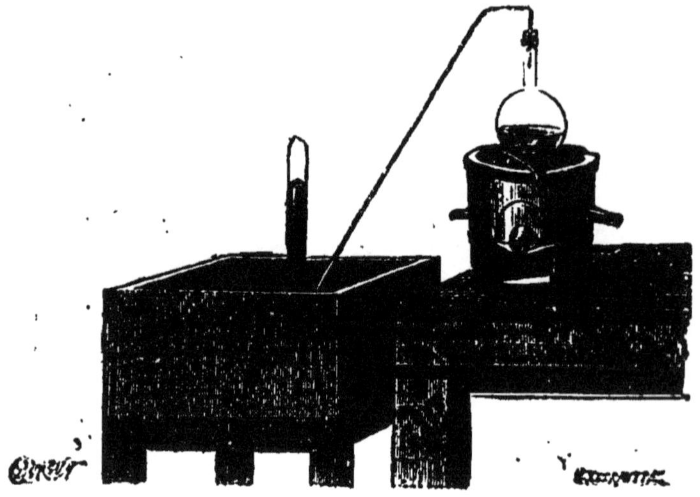

Fig. 41.

fragments de chaux vive; l'eau se fixe sur l'excès de chaux et, au besoin, sur des fragments de potasse caustique contenus dans une éprouvette à pied.

Le gaz est recueilli sur le mercure.

Ammoniaque liquide. — On obtient la solution concentrée de gaz ammoniac, appelé vulgairement *ammoniaque liquide*, au moyen de l'appareil de Woulf; le premier flacon destiné à laver le gaz ne contient qu'une petite quantité d'eau, les autres flacons sont à moitié remplis d'eau. — Les tubes de dégagement doivent plonger jusqu'au fond des flacons parce que la dissolution qui est moins dense que l'eau, remonte à la surface, au fur et à mesure qu'elle se sature.

Propriétés physiques. — Le gaz ammoniac est incolore, d'une odeur excessivement pénétrante ; il provoque le larmoiement.

Densité = 0,589. — Un litre de gaz ammoniac pèse 0gr,770.

Solubilité. — Le gaz ammoniac est très soluble dans l'eau, qui en dissout : 1127 volumes, à 0° ; 783 vol. à 15°. Cette solubilité peut être démontrée par une expérience analogue à celle que nous avons indiquée pour l'acide chlorhydrique.

Liquéfaction. — Le gaz ammoniac a été liquéfié par M. Bussy, en 1821, à — 40° et sous la pression ordinaire. Faraday l'a liquéfié à — 10° et sous la pression de 6 atmosphères et demi : il introduit

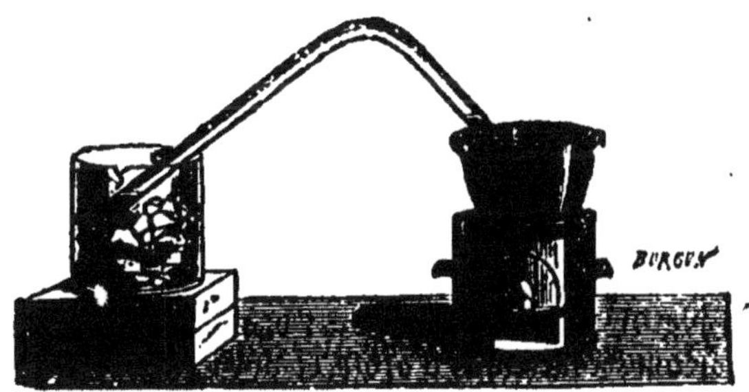

Fig. 42.

dans un tube recourbé du chlorure d'argent sec, auquel on a fait absorber du gaz ammoniac jusqu'à saturation ; le tube étant fermé à la lampe, on chauffe la branche qui contient le chlorure d'argent ammoniacal, tandis que l'autre branche plonge dans un mélange réfrigérant ; le gaz ammoniac se condense en un liquide transparent, qui se solidifie à — 80°.

Affinités. — Le gaz ammoniac est décomposable par la *chaleur* et l'*électricité*.

On le démontre, en faisant passer dans l'intérieur du gaz une série d'étincelles électriques (fig. 43), ou bien en faisant passer le gaz dans un tube de porcelaine, rempli de fragments de la même substance et chauffé au rouge blanc, dans un fourneau à réverbère.— Le volume résultant de la décomposition est double du volume primitif et contient 2 vol. d'azote et 6 vol. d'hydrogène.

Si le tube renferme du charbon, il se forme du cyanure d'ammonium et l'hydrogène se dégage

$$2\,Az\,H^3 + C = Cy\,Az\,H^4 + H^3.$$

Gaz   Cyanure
ammoniac.   d'ammonium.

Métaux. — La décomposition du gaz ammoniac est plus facile, lorsqu'on introduit dans le tube de porcelaine des fils de fer, de

Fig. 43.

cuivre ou de platine. — Le platine n'est pas altéré; le fer et le cuivre retiennent quelques centièmes d'azote et deviennent cassants.

Le gaz ammoniac ne brûle pas dans l'air; mais le jet allumé et plongé dans un flacon plein d'oxygène, continue à brûler avec une flamme *jaunâtre.*

Chlore, brome, iode. — Le gaz ammoniac s'enflamme spontanément à l'extrémité du tube de dégagement qui l'amène au milieu d'un flacon plein de chlore. Il se forme du chlorure d'ammonium et une partie de l'azote est mise en liberté.

$$2\,AzH^3 + 3\,Cl = Az + 3\,AzH^4.\,Cl.$$
Chlorure
d'ammonium.

Ammoniaque liquide. — La solution concentrée de gaz ammoniac porte encore le nom d'*alcali volatil.*

Densité = 0,855.

L'alcali volatil possède une odeur piquante, comme le gaz lui-même; la saveur est *âcre et urineuse.* Il attaque la peau en produisant d'abord une sensation de cuisson, puis une cautérisation profonde.

Exposée dans le vide ou portée à une température de 130°, la solution abandonne tout le gaz qu'elle contient.

La solution concentrée est une véritable base : elle verdit le sirop de violettes et ramène au bleu la teinture de tournesol, rougie, en formant de véritables sels.

Elle dissout l'oxyde de cuivre, en formant l'*eau céleste*

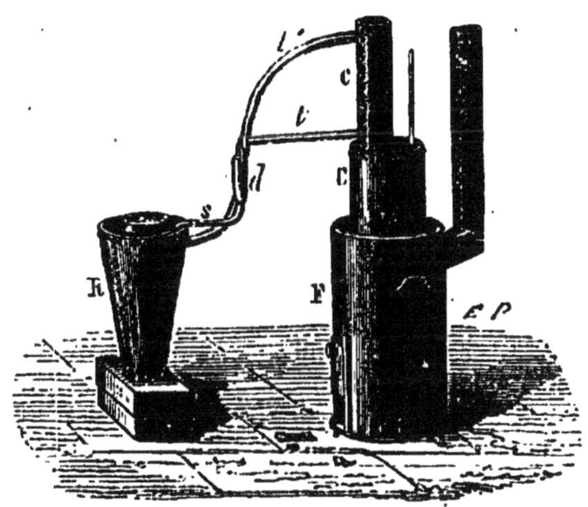

Fig. 44. — Appareil Carré.

Versée sur de la tournure de cuivre, l'ammoniaque donne une liqueur bleue qui possède la propriété de dissoudre la *cellulose*. (*Liqueur de Schweitzer.*)

Chlorure d'azote. — Le chlore décompose l'ammoniaque liquide, en produisant du chlorure d'ammonium et de l'azote.

Pour faire l'expérience, on remplit presque entièrement, avec de l'*eau de chlore*, un long tube qu'on achève de remplir avec de l'ammoniaque liquide; on bouche ce tube et on le renverse; on voit l'azote se réunir à la partie supérieure du tube. — Si l'on emploie un *excès* de *chlore*, on obtient un liquide oléagineux qui détone violemment, c'est le *chlorure d'azote.*

Iodure d'azote. — L'ammoniaque liquide transforme l'iode en une poudre noire qui, une fois sèche, détone par le moindre frottement, c'est l'*iodure d'azote.*

La propriété que possède l'ammoniaque liquide d'abandonner tout son gaz ammoniac a été utilisée par M. Carré pour la construction d'appareils réfrigérants.

Appareil Carré. — L'appareil Carré se compose essentiellement d'une chaudière en communication, à l'aide d'un tube, avec un récipient à double enveloppe et hermétiquement fermé ; la cavité centrale de ce récipient reçoit les liquides destinés à être congelés. — Un thermomètre permet d'observer la température de la chaudière.

La chaudière étant remplie, aux trois quarts, d'une solution concentrée de gaz ammoniac, on met le récipient dans l'eau froide et on chauffe la chaudière jusqu'à ce que le thermomètre marque 130°. Le gaz se dégage et se liquéfie dans le récipient, sous l'influence de la pression et du froid.

On retire le feu et on plonge la chaudière dans un baquet d'eau froide ; le gaz liquéfié se vaporise et tout le gaz ammoniac se redissout dans l'eau de la chaudière. Le froid produit par cette vaporisation suffit pour congeler l'eau contenue dans le récipient.

En enveloppant le récipient dans plusieurs doubles de flanelle, on peut avoir pendant une heure, dans la partie centrale, une température de — 30°. — Quand l'opération est terminée, l'appareil se trouve prêt à servir de nouveau.

§ 6. — HYDROGÈNE PHOSPHORÉ PhH^3.

Poids moléculaire, 34.

L'hydrogène phosphoré a été découvert par Gingembre, en 1793.

Il se produit dans la décomposition des matières organiques qui contiennent un peu de phosphore, comme le *tissu nerveux* et la *laitance des carpes*.

L'hydrogène phosphoré semble être la cause des *feux follets*.

Préparation. — Dans les laboratoires, on prépare deux sortes d'hydrogène phosphoré.

1° Un hydrogène phosphoré spontanément inflammable.

2° Un hydrogène phosphoré non spontanément inflammable.

A. **Hydrogène phosphoré spontanément inflammable**. — Ce gaz se prépare par deux procédés.

1° *Procédé de Gingembre*. — On fait bouillir du phosphore dans une dissolution de potasse caustique.

Nous avons vu en effet qu'il se formait, dans ce cas, un hypophosphite, avec dégagement de gaz phosphoré.

$$3\,KHO + 4\,Ph + 3\,H^2O = 3\,PhO^2H^2K + Ph\,H^3.$$
Hydrogène
phosphoré.

$$4\,Ph + 3\,KO + 9\,HO = 3(KO, 2\,HO.PhO) + Ph\,H^3.$$

2° *Par le phosphure de calcium.* — Le phosphure de calcium est obtenu en faisant passer de la vapeur de phosphore sur des fragments de chaux vive incandescents.

On obtient ainsi une substance brune, qui décompose l'eau instantanément, en formant de l'hypophosphite de calcium et de l'hydrogène phosphoré.

B. Hydrogène phosphoré non spontanément inflammable. — L'hydrogène phosphoré cesse d'être spontanément inflammable lorsqu'on traite le phosphure de calcium par l'acide chlorhydrique. Il se forme

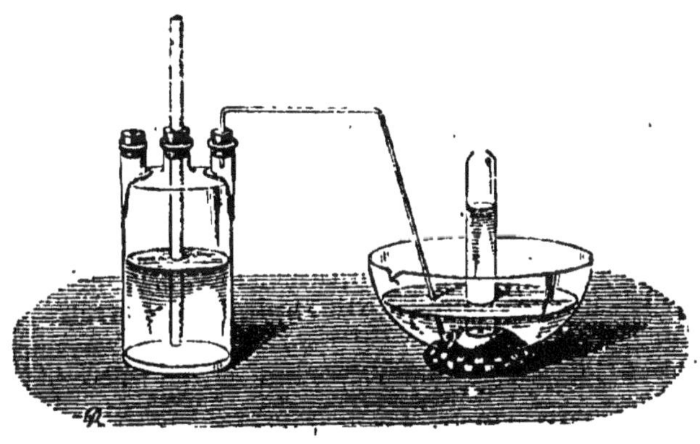

Fig. 45.

du chlorure de calcium, et le gaz qui se dégage ne s'enflamme qu'à l'approche d'une bougie allumée

$$Ph^2Ca^3 + 6\,HCl = 3\,CaCl^2 + 2\,Ph\,H^3.$$
Phosphure   Chlorure   Hydrogène
de calcium.   de calcium. phosphoré.

Propriétés physiques. — L'hydrogène phosphoré est un gaz incolore, d'une odeur alliacée.

Densité = 1,84.

Solubilité. — Il est insoluble dans l'eau. Il est soluble dans l'alcool et dans l'éther.

Il ne s'enflamme à l'air qu'à 100° et brûle alors avec une flamme blanche très éclairante.

Affinités. — L'hydrogène phosphoré se combine, comme le gaz ammoniac, avec l'acide iodhydrique, pour former *un iodure de phosphonium* PhH^4I, analogue à l'iodure d'ammonium AzH^4I.

Hydrogène phosphoré spontanément inflammable. — Les bulles du gaz phosphoré, obtenu par les premiers procédés, crèvent à la surface de l'eau et s'enflamment spontanément, en produisant une vive lumière et une fumée blanche qui s'élève sous la forme d'une couronne dont le diamètre augmente de plus en plus, jusqu'à ce que la couronne elle-même disparaisse.

Si l'on fait passer le gaz spontanément inflammable dans un mélange réfrigérant, on obtient un liquide très instable, prenant feu spontanément, et qui communique, aux gaz combustibles, la propriété de devenir spontanément inflammable.

Ce *phosphure d'hydrogène, liquide,* a pour formule Ph^2H^4.

§ 7. — HYDROGÈNE ARSÉNIÉ AsH^3.

Poids moléculaire, 78.

L'hydrogène arsénié se produit chaque fois qu'on met un composé oxygéné de l'arsenic en présence de l'hydrogène naissant.

Préparation. — On traite l'arséniure de zinc par l'acide chlorhydrique

$$As^2Zn^3 + 6\,HCl = 2\,AsH^3 + 3\,ZnCl^2.$$

Arséniure   Hydrogène   Chlorure
de zinc.   arsénié.   de zinc.

Propriétés. — L'hydrogène arsénié est un gaz incolore, d'une odeur très désagréable, excessivement toxique.

La chaleur rouge le décompose en hydrogène et en arsenic. Dirigé dans un tube de verre dont une portion est portée au rouge, il se dédouble en hydrogène qui se dégage et en arsenic qui se dépose dans les parties froides du tube.

Quand on l'enflamme, il brûle en produisant de l'eau et de l'anhydride arsénieux. Dans la partie centrale de la flamme qui n'a pas le contact immédiat de l'air, l'hydrogène arsénié est porté à une tem-

pérature assez élevée pour être dissocié en ses éléments. L'intérieur
de la flamme renferme donc de l'arsenic en vapeur qui, pendant la
combustion, vient successivement s'oxyder à la périphérie ; mais si l'on
refroidit cette flamme, en l'écrasant à moitié avec une soucoupe de
porcelaine, l'arsenic se condense et se dépose sur la porcelaine, en
formant des taches *brunes*.

CHAPITRE IV

COMPOSÉS OXYGÉNÉS DU CHLORE.

La plupart des combinaisons de l'oxygène avec les métalloïdes sont
des *anhydrides*, qui deviennent des acides, en absorbant une ou plusieurs molécules d'eau.

Les combinaisons oxygénées du chlore comprennent 3 anhydrides :

Anhydride hypochloreux.	Cl^2O
Anhydride chloreux.	Cl^2O^3
Peroxyde de chlore.	Cl^2O^4

lesquels donnent les 4 acides suivants :

Acide hypochloreux.	$ClOH$	$= HClO$
— *chloreux.*	ClO^2H	$= HClO^2$
— *chlorique.* . . . . , .	ClO^3H	$= HClO^3$
— *perchlorique.*	ClO^4H	$= HClO^4$

Les formules précédentes montrent que les acides oxygénés du
chlore peuvent être considérés comme de l'acide chlorhydrique plus
ou moins oxygéné.

Tous ces composés n'offrent pas un grand intérêt pratique. Nous
dirons quelques mots seulement de l'acide hypochloreux et de l'acide
chlorique.

§ 1. — ANHYDRIDE HYPOCHLOREUX Cl^2O.

Préparation. — On prépare l'anhydride hypochloreux en faisant
passer un courant de chlore sec sur de l'oxyde mercurique

$$HgO \; + \; 4Cl \; = \; HgCl^2 \; + \; Cl^2O.$$

Oxyde rouge de mercure.   Chlorure mercurique.   Anhydride hypochloreux.

L'oxyde mercurique est placé dans un long tube, qu'on a soin d'entourer d'eau froide, et le gaz hypochloreux est condensé dans un matras à long col, placé au milieu d'un mélange réfrigérant.

Propriétés. — L'anhydride hypochloreux se présente sous la forme d'un liquide *rouge brun*, bouillant à 20°, et donnant naissance à des vapeurs d'un *jaune rougeâtre*.

La vapeur d'anhydride hypochloreux fait souvent explosion.

L'anhydride hypochloreux se dissout dans l'eau, en formant une dissolution presque incolore d'acide hypochloreux :

$$Cl^2O + H^2O = 2ClOH.$$

§ 2. — Acide hypochloreux ClOH.

Préparation. — M. Balard a préparé pour la première fois l'acide hypochloreux en agitant dans un flacon plein de chlore, un peu d'eau et d'oxyde rouge de mercure. La coloration du chlore disparaît; l'eau se charge d'acide hypochloreux, et il se dépose un oxychlorure de mercure, sous l'aspect d'une poudre blanche, très peu soluble.

M. Williamson fait passer un courant de chlore dans de l'eau contenant en suspension du carbonate calcique, récemment précipité,

$$CO^3Ca + 4Cl + H^2O = CO^2 + CaCl^2 + 2ClOH.$$

Carbonate calcique.   Chlorure de calcique.   Acide hypochloreux.

Propriétés. — L'acide hypochlorique, concentré, est un liquide jaune foncé, qui exhale une forte odeur d'eau de Javel.

Il est très caustique et détruit complétement la peau.

L'acide hypochloreux est un agent décolorant énergique; il agit à la fois par son chlore et par son oxygène, et possède ainsi un pouvoir décolorant double de celui du chlore qu'il renferme :

1° En présence d'un corps oxydable, l'acide hypochloreux se dédouble, abandonne son oxygène et forme de l'acide chlorhydrique

$$ClOH = O + HCl.$$

2° L'acide chlorhydrique, réagissant sur une autre molécule d'acide hypochloreux, donne du chlore et de l'eau

$$HCl + ClOH = 2Cl + H^2O.$$

La réaction tout entière est représentée par la formule suivante :

$$2ClOH = O + Cl^2 + H^2O.$$

Par conséquent, l'acide hypochloreux détruit les matières colorantes en leur enlevant de l'hydrogène par son chlore et par son oxygène.

Dans l'industrie, on emploie les hypochlorites, qui se décomposent par l'acide carbonique de l'air, en mettant l'acide hypochloreux en liberté.

§ 3. — Acide chlorique ClO^5H.

Préparation. — On traite le chlorate de baryum par l'acide sulfurique dilué

$$(ClO^5)^2 Ba + SO^4 H^2 = SO^4 Ba + 2ClO^5 H.$$

L'acide chlorique reste dans la liqueur ; on fait évaporer dans le vide.

Propriétés. — L'*acide chlorique* est un liquide sirupeux, ordinairement coloré en jaune.

A 40°, il commence à se décomposer, et si la température est assez élevée, il se transforme en acide perchlorique

$$4ClO^5H = 2ClO^4H + H^2O + 2Cl + 5O.$$

Il possède des propriétés oxydantes énergiques. Concentré, il enflamme le soufre, le phosphore, même le papier. Il s'empare de l'hydrogène des acides sulfureux, phosphoreux, sulfhydrique, chlorhydrique, et le chlore est mis en liberté. Les solutions des acides hypochloreux et chloreux se décomposent spontanément, pour former de l'acide chlorique.

L'acide chlorique n'offre d'intérêt que par sa combinaison avec le potassium.

Nous avons dit déjà que, dans une dissolution alcaline concentrée, le chlore donnait naissance à un chlorure et à un *chlorate*.

CHAPITRE V

COMPOSÉS OXYGÉNÉS DU SOUFRE.

On connaît trois anhydrides, formés par la combinaison de l'oxygène avec le soufre :

1° *Anhydride sulfureux*. . . . . SO^2 ;

2° *Anhydride sulfurique* . . . . SO^3 ;

3° *Anhydride persulfurique*. . . S^2O^7 (Berthelot).

Ces anhydrides, en s'assimilant une molécule d'eau, donnent les acides suivants :

1° *Acide sulfureux*. . . . . . . $SO^2 + H^2O = SO^3H^2$

2° *Acide sulfurique*. . . . . $SO^3 + H^2O = SO^4H^2$

3° *Acide persulfurique*. . . . $S^2O^7 + H^2O = (SO^4H^2)$.

On connaît encore trois acides du soufre, qui ne sont que des dérivés des précédents :

1° *Acide hydrosulfureux*. . . . . SO^2H^2

2° *Acide hyposulfureux* . . . . SO^3SH^2

3° *Acide bisulfurique* ou de *Nordhausen*. . . $(SO^3)SO^4H^2$.

L'acide hydrosulfureux est de l'acide sulfureux désoxygéné ; — l'acide hyposulfureux est de l'acide sulfureux sulfuré ; — enfin l'acide de Nordhausen, qu'on appelle *acide bisulfurique*, peut être considéré comme de l'acide sulfurique, additionné d'une molécule d'anhydride sulfurique.

Série thionique. — L'anhydride sulfureux, en s'ajoutant à l'acide sulfurique, donne de l'acide *hyposulfurique* ou *dithionique*.

Cette acide est le premier terme d'une série d'acides, qui renferment tous 2 atomes d'hydrogène et 6 atomes d'oxygène.

$S^2O^6H^2$ Acide *hyposulfurique*   ou *dithionique*.

$S^3O^6H^2$ —   *sulfuré* ou *trithionique*.

$S^4O^6H^2$ —   *bisulfuré* ou *tétrathionique*.

$S^5O^6H^2$ —   *trisulfuré* ou *pentathionique*.

Les formules des acides hydrosulfureux, sulfureux et sulfurique
peuvent s'écrire :

$$SO^2H^2 = SO^2 \begin{matrix} H \\ H \end{matrix},$$

$$SO^3H^2 = SO^2 \begin{matrix} OH \\ H \end{matrix}.$$

$$SO^4H^2 = SO^2 \begin{matrix} OH \\ OH \end{matrix}.$$

Sous cette forme on reconnait que ces trois acides peuvent être considérés comme des dérivés du radical SO^2, auquel on donne le nom
de *sulfuryle*, de telle sorte que

L'acide *hydrosulfureux* est un   *hydrure* de *sulfuryle*.
L'acide *sulfureux*   — *monohydrate*   —
L'acide *sulfurique*   — *dihydrate*.   —

§ 1. — Gaz sulfureux SO^2.

Poids moléculaire, 64.

Le gaz sulfureux se dégage des volcans en activité et des solfatares. — Sa nature a été déterminée par Lavoisier et sa composition, en
volumes, par Gay-Lussac.

Préparation. — Dans l'industrie, on prépare le gaz sulfureux en
brûlant du soufre ou en grillant des pyrites au contact de l'air. —
C'est ainsi qu'on prépare le gaz destiné à la fabrication de l'acide sulfurique, ou au blanchiment des étoffes. Le même procédé est applicable, toutes les fois que l'azote et l'oxygène peuvent impunément
accompagner le gaz sulfureux.

Dans les laboratoires, on désoxyde l'acide sulfurique au moyen d'un
métal ou du charbon.

(*a*) *Acide sulfurique et mercure*. — On chauffe, dans un ballon, du
mercure et de l'acide sulfurique ; il se forme de l'eau, du gaz sulfureux et du sulfate mercurique

$$2\,SO^4H^2 + Hg = SO^4\,Hg + 2\,H^2O + SO^2.$$

$$2\,SO^3.\,HO + Hg = Hg\,O\,.\,SO^3 + 2\,HO + SO^2.$$

On recueille le gaz sur le mercure.

(*b*) *Acide sulfurique et charbon*. — Quand on veut obtenir une solution dè gaz sulfureux, on peut remplacer le mercure par le charbon ; il se forme de l'acide carbonique et du gaz sulfureux

$$2\,SO^4 H^3 + C = CO^2 + 2\,H^2O + 2\,SO^2.$$

$$2\,SO^3.HO + C = CO^2 + 2\,HO + 2\,SO^3.$$

Les deux gaz passent dans un flacon laveur, contenant un peu d'eau qui retient l'acide sulfurique entraîné, puis ils passent dans un appa-

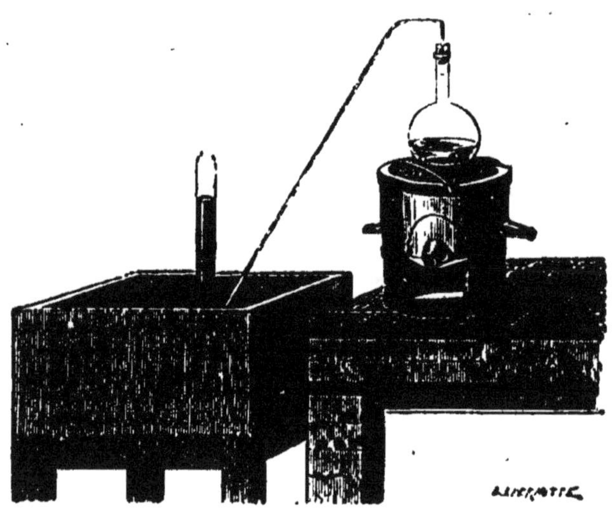

Fig. 46.

reil de Woulf. La présence de l'acide carbonique ne gêne pas les réactions de l'acide sulfureux.

Propriétés physiques. — Le gaz sulfureux est incolore, d'une odeur piquante et suffocante.

Densité = 2,234. — Un litre de gaz pèse 2gr,889.

Solubilité. — L'eau en dissout 80 vol. à 0° et seulement 40 vol à 20°.

Liquéfaction. — Le gaz sulfureux se liquéfie dans un mélange de 2 p. de glace et de 1 p. de sel marin.

Le gaz sulfureux liquéfié bout à — 8° et se solidifie à — 75°; en le vaporisant rapidement, on peut obtenir un abaissement de température, assez considérable pour *solidifier* le *mercure*.

Affinités. — Le gaz sulfureux est impropre à la combustion; respiré, il provoque d'abord la toux, puis la suffocation.

(*a*) *Oxygène.* — L'affinité du gaz sulfureux pour l'oxygène constitue sa propriété la plus saillante. La combinaison ne se fait pas à sec; mais, en présence de la mousse de platine, il se forme de l'*anhydride sulfurique* SO^3.

Le gaz sulfureux réduit l'acide iodique à l'état d'iode, l'acide arsénique à l'état d'acide arsénieux; — il transforme l'acide azotique en peroxyde d'azote et produit avec l'oxygène, ainsi enlevé, de l'acide sulfurique.

Cette affinité pour l'oxygène se manifeste même dans la dissolution; le gaz sulfureux s'empare de l'oxygène dissous dans l'eau, pour former de l'acide sulfurique.

(*b*) *Chlore.* — Un mélange à volumes égaux de chlore et d'anhydride sulfureux, exposé à l'action directe et prolongée du soleil, forme un liquide d'une odeur suffocante, auquel M. Regnault a donné le nom d'acide *chlorosulfurique.* — Ce corps a pour formule SO^2Cl^2; c'est le *chlorure* de *sulfuryle.*

Applications. — Le gaz sulfureux et sa solution détruisent diverses matières colorantes, soit en se combinant avec elles, pour donner des composés incolores, soit en leur enlevant de l'oxygène.

Dans l'industrie, le gaz sulfureux sert au *blanchiment* de la soie, de la laine, des plumes, de la paille, des éponges, de la colle de poisson... On a soin de laver ensuite les étoffes avec une eau alcaline, pour enlever les dernières traces d'acide sulfureux, qui pourrait se convertir en acide sulfurique, sous l'influence simultanée de l'eau et de l'air.

Cadet de Vaux a imaginé d'employer le gaz sulfureux pour éteindre les cheminées.

On utilise les fumigations de gaz sulfureux pour détruire l'insecte de la galle.

Acide hydrosulfureux. — Cet acide peu stable se forme quand on fait réagir le zinc sur la solution aqueuse du gaz sulfureux

$$2SO^2 + H^2O + Zn = SO^3Zn + SO^2H^2.$$
Sulfite
de zinc.

§ 2. — Acide sulfurique de Nordhausen.

Préparation. — Cet acide sulfurique se prépare au moyen des pyrites, dans les environs de Nordhausen (Saxe).

1° On grille les pyrites, au contact de l'air ; une partie du soufre se dégage à l'état d'acide sulfureux et, en lessivant le résidu, on a des eaux contenant en dissolution du sulfate ferreux.

2° Ces eaux sont évaporées à siccité ; le résidu, calciné dans un courant d'air, se transforme en un sous sulfate ferrique qui a pour formule $(SO^4)^2 O Fe^2$.

Ce sel contient encore une certaine quantité d'eau. Introduit dans de petites cornues de terre et chauffé, il donne de l'oxyde ferrique et de l'acide bisulfurique

$$(SO^4)^2 O Fe^2 + H^2 O = Fe^2 O^3 + (SO^3) SO^4 H^2.$$

Oxyde   Acide sulfurique
ferrique.   de Nordhausen

Propriétés. — L'*acide de Nordhausen, acide sulfurique fumant, acide de Saxe*, est un liquide oléagineux, d'un brun jaunâtre, *fumant à l'air.*

A 0°, il se solidifie en une masse feuilletée.

Applications. — L'acide de Nordhausen sert en teinture à dissoudre l'*indigo*. — On le préfère, quoique d'un prix plus élevé, à l'acide sulfurique ordinaire, parce qu'il ne contient jamais de produits nitreux, qui détruisent une certaine quantité de matière colorante.— Cette dissolution est connue sous les noms de *bleu de Saxe*, ou *bleu de composition*.

Le résidu de la préparation de l'acide bisulfurique, sous le nom de *colcothar*, ou *rouge d'Angleterre*, est employé dans la peinture commune et pour le polissage des glaces.

§ 3. — Anhydride sulfurique.

Préparation. — Pour obtenir l'anhydride sulfurique, il suffit de chauffer l'acide de Nordhausen à 80°, et de faire passer les vapeurs dans un mélange réfrigérant.

Propriétés. — L'anhydride sulfurique se présente sous la forme d'une masse cristalline, blanche, formée de cristaux déliés, soyeux, *ressemblant à de l'amiante.*

Densité $= 1,95.$

Il fond à 24°,5 et forme un liquide oléagineux qui bout à 51°6.

Fig. 17.

Projeté dans l'eau, il s'y combine avec énergie en produisant un sifflement, analogue à celui du fer rouge

$$SO^3 + H^2O = SO^4 H^2.$$

Il fume abondamment à l'air, en se combinant avec l'eau que renferme l'atmosphère.

§ 3. — ACIDE SULFURIQUE $SO^4 H^2$.

On a signalé la présence de l'acide sulfurique dans quelques eaux qui coulent dans des terrains volcaniques : la rivière de Ruiz, dans la Nouvelle Grenade, en renferme jusqu'à 5 grammes par litre; — on en trouve dans les eaux de la Méditerranée, aux environs des îles volcaniques de l'Archipel, et principalement dans la baie de San-torini.

Albert le Grand désigne l'acide sulfurique sous le nom d'*esprit de vitriol romain.* — Basile Valentin l'a préparé au quinzième siècle, en distillant le sulfate de fer; delà le nom d'*huile de vitriol,* qu'on lui donne encore aujourd'hui.

Préparation. — Nous avons vu que l'affinité pour l'oxygène est la propriété la plus saillante du gaz sulfureux. C'est sur cette affinité qu'est basée la préparation de l'acide sulfurique.

On peut résumer la préparation en disant que

On prépare l'acide sulfurique en oxydant le gaz sulfureux, au moyen de l'acide azotique, en présence de l'air et de la vapeur d'eau.

Ces quatres corps en présence : *gaz sulfureux, acide azotique, vapeur d'eau* et *air*, donnent lieu aux réactions suivantes :

1° *Gaz sulfureux et acide azotique*

$$SO^3 + 2\,Az\,O^5\,H = SO^4\,H^2 + 2\,Az\,O^3.$$

Gaz   Acide   Peroxyde
sulfureux.   azotique.   d'azote.

$$SO^3 + Az\,O^5 . HO = SO^5 . HO + Az\,O^4.$$

Acide   Acide
azotique.   hypoazotique.

2° *Peroxyde d'azote et vapeur d'eau*

$$3\,Az\,O^3 + H^2\,O = 2\,Az\,O^5\,H + Az\,O.$$

Acide   Bioxyde
azotique.   d'azote.

$$3\,Az\,O^4 + 2\,HO = 2\,(Az\,O^5 . HO) + Az\,O^3.$$

Acide   Acide   Bioxyde
hypoazotique.   azotique.   d'azote

3° *Bioxyde d'azote et oxygène* (air)

$$Az\,O + O = Az\,O^3.$$

$$Az\,O^3 + 2\,O = Az\,O^4.$$

Bioxyde   Acide
d'azote.   hypoazotique.

De telle sorte, que théoriquement, on peut, avec une quantité déterminée d'acide azotique et des quantités renouvelables de vapeur d'eau et d'air, transformer en *acide sulfurique* une quantité indéterminée de *gaz sulfureux.*

Fabrication. — Dans l'industrie, le gaz sulfureux est obtenu par la combustion du *soufre brut*, ou par le grillage des *pyrites.* Les pyrites étant un peu arsénicales, donnent de l'acide arsénique qui rend l'acide sulfurique impur.

Le gaz sulfureux se rend d'abord dans une *première chambre*, dans laquelle coule, sur des tablettes de plomb, de l'acide sulfurique chargé de vapeurs nitreuses; nous indiquerons plus loin l'origine de cet acide. Les réactions commencent immédiatement et se continuent dans la *deuxième chambre C'.*

Dans la *troisième chambre*, l'acide azotique tombe en cascades sur des étagères en briques, de manière à présenter une grande surface

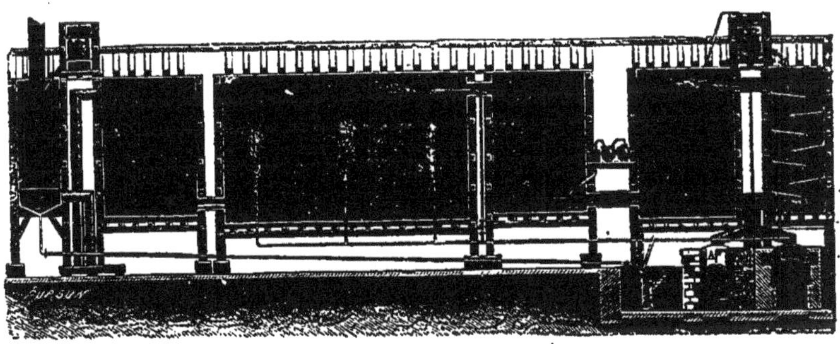

Fig. 48. — Fabrication de l'acide sulfurique.
(*Chambres de plomb.*)

do contact au gaz sulfureux. — L'acide sulfurique condensé est chargé de vapeurs nitreuses; c'est cet acide qu'on amène dans la première chambre et qu'on fait couler sur des plaques de plomb.

La *quatrième chambre*, ou *grande chambre*, reçoit le gaz sulfureux, le peroxyde d'azote et l'excès d'air; on y injecte de l'air et de la vapeur d'eau; — son sol est plus bas que celui des autres chambres; l'acide sulfurique formé s'y réunit.

La réaction se complète dans une *cinquième chambre*, destinée surtout à condenser l'acide formé, ainsi que les produits azotés.

Enfin, une caisse pleine de coke, où l'on fait couler de l'acide sulfurique, est destinée à absorber la vapeur nitreuse qui n'a pas réagi.— Cet acide retourne également dans la première chambre.

La préparation industrielle de l'acide sulfurique s'effectue dans de grandes chambres, doublées de plomb, d'une capacité totale de 1500 mètres cubes environ, et dans lesquelles la production de l'acide sulfurique est continue. Les lames de plomb sont soudées entre elles au chalumeau à gaz oxygène, sans interposition de métal étranger.

Concentration. — L'acide, recueilli dans les chambres de plomb, est d'abord chauffé dans des chaudières plates en plomb, jusqu'à ce qu'il marque 60° à l'aréomètre de Baumé.

La concentration est continuée dans des cornues de platine, jusqu'à ce qu'il marque 66° à l'aréomètre de Baumé.

Purification. — L'acide sulfurique, ainsi obtenu, n'est pas chimiquement pur. Il renferme du *sulfate de plomb*, de l'*acide azotique*,

Fig. 49.

et des *vapeurs nitreuses;* — de l'*acide arsénique*, quand le gaz sulfureux est obtenu par le grillage des pyrites.

On le purifie de la manière suivante :

1° On fait passer un courant de gaz sulfhydrique, qui précipite d'abord le plomb, puis l'arsenic;

2° On ajoute du sulfate d'ammonium, qui transforme les vapeurs nitreuses en azote et en protoxyde d'azote .

$$SO^4(AzH^4)^3 + 2AzO^3 = SO^4H^3 + 3H^2O + Az^2O + 2Az.$$

On achève la purification, en distillant l'acide sulfurique. L'opération se fait dans une cornue de verre, communiquant avec un ballon refroidi. La cornue est chauffée latéralement, au moyen d'une grille annulaire, afin d'éviter les soubresauts qui se produisent quand on chauffe le fond de la cornue (fig. 49).

Propriétés physiques. — L'acide sulfurique est un liquide incolore, *oléagineux.*

Densité = 1,842.

Action de la chaleur. — L'acide sulfurique bout à 325°; il se solidifie à — 34°.

A la chaleur rouge, il se dédouble en eau, oxygène et gaz sulfureux. Ce dédoublement nous a fourni un moyen de fabriquer l'oxygène.

Affinités. — L'acide sulfurique est très hygroscopique ; exposé à l'air, il absorbe assez d'eau pour doubler de poids, dans l'espace de quelques jours.

Solubilité. — Il est soluble dans l'eau et dans l'alcool, en toutes proportions.

L'affinité de l'acide sulfurique pour l'eau est telle qu'il détruit la plupart des substances organiques, en provoquant la combinaison de l'hydrogène et de l'oxygène, afin de pouvoir absorber l'eau qui en résulte. — Ainsi, il charbonne le *papier*, le *bois*, le *sucre....*

La combinaison de l'acide sulfurique avec l'eau amène un dégagement de chaleur considérable ; 1 p. d'eau et 4 p. d'acide concentré donnent une température de 100°.

Le cuivre, le mercure, le charbon et, en général, tous les corps avides d'oxygène, transforment l'acide sulfurique en gaz sulfureux. Le soufre lui-même donne

$$2SO^4H^3 + S = 3SO^3 + 2H^2O.$$

Métaux. — L'acide sulfurique attaque tous les métaux, excepté l'*or* et le *platine,* et forme avec eux des sulfates;

Tous les sulfates sont solubles dans l'eau, excepté le *sulfate de baryte* et le *sulfate de plomb;* — le *sulfate de chaux* est peu soluble.

Applications. — L'acide sulfurique est employé à l'intérieur, comme hémostatique, à la dose de 2 gr. par litre; cette solution constitue la *limonade sulfurique*.

Appliqué sur la peau et les muqueuses, il les désorganise rapidement, en amenant des ulcérations, qui deviennent le siége d'une suppuration abondante.

$$\S\ 4. — \text{Acide hyposulfurique } SO^3.SO^4H^3, = S^2O^6H^3.$$

Préparation. — Le gaz sulfureux forme, avec l'oxyde de manganèse en suspension dans l'eau froide, de l'hyposulfate manganeux.

$$2SO^3 + MnO^3 = S^2O^6Mn.$$

Cet hyposulfate, traité par le sulfure de baryum, donne un sulfure de manganèse insoluble et un hyposulfate de baryum soluble. On filtre et l'on ajoute peu à peu de l'acide sulfurique, étendu d'eau; le baryum est précipité à l'état de sulfate et l'acide hyposulfurique reste dans la liqueur.

La liqueur, filtrée et évaporée dans le vide, donne l'acide hyposulfurique.

Propriétés. — L'acide hyposulfurique est un liquide sirupeux, très acide, d'une densité $= 1,347$.

Il est peu stable; quand on le fait bouillir, il se dédouble en acide sulfurique et en gaz sulfureux.

CHAPITRE IV

COMPOSÉS OXYGÉNÉS DE L'AZOTE.

L'azote forme avec l'oxygène 5 combinaisons :

1° *Protoxyde d'azote.* . . . . . . Az^2O;
2° *Bioxyde d'azote.* . . . . $Az^2O^2 = 2AzO$;
3° *Anhydride azoteux.*. . . . . . Az^2O^3;
4° *Peroxyde d'azote.* . . . . . . $Az^2O^4 = 2AzO^2$;
5° *Anhydride azotique.* . . . . . Az^2O^5.

Au contact de l'eau, les anhydrides donnent des acides :

$$Az^2O^5 + H^2O = Az^2O^4H^2 = 2AzO^2H,$$
Acide
azoteux.

$$Az^2O^5 + H^2O = Az^2O^6H^2 = 2AzO^3H.$$
Acide
azotique.

En mettant les formules du peroxyde d'azote, de l'acide azoteux et de l'acide azotique sous les formes suivantes :

$$AzO^2 \quad azotyle.$$
$$AzO^2H \quad hydrure\ d'azotyle.$$
$$AzO^2HO \quad hydrate\ d'azotyle.$$

on voit qu'on peut considérer AzO^2, comme un radical, dont l'acide azoteux représente l'*hydrure* et l'acide azotique l'*hydrate;* ce radical a reçu le nom d'*azotyle.*

§ 1. — PROTOXYDE D'AZOTE Az^2O.

Poids moléculaire = 44.

Le protoxyde d'azote, découvert par Priestley en 1776, a été étudié surtout par Davy.

Préparation. — On chauffe doucement l'azotate d'ammonium, à une température qui ne doit pas dépasser 250°. Le sel fond d'abord, puis se décompose en eau et en protoxyde d'azote

$$AzO^5Az\,H^4 = Az^2O + 2H^2O.$$
Azotate   Protoxyde
d'ammonium.   d'azote.

$$Az\,H^4O.\,Az\,O^5 = 2AzO + 4HO.$$
Azotate
d'ammoniaque.

On recueille le gaz sur l'eau salée, qui ne le dissout pas, ou sur le mercure.

Propriétés physiques. — Le protoxyde d'azote est un gaz incolore, inodore, d'une saveur légèrement sucrée.

Densité = 1,527; — un litre de gaz pèse 1 gr. 975.

Solubilité. — 1 litre d'eau à 0° dissout 1 vol. 30 du protoxyde d'azote; 1 litre d'alcool à 0° dissout 4 vol. 18.

Liquéfaction. — Sous une pression de 30 atmosphères, le protoxyde d'azote se condense en un liquide incolore, qui bout à —88°. Ce liquide, évaporé rapidement sous le récipient de la machine pneumatique, se solidifie en une masse blanche, ressemblant à

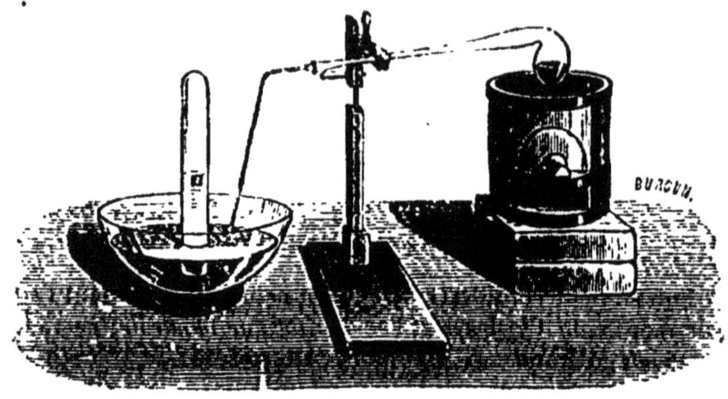

Fig. 50.

la neige ; mélangé de sulfure de carbone et évaporé dans le vide, il donne une température de — 140°, température la plus basse qu'on ait encore réussi à atteindre.

Affinités. — Le protoxyde d'azote est décomposable par la chaleur. Si la température est assez élevée, il forme un mélange de 2 vol. d'azote et de 1 vol. d'oxygène, mélange dans lequel les corps brûlent mieux que dans l'air ; c'est ainsi qu'à l'exemple de l'oxygène il active la combustion du soufre et du phosphore, et rallume une bougie présentant encore quelques points en ignition, pourvu que ces points soient assez nombreux.

Si la température est moins élevée, il se forme de l'azote et du peroxyde d'azote

$$2Az^2O = AzO^2 + 3Az.$$

Applications. — Le protoxyde d'azote entretient quelques instants la respiration ; mais il amène bientôt des phénomènes d'ivresse, souvent accompagnés d'une crise spasmodique, qui l'ont fait appeler *gaz hilarant.* Cette ivresse est suivie d'anesthésie ; aussi le protoxyde d'azote est-il usité comme anesthésique pour l'*extraction des dents.*

D'après MM. Jolyet et Blanche, le protoxyde d'azote n'a aucune action sur l'organisme. L'anesthésie qui suit les inspirations est due à la privation d'air respirable, privation qui amène des symptômes d'asphyxie.

Le protoxyde d'azote doit être banni de la pratique chirurgicale.

§ 2. — BIOXYDE D'AZOTE.

Poids moléculaire.. 30.

Ce gaz ne peut pas exister à l'air; il se combine directement avec l'oxygène et se transforme en peroxyde d'azote

$$AzO + O = AzO^2.$$

On prépare ce gaz en traitant la tournure de cuivre par l'acide azotique. La réaction présente deux phases :

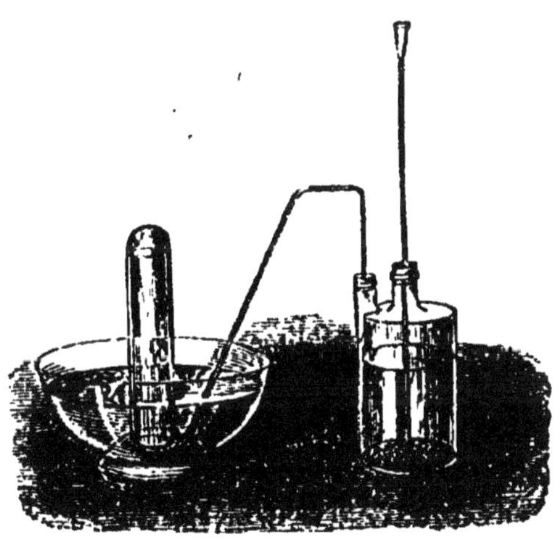

Fig. 51.

1° Il se forme de l'azotate de cuivre et de l'hydrogène ;
2° L'hydrogène naissant réduit une autre portion d'acide azotique, en formant de l'eau et du bioxyde d'azote

$$6 AzO^5H + 3 Cu = 3 (AzO^5)^2 Cu + H^6$$

$$H^6 + 2 AzO^5H = 4 H^2O + 2 AzO.$$

§ 3. — PEROXYDE D'AZOTE AzO²

Poids moléculaire.. 41.

Le peroxyde d'azote est le composé le plus stable de tous les composés oxygénés de l'azote ; il ne se décompose qu'au rouge.—On peut dire qu'il est le produit ultime des transformations {des composés oxygénés de l'azote.

Préparation. — Le peroxyde d'azote se dégage, lorsqu'on chauffe, à feu nu, des azotates, et notamment l'*azotate de plomb*.

Le sel sec est introduit dans une cornue en verre vert, dont le col

Fig. 52.

s'engage dans un tube en U, plongé dans un mélange réfrigérant. Le peroxyde d'azote se condense

$$(AzO^5)^2 Pb = |2AzO^2 + PbO.$$
$$\text{Oxyde}$$
$$\text{de plomb.}$$

Propriétés physiques. — Le peroxyde d'azote, *vapeur nitreuse, acide hypoazotique, hypoazotide*, est un liquide mobile, presque incolore à une basse température, jaunâtre à 0°, jaune rougeâtre à 10°, rouge brun à 20°.

Densité = 1,44.

Il bout à 22° ; sa vapeur est *rouge*.

Quand on le recueille dans le tube refroidi, il est en prismes incolores, qui fondent à —0° ; mais l'acide, une fois liquéfié, ne se solidifie qu'à —23°.

Affinités. — Le peroxyde d'azote ne se combine ni avec l'eau, ni avec les bases ; ce n'est donc pas un acide.

En présence des alcalis, il se décompose en acide azoteux et en acide azotique

$$2\,AzO^3 \; + \; 2KHO \; = \; AzO^3K \; + \; AzO^2K \; + \; H^2O,$$

Azotate   Azotite
de potassium.   de potassium.

Le peroxyde d'azote joue souvent le rôle de *radical;* ainsi la formule de la *nitrobenzine* $C^6H^5AzO^2$ s'obtient en remplaçant, dans la formule de la benzine C^6H^6, H par AzO^2.

§ 4. — Acide azoteux AzO^2H.

L'azotate de potassium, chauffé au rouge, dégage de l'oxygène et laisse un sel qui est l'azotite de potassium; mais on ne peut pas retirer l'acide azoteux des azotites.

On obtient l'anhydride azoteux en décomposant le peroxyde d'azote par l'eau, à 0°; il se forme en même temps de l'acide azotique.

L'acide azoteux est un liquide *bleu, très instable,* et qui bout à une basse température.

§ 5. — Acide azotique AzO^3H.

Poids moléculaire.. 63.

L'acide azotique se rencontre dans les pluies d'orage, à l'état d'azotate d'ammonium.

Décrit dès le huitième siècle par l'alchimiste Geber, l'acide azotique a été obtenu par Raymond Lulle (1224), en chauffant ensemble un mélange d'argile et de sel de nitre.

La composition de l'acide azotique a été déterminée par Cavendish, en 1784.

Préparation. — On prépare l'acide azotique, en décomposant un azotate naturel par l'acide sulfurique.

Une partie de l'acide azotique des azotates, se forme dans l'atmosphère, pendant les orages; mais la plus grande partie de ces azotates prennent naissance quand les matières azotées se décomposent, en fournissant de l'ammoniaque, en présence de l'air et au contact des corps poreux et des alcalis. C'est à cette oxydation lente de l'ammoniaque, en présence de l'air, qu'il faut attribuer la formation des azotates sur les vieux murs et dans le sol. Ainsi se sont formés les gisements considérables d'azotate de sodium, qu'on trouve dans l'Inde, au Chili et au Pérou.

7.

Procédé industriel. — On chauffe, dans de grands cylindres en fonte, un mélange d'azotate de sodium et d'acide sulfurique du commerce. Le gaz va se condenser dans de grandes bouteilles ou *bonbonnes* de grès, placées les unes à la suite des autres (fig. 53).

$$SO^4 H^2 + AzO^5 Na = AzO^5 H + SO^4 NaH.$$
Azotate   Sulfate acide
de soude.   de sodium.

$$Na O.AzO^5 + 2SO^5.HO = Na O,HO.2SO^5 + AzO^5.HO.$$
Azotate   *Bisulfate*
de soude.   *de sodium.*

On forme du sulfate acide de sodium et non du sulfate neutre, parce que, pour obtenir ce dernier, il faudrait avoir recours à une température plus élevée, à laquelle une portion de l'acide azotique

Fig. 53.

se décomposerait, pour former du peroxyde d'azote, de l'oxygène et de l'eau.

Procédé des laboratoires. — On chauffe, dans une cornue de verre, des poids égaux d'azotate de potasse et d'acide sulfurique à 66° Baumé; on verse l'acide sulfurique avec un tube à entonnoir, afin qu'il n'en reste pas dans le col de la cornue.

Les vapeurs se condensent dans un ballon de verre refroidi.

Purification. — L'acide azotique du commerce peut contenir un peu d'acide sulfurique, entraîné par la distillation, et une certaine quantité d'acide chlorhydrique provenant de la décomposition du chlorure de sodium, qui accompagne souvent l'azotate de sodium; il peut contenir en outre des vapeurs nitreuses.

On ajoute à l'acide 1 ou 2 centièmes d'azotate de plomb, qui forme du *sulfate* de plomb et du *chlorure* de plomb, insolubles; on distille et on fait passer dans le liquide un courant de gaz carbonique, qui entraîne toute trace de vapeur nitreuse (fig. 54).

On est averti de la fin de l'opération par la réapparition des vapeurs rutilantes, dues à ce qu'on est obligé de chauffer plus fort pour décomposer les dernières portions du nitrate.

Fig. 54.

Propriétés physiques. — L'acide azotique obtenu par le procédé des laboratoires est un liquide incolore; mais il jaunit rapidement à la lumière, par suite de la formation d'une certaine quantité de peroxyde d'azote. — Exposé à l'air, il donne des fumées blanches abondantes.

Densité $= 1,52$ à 20°.

L'acide azotique AzO^5H bout à 86° et marque 48°,5 à l'aréomètre de Baumé; il se solidifie à — 50°.

Acide à 40 pour 100 d'eau (acide quadrihydraté). — L'acide azotique du commerce ne marque que 36° Baumé. Distillé, il abandonne de l'eau; puis, à 123°, l'acide qui passe a pour densité 1,42. L'acide contient alors 40 pour 100 d'eau.

Si, au contraire, on distille un acide contenant moins de 40 pour 100 d'eau, il passe d'abord un acide plus concentré; puis, à 123°, c'est l'hydrate à 40 pour 100, qui se rend dans le récipient.

Affinités. — Sous l'influence de la chaleur et de la lumière, l'acide azotique se décompose en eau et en peroxyde d'azote.

Métalloïdes. — Sous l'influence de la chaleur, l'hydrogène décompose l'acide azotique; il se forme de l'azote et de l'eau.

$$AzO^5H + 5H = Az + 5H^2O$$

L'hydrogène naissant donne du gaz ammoniac et de l'eau,

$$AzO^5H + 8H = AzH^5 + 5H^2O.$$

L'acide azotique est un agent puissant d'oxydation. Il transforme l'iode, le soufre, le phosphore, l'arsenic, en acide iodique, sulfurique..... Un charbon incandescent, plongé dans l'acide azotique concentré, continue d'y brûler, en s'oxydant aux dépens de l'oxygène de l'acide.

L'oxygène, le chlore, le brome et l'azote n'ont pas d'action sur l'acide azotique.

Métaux. — Tous les métaux, sauf l'or et le platine, peuvent être attaqués par l'acide azotique, soit concentré, soit étendu, soit à froid, soit à chaud. — L'étain et l'antimoine forment deux oxydes insolubles; — tous les autres métaux forment des *azotates qui sont tous solubles.*

Avec le fer, on obtient un phénomène singulier : le fer se dissout facilement dans l'acide très étendu, mais il n'est pas attaqué par l'acide monohydraté. De plus, si, après avoir plongé du fer dans l'acide fumant, on le met dans l'acide ordinaire, il ne se dissout pas; il est devenu *passif.* Il suffit de toucher le métal avec un fil de cuivre, de platine ou d'argent, pour que l'acide azotique attaque le fer, en dégageant des vapeurs nitreuses.

Matières organiques. — L'acide azotique décolore l'*indigo;* il colore en jaune la *peau,* la *laine* et la *soie.*

Applications. — On consomme annuellement, en France, environ 5 000 000 kilogrammes d'acide azotique. — Ses emplois dans l'industrie sont des plus variés :

Fabrication de l'acide sulfurique, fabrication des azotates, dérochage du cuivre, gravure sur cuivre, gravure à l'eau-forte.

Teinture de la laine et de la soie; fabrication du coton-poudre, de la nitrobenzine....

Anhydride azotique. — M. Sainte-Claire Deville a obtenu l'anhydride azotique, en faisant réagir le chlore sur l'azotate d'argent chauffé à 60°

$$2AzO^5Ag + Cl^2 = Az^2O^5 + 2AgCl + O.$$

L'anhydride azotique est solide et cristallise en prismes droits à

base rhombe. Il fond à 20°,5 et bout de 48 à 50°, — Il est très instable; en présence de l'eau, il se convertit en acide azotique.

CHAPITRE VII

COMPOSÉS OXYGÉNÉS DU PHOSPHORE.

Les acides du phosphore dérivent des trois anhydrides suivants:

$$Ph^2O \qquad \text{Anhydride hypophosphoreux,}$$
$$Ph^2O^3 \qquad — \quad \text{phosphoreux,}$$
$$Ph^2O^3 \qquad — \quad \text{phosphorique.}$$

On ne connaît pas l'anhydride hypophosphoreux.

Ces anhydrides, en s'assimilant 1, 2 ou 3 molécules d'eau, donnent naissance aux acides suivants :

$$Ph^2O + 3H^2O = 2PhO^2H^3 \qquad \text{Acide hypophosphoreux,}$$
$$Ph^2O^3 + 3H^2O = 2PhO^3H^3 \qquad — \quad \text{phosphoreux.}$$
$$Ph^2O^3 + 3H^2O = 2PhO^4H^3 \qquad — \quad \text{phosphorique.}$$
$$Ph^2O^3 + 2H^2O = Ph^2O^7H^4 \qquad — \quad \text{pyrophosphorique.}$$
$$Ph^2O^3 + H^2O = 2PhO^3H \qquad — \quad \text{métaphosphorique.}$$

Les acides hypophosphoreux, phosphoreux et phosphorique peuvent, comme les acides du chlore, être considérés comme des dérivés de l'hydrogène phosphoré et forment la série

$$Ph\,H^3,$$
$$\cdots\cdots\cdots$$
$$Ph\,H^3O^2,$$
$$Ph\,H^3O^3,$$
$$Ph\,H^3O^4.$$

Le deuxième terme $Ph\,H^3O$ manque.

§ 1. — ACIDE HYPOPHOSPHOREUX $Ph\,O^2H^3$.

Nous avons dit qu'en faisant bouillir le phosphore avec une solution concentrée de baryte on obtient de l'hydrogène phosphoré et
de l'hypophosphite de baryum.

La solution de l'hypophosphite de baryum, traitée par l'acide sulfurique, donne un précipité de sulfate de baryum ; la solution d'acide hypophosphoreux, séparée par la filtration, donne un résidu sirupeux incolore, très acide, qui constitue l'acide hypophosphoreux.

Cet acide, fortement chauffé, se convertit en acide phosphorique, en dégageant de l'hydrogène phosphoré.

$$2\,Ph\,O^2\,H^3 = Ph\,O^4\,H^3 + Ph\,H^3.$$

§ 2. — Acide phosphoreux $Ph\,O^3\,H^3$.

Le phosphore, en s'oxydant à l'air humide, donne un mélange d'acide phosphoreux et d'acide phosphorique.

L'acide pur se produit dans la décomposition du trichlorure de phosphore par l'eau.

$$Ph\,Cl^3 + 3\,H^2O = Ph\,O^3\,H^3 + 3\,HCl.$$

La solution, fortement concentrée, donne, par le refroidissement, de l'acide phosphoreux, sous la forme d'une masse cristallisée, très déliquescente.

Chauffé fortement, cet acide se décompose, comme l'acide hypophosphoreux, en hydrogène phosphoré et en acide phosphorique.

§ 3. — Anhydride phosphorique $Ph^2\,O^5$.

Préparation. — On brûle le phosphore dans un courant d'air sec, dans un ballon à trois tubulures latérales. Le col du ballon est fermé par un bouchon traversé par un large tube qui descend jusqu'au centre du ballon, et porte une petite capsule de porcelaine, reliée au tube par des fils de platine.

On jette dans la capsule de porcelaine des fragments de phosphore que l'on allume au moyen d'un fil rougi et l'on insuffle de l'air par une tubulure latérale, munie d'appareils de dessiccation.— Quand les premières portions de phosphore sont entièrement brûlées, on en jette de nouveaux fragments, de manière que l'opération soit continue. Le phosphore, brûlant dans l'air sec, se transforme en anhydride phosphorique qu'on recueille dans un flacon placé au-dessous de la troisième tubulure.

Propriétés. — L'anhydride phosphorique constitue une masse floconneuse, amorphe, fusible au rouge, qui absorbe avec avidité l'humidité atmosphérique ; l'anhydride tombe alors en déliquescence et se convertit en acide métaphosphorique.

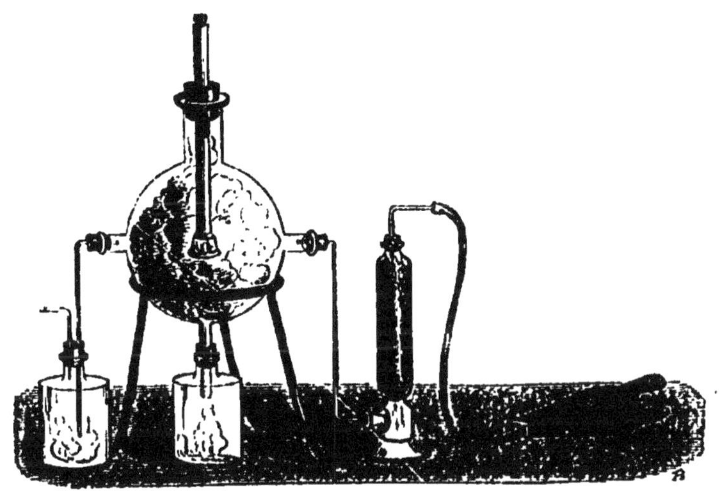

Fig. 55.

Par ébullition avec l'eau, l'anhydride phosphorique donne de l'acide phosphorique :

$$Ph^2 O^5 + 3H^2 O = 2 Ph O^4 H^3.$$

En raison de sa grande affinité pour l'eau, il est souvent employé pour déshydrater les corps, ou leur enlever les éléments de l'eau.

§ 4. — ACIDE PHOSPHORIQUE $Ph O^4 H^3$.

Préparation. — On prépare l'acide phosphorique en oxydant le phosphore avec l'acide azotique.

On chauffe dans une cornue

1 p. de phosphore,
15 p. d'acide azotique étendu.

On *cohobe* plusieurs fois le produit distillé, puis on le concentre, en le chauffant jusqu'à 180°. — La solution, abandonnée sous une cloche, en présence de l'acide sulfurique, fournit des prismes durs et transparents d'acide phosphorique.

Propriétés. — La solution d'acide phosphorique ne coagule pas l'albumine; elle ne précipite ni le chlorure de baryum, ni l'azotate d'argent, ni le chlorure ferrique.

La solution neutralisée par l'ammoniaque, donne les réactions suivantes :

Chlorure de baryum	*précipité blanc;*
Azotate d'argent	— *jaune :*
Chlorure ferrique	— *jaune clair.*

Sous l'influence de la chaleur, l'acide phosphorique peut se transformer, suivant la température, en acide pyrophosphorique ou métaphosphorique.

§ 5. — ACIDE PYROPHOSPHORIQUE $Ph^2O^7H^4$.

L'acide phosphorique, chauffé longtemps à 213°, se convertit en un nouvel acide, qu'on nomme acide *pyrophosphorique.*

Le résidu constitue une masse opaque, demi-cristalline, soluble dans l'eau.

Réactif.—La solution d'acide pyrophosphorique *ne coagule* pas *l'albumine;*

Elle donne avec le nitrate d'argent un précipité blanc.

§ 6. — ACIDE MÉTAPHOSPHORIQUE PhO^3H.

L'acide phosphorique ordinaire, chauffé au rouge, se transforme en acide métaphosphorique; l'anhydride phosphorique donne naissance au même acide, quand on l'additionne d'une petite quantité d'eau.

L'acide métaphosphorique se présente sous la forme d'une masse vitreuse.

Réactif. —La solution d'acide métaphosphorique *coagule l'albumine;*

Elle donne avec le nitrate d'argent un précipité blanc.

CHAPITRE VIII

COMPOSÉS OXYGÉNÉS DE L'ARSENIC.

L'oxygène forme avec l'arsenic deux *anhydrides* :

Anhydride arsénieux As^2O^3;

Anhydride arsénique As^2O^5;

L'anhydrique arsénieux donne naissance à l'acide arsénieux, qui a pour formule

$$As^2O^3 + 3H^2O = 2As\,O^3H^3.$$

L'anhydride arsénique, en s'assimilant 1, 2, 3 mol d'eau, donne des acides analogues à ceux du phosphore

$$As^2O^3 + \quad H^2O = 2As\,O^3H \quad \textit{acide méta-arsénique.}$$
$$As^2O^3 + 2H^2O = \quad As^2O^2H^4 \quad - \quad \textit{pyro-arsénique.}$$
$$As^2O^3 + 3H^2O = 2As\,O^4H^3 \quad - \quad \textit{arsénique.}$$

§ 1. — Anhydride arsénieux As^2O^3.

L'anhydride arsénieux porte vulgairement les noms d'*arsenic*, d'*arsenic blanc*, d'*acide arsénieux*.

Préparation. — On le prépare en Silésie, en faisant griller du *mispikel* ou *sulfoarseniure* de fer. Les vapeurs d'anhydride arsénieux se condensent, sous l'aspect d'une poudre blanche, dans un vaste bâtiment renfermant de nombreuses chambres, qui communiquent les unes avec les autres.

Pour purifier l'anhydride arsénieux, on le sublime, à une température élevée, dans des cylindres en fer. L'acide arsénieux se condense dans des récipients en tôle.

Propriétés physiques. — L'anhydride arsénieux, récemment préparé, se présente sous la forme d'une masse *dure, vitreuse, translucide*, quelquefois même transparente. Au bout de quelque temps, cette masse devient opaque et d'un *blanc laiteux;* l'anhydride présente alors l'aspect de la *porcelaine*. Ce changement d'aspect tient à ce que l'acide arsénieux passe de l'état amorphe à l'état cristallisé; l'acide opaque est formé en effet par une multitude de petits cristaux. — La trituration transforme également l'acide vitreux en acide opaque.

En résumé, l'acide arsénieux est tantôt *amorphe* et *vitreux*, tantôt *cristallisé* et *opaque*.

L'acide arsénieux est peu soluble dans l'eau. La variété vitreuse est plus soluble que la variété opaque; mais la solution, saturée à froid d'acide vitreux, laisse déposer au bout de quelques jours la variété opaque. 1 p. d'acide vitreux se dissout dans 25 p. d'eau à 15°, tandis que 1 p. d'acide opaque exige 80 p. d'eau à la même température.

La solution d'acide arsénieux possède une saveur nauséeuse.

L'arsénite de potassium cristallisé a pour formule $As\,O^3H K^2;$

l'acide arsénieux correspondant doit donc être AsO^3H^3. Mais cet acide n'existe qu'en solution et, quand on veut concentrer celle-ci, il se sépare de l'anhydride et non de l'acide normal.

Affinités. — La solution aqueuse d'anhydride arsénieux a une réaction faiblement acide.

Les agents oxydants, chromate de potassium, acide azotique. . . . transforment l'acide arsénieux en acide arsénique.

L'hydrogène naissant transforme l'acide arsénieux en hydrogène arsénié

$$As^2O^3 + 6H = 3H^2O + 2AsH^3.$$

Réactifs. — Neutralisée par l'ammoniaque, la potasse ou la soude, la solution donne :

Avec les *sels de cuivre*, *un précipité vert pomme* (arsénite de cuivre ou vert de Scheele) ;

Avec les *sels d'argent*, *un précipité jaune serin* (arsénite d'argent).

§ 2. — ACIDE ARSÉNIQUE AsO^4H^3.

Préparation. — L'acide arsénieux, chauffé avec 4 p. d'acide azotique concentré, donne une solution d'acide arsénique. Cette solution, concentrée en consistance sirupeuse et abandonnée à elle-même, donne des cristaux incolores, qui ont pour formule

$$AsO^4H^3 + H^2O.$$

Propriétés physiques. — La solution de ces cristaux est très acide, d'une saveur métallique désagréable; concentrée, elle est caustique et détermine sur la peau la formation d'ulcères douloureux.

Les cristaux fondent à 100°, en perdant leur eau de cristallisation, et il reste une masse formée par des aiguilles fines; c'est l'acide *arsénique normal* AsO^4H^3.

Affinités. — Neutralisé par l'ammoniaque, l'acide arsénique donne :

Avec l'*azotate d'argent*, un *précipité rouge brique* d'arséniate d'argent;

Avec le *sulfate de cuivre*, un *précipité blanc bleuâtre* d'arséniate de cuivre.

L'hydrogène sulfuré donne, avec l'acide arsénique, un précipité jaune de *trisulfure d'arsenic*, mélangé de soufre, mais seulement au bout de quelque temps d'action, et quand on chauffe la solution.

Acides pyro et méta-arséniques.— L'acide arsénique normal, chauffé entre 180° et 190°, perd une molécule d'eau et se convertit en acide *pyro-arsénique*

$$2\,As\,O^4H^3 - H^2O = As^2O^7H^4.$$

Entre 200° et 206° l'acide pyro-arsénique perd une nouvelle molécule d'eau et se transforme en acide *méta-arsénique*

$$As^2O^7H^4 - H^2O = 2\,As\,O\,H^3.$$

Enfin, tous les acides arséniques, chauffés au rouge, donnent une masse blanche amorphe d'*anhydride arsénique*, As^2O^5, qu'une chaleur blanche décompose en acide arsénieux et en oxygène.

§ 3. — Recherche de l'arsenic.

Destruction des matières organiques. — Il arrive rarement qu'on trouve le poison en nature et l'examen direct des substances ne fournit aucun renseignement. Pour procéder à la recherche du poison, il faut d'abord détruire les matières organiques auxquelles il est mélangé.

On a employé successivement l'acide sulfurique, le chlore, l'acide azotique, l'eau régale. A tous ces procédés, nous préférons le suivant, applicable d'ailleurs à la recherche de tous les poisons métalliques.

Les matières suspectes sont introduites dans un ballon de verre, avec un poids à peu près égal d'acide chlorhydrique pur et concentré; le mélange est additionné de la quantité d'eau nécessaire pour que le tout fasse une bouillie claire.

On chauffe le mélange doucement et on ajoute successivement des pincées de chlorate de potassium, jusqu'à ce que la liqueur s'éclaircisse, en devenant jaune, et ne renferme plus en suspension que des débris de tissus décolorés. On continue à chauffer avec un excès de chlorate de potassium et l'on s'arrête, quand l'odeur de chlore a entièrement disparu.

Le composé *arsénical* se trouve en solution à l'état d'acide arsénique. On filtre la liqueur; on lave le résidu avec de l'eau distillée et on concentre le tout au bain-marie.

Appareil de Marsh. — L'appareil de Marsh se compose essentiellement :

1° D'un flacon, à deux tubulures, pour produire de l'hydrogène ;

2° D'un gros tube, plein de ouate, destiné à arrêter les gouttelettes de liquide que pourrait entraîner un dégagement trop rapide du gaz;

3° D'un tube en verre vert, peu fusible, et étiré à la lampe, de manière à produire des étranglements.

1° *Formation des anneaux.* — On adapte, à l'extrémité du tube effilé, un appareil de Liebig, renfermant une solution d'azotate d'argent et on fait passer dans l'appareil un courant d'hydrogène.

Fig. 56. — Appareil de Marsh.

Au moyen d'une lampe à gaz, on chauffe le tube *au rouge*, entre deux étranglements, et l'on s'assure qu'il ne se dépose aucun anneau d'arsenic, ce qui prouve la pureté des réactifs employés. — Cet essai préliminaire doit durer au moins une demi-heure et il faut n'employer qu'une quantité de zinc telle qu'elle se dissolve entièrement.

La pureté des réactifs étant ainsi constatée, on introduit une nouvelle quantité de zinc dans le flacon, puis on y verse, par portions successives, la liqueur où l'on suppose la présence de l'acide arsénique. Si l'acide arsénique existe, on voit se former, un peu en avant de la portion chauffée du tube, *un anneau miroitant d'arsenic.*

Dès qu'on a obtenu un anneau, on chauffe successivement les autres segments de manière à avoir 3 ou plusieurs anneaux différents que l'on pourra ensuite séparer, en coupant le tube dans les étranglements.

L'hydrogène arsénié non décomposé arrive dans la solution d'azotate d'argent où il se décompose et donne de l'acide arsénieux ; une portion de l'argent est précipitée à l'état métallique.

2° *Formation des taches.* — Les anneaux étant formés dans le tube, on détache le tube de Liebig et on allume le jet de gaz qui sort par l'extrémité effilée.

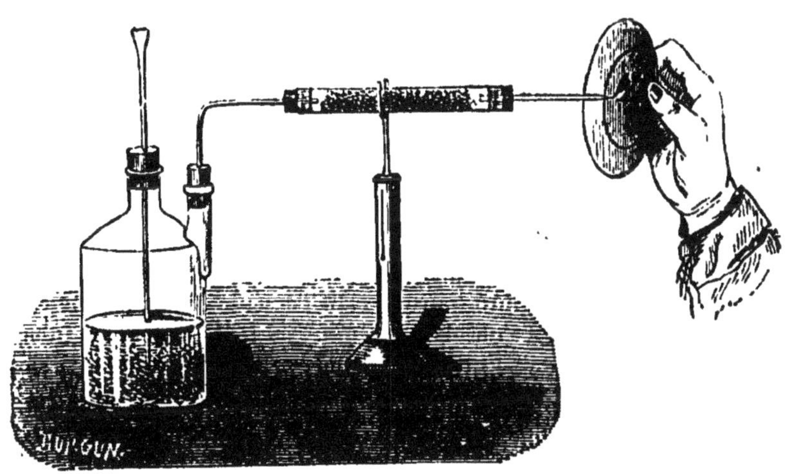

Fig. 57.

On écrase alors la flamme avec une soucoupe de porcelaine froide, et en changeant rapidement la soucoupe de place on peut la recouvrir d'une série de larges *taches d'un brun noir.*

Caractères distinctifs des anneaux. — L'anneau d'arsenic est *brillant et noir.* Si l'on chauffe légèrement cet anneau il se volatilise et va se reformer plus loin.

Soumis à l'action de la chaleur dans un courant d'air l'anneau d'arsenic se convertit en acide arsénieux. On coupe le tube où se trouve l'anneau de manière que ce fragment de tube soit ouvert par les deux bouts et l'on chauffe l'anneau en tenant le tube incliné. On voit alors se former à la partie supérieure du tube un sublimé blanc qui, vu à la loupe, paraît formé de cristaux transparents, tétraédriques d'anhydride arsénieux.

Anneaux d'antimoine. — Les composés oxygénés de l'antimoine se combinent, comme ceux de l'arsenic, avec de l'hydrogène naissant et l'hydrogène antimonié, qui résulte de cette réaction, se dédouble, sous l'influence de la chaleur en *hydrogène* et en *antimoine*.

Les anneaux d'antimoine *ne sont pas volatils; ils se forment dans l'endroit même où le tube est chauffé.*

Réactif. — Deux notions principales suffisent à distinguer les taches et les anneaux d'arsenic de ceux d'antimoine.

1° *Les anneaux et les taches d'arsenic se dissolvent immédiatement dans l'hypochlorite de soude; — les taches antimoniales sont insolubles.*

2° *Les anneaux et les taches d'arsenic, traités par l'acide azotique concentré et évaporés à siccité,* donnent une matière blanche qui, par l'azotate d'argent concentré, prend une *couleur rouge brique* caractéristique; — les *anneaux et taches* de l'antimoine, chauffés avec l'acide azotique concentré, donnent une *poudre blanche* qui est l'acide méta-antimonique.

Séparation de l'arsenic et de l'antimoine. — Cette séparation est surtout nécessaire quand on a administré de l'émétique, pour favoriser les vomissements.

On chauffe légèrement le tube où l'anneau s'est produit, dans un courant d'hydrogène sulfuré qui convertit l'arsenic et l'antimoine en sulfures; — on adapte à l'une des extrémités du tube de verre un tube en caoutchouc dont l'autre extrémité plonge dans l'eau et on fait traverser le tout par un courant de gaz chlorhydrique.

Le sulfure d'antimoine est converti en chlorure; ce chlorure, volatil, se dissout dans l'eau et la présence de l'antimoine est révélée par les réactions qui sont propres à ce corps. — Le sulfure d'arsenic resté dans le tube est traité par l'acide azotique et transformé en acide arsénique, qu'on introduit dans l'appareil de Marsh.

CHAPITRE IX

COMPOSÉS OXYGÉNÉS DU BORE ET DU SILICIUM.

§ 1. — Acide borique BoO^3H^3.

L'anhydride borique correspond à l'anhydride phosphoreux. On a en effet :

$$Bo^2O^3 + 3H^2O = 2BoO^3H^3.$$

Extraction. — L'acide borique, découvert par Homberg en 1702, se trouve, à l'état de biborate de sodium, dans un grand nombre de lacs et de sources minérales. — Longtemps, on l'a extrait du borax des Indes ; aujourd'hui on le retire des *lagoni* (*petits lacs*) de la Toscane.

Le sol volcanique de la Toscane est crevassé d'un grand nombre de fissures, d'où s'échappent sans cesse des jets de gaz et de vapeurs, (*suffioni*) dont la température est d'environ 100°. On construit autour des crevasses, qui laissent échapper les suffioni, de petits bassins garnis intérieurement avec de la glaise et on étage ces bassins les uns au-dessus des autres. — L'eau de source, amenée dans le bassin supérieur, passe successivement dans tous les bassins et dissout dans chacun d'eux une certaine quantité d'acide borique.

Quand la dissolution marque 1°,3 à l'aréomètre de Baumé, on la laisse reposer ; on décante et on évapore dans des chaudières en plomb, chauffées par des suffioni trop pauvres en acide borique pour être utilisés directement.

Purification. — L'acide borique impur, ainsi obtenu, saturé à chaud par le carbonate de soude, donne par évaporation des cristaux de biborate de soude, ou *borax*. — Le borax, traité par l'acide sulfurique, donne de l'acide borique pur.

Propriétés physiques. — L'acide borique pur se présente sous la forme de lamelles brillantes, contenant 48 pour 100 d'eau.

Densité $= 1,48$.

Solubilité.—Il est soluble dans 35 p. d'eau à 10° et 12 p. 1/2 seulement à 100° ; l'acide borique est soluble dans l'alcool.

Action de la chaleur. — Soumis à l'action de la chaleur, l'acide borique devient anhydre au rouge sombre et se prend, par le refroidissement, en une masse vitreuse d'anhydride borique Bo^2O^3.

Affinités. — La solution froide d'acide borique colore le papier bleu de tournesol en rouge vineux ; saturée et à l'ébullition, elle le colore en rouge vif, comme le font les acides énergiques.

La solution alcoolique d'acide borique brûle avec une *flamme verte*.

L'acide borique est chassé de ses dissolutions salines par les acides les plus faibles ; mais, à une température élevée, en raison de sa fixité, il déplace la plupart des acides.

Application. — L'acide borique est surtout employé à la préparation du borax.

Les mèches des bougies sont imprégnées d'une dissolution d'acide borique. Pendant la combustion, l'acide borique se combine aux cendres laissées par la mèche et forme avec elle une petite *perle vitreuse.*

§ 2. — Acide silicique Si O^2.

La silice est une des matières les plus répandues à la surface du globe.

Le *quartz*, ou *cristal de roche*, est de la *silice cristallisée;* la forme générale est celle d'un *prisme à six pans*, surmonté par une pyramide à six faces.

L'*améthyste*, le *quartz enfumé*, ne sont autre chose que du cristal de roche coloré par des oxydes métalliques.

La *silice amorphe*, mêlée d'alumine et d'oxyde de fer, constitue les *sables, les pierres meulières, la pierre à fusil ou silex pyromaque, les agates....*

L'*opale* et l'*hydrophane* sont de la *silice hydratée.*

Préparation. — On fond dans un creuset 4 p. de carbonate de sodium et 1 p. de sable siliceux; on reprend par l'eau bouillante le silicate de sodium ainsi formé et l'on ajoute de l'acide chlorhydrique. La silice hydratée se précipite sous la forme d'une *masse gélatineuse.* On évapore à siccité, puis on chauffe à 100°. Le résidu lavé à l'eau bouillante donne, après dessiccation, une poudre *blanche amorphe,* qui est de la *silice anhydre.*

Propriétés. — La silice anhydre, cristallisée (*quartz*), ronge le verre.

Densité = 2,6.

Infusible au feu de forge, le quartz subit, à une température élevée, la fusion visqueuse.

La silice est irréductible par le charbon et par les métaux, inattaquable par les acides, excepté par l'acide fluorhydrique.

Toutes les variétés de silice se combinent aux alcalis et décomposent les carbonates alcalins, à la température rouge, pour se transformer en silicates.

Applications. — Le quartz cristallisé sert à la fabrication des *verres de lunettes.*

La calcédoine, l'onyx et l'opale sont recherchés par les lapidaires et les graveurs.

CHAPITRE X

COMPOSÉS OXYGÉNÉS DU CARBONE.

On connaît deux composés oxygénés du carbone.

1° *Oxyde de carbone* CO.

2° *Gaz carbonique* CO^2.

Le gaz carbonique n'est autre chose que l'anhydride de l'acide carbonique qui a pour formule

$$CO^2 + H^2O = CO^3 H^2.$$

Cet acide n'a pas été isolé.

En comparant les formules de l'oxyde de carbone et de l'acide carbonique, on peut considérer CO comme un radical, auquel on donne le nom de *carbonyle*, et dont l'acide carbonique serait le *dihydrate*. On a, en effet.

$$CO^3 H^2 = CO \begin{cases} OH \\ OH \end{cases}$$

§ 1. — Oxyde de carbone CO.

Poids moléculaire, 28.

Préparation. — L'oxyde de carbone se forme toutes les fois que le charbon brûle en présence d'une quantité insuffisante d'air.

1° On chauffe dans un ballon de l'acide oxalique avec de l'acide sulfurique.

$$\underset{\substack{\text{Acide} \\ \text{oxalique.}}}{C^2 O^4 H^2} + SO^4 H^2 = (SO^4 H^2 + H^2O) + \underset{\substack{\text{Oxyde} \\ \text{de} \\ \text{carbone.}}}{CO^2} + \underset{\substack{\text{Gaz} \\ \text{carbonique.}}}{CO.}$$

$$\underset{\substack{\text{Acide} \\ \text{oxalique.}}}{C^4 O^6, 6 HO} + 6(SO^3. HO) = 6(SO^3. HO) + 2CO^2 + CO.$$

On fait passer le mélange d'oxyde de carbone et de gaz carbonique, dans un flacon laveur, contenant de la potasse caustique qui retient l'acide carbonique.

2° On fait passer un courant de gaz carbonique sur du charbon chauffé au rouge dans un fourneau à réverbère

$$CO^2 + C = 2CO.$$

Propriétés physiques. — L'oxyde de carbone est un gaz incolore, inodore, permanent.

Densité $= 0,967$; — un litre d'oxyde de carbone pèse $1^{gr},25$.

Solubilité. — Un litre d'eau dissout 33 cc. d'oxyde de carbone à $0°,25$ cc. seulement à $15°$.

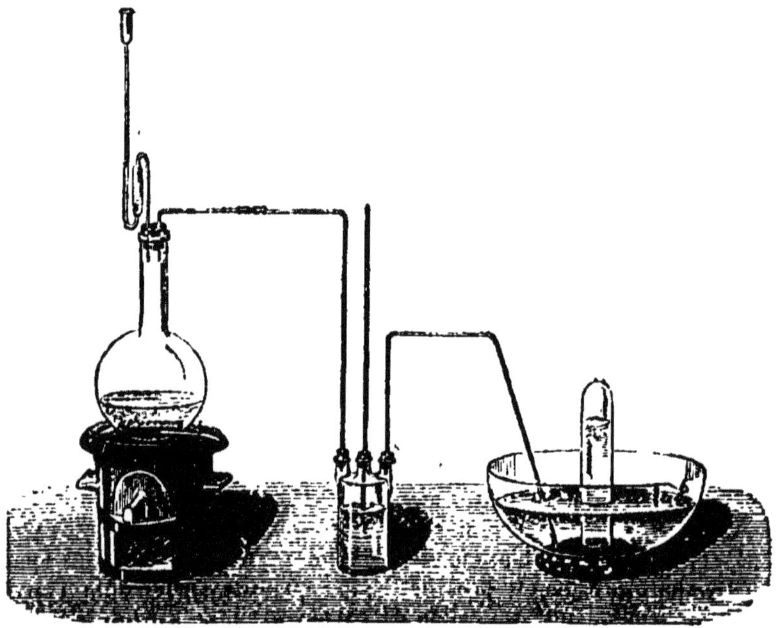

Fig. 58.

L'oxyde de carbone est impropre à la combustion; il est irrespirable et même *délétère.*

Affinités. — L'oxyde de carbone n'a aucune action sur la teinture de tournesol; il ne trouble pas l'eau de chaux. Ces caractères permettent de le distinguer de l'acide carbonique.

L'oxyde de carbone est absorbé par une dissolution de *chlorure cuivreux* dans l'acide chlorhydrique.

Il est combustible et brûle à l'air, avec une flamme bleue, en formant du gaz carbonique.

A une très haute température, l'oxyde de carbone se dissocie et donne du carbone et du gaz carbonique

$$2\,CO = CO^2 + C.$$

Action du chlore. — Sous l'influence de la lumière, l'oxyde de carbone se combine directement avec le *chlore*, et forme un gaz, qu'on appelle *gaz chloroxycarbonique*, ou *chlorure de carbonyle*

$$CO + 2\,Cl = CO\,Cl^2.$$

Applications. — L'oxyde de carbone est utilisé en métallurgie, comme agent réducteur. Le charbon, brûlé au contact de l'air des souffleries, donne d'abord du gaz carbonique ; — ce gaz, au contact du charbon chauffé au rouge, redevient de l'oxyde de carbone ; — enfin, l'oxyde de carbone réduit l'oxyde métallique, en se transformant en acide carbonique.

§ 2. — GAZ CARBONIQUE CO^2.

Poids moléculaire $= 44$.

Le gaz carbonique se rencontre abondamment dans la nature, soit à l'état libre, se dégageant des fissures du sol et des volcans en activité, soit à l'état de carbonates.

Ce gaz est un des produits constants de la fermentation alcoolique, de la respiration et de la combustion des matières carbonées qui servent au chauffage et à l'éclairage. — Nous avons vu que l'air en contient normalement un demi-millième.

Préparation. — Dans les laboratoires et dans l'industrie, on prépare le gaz carbonique en décomposant, par un acide, le carbonate de calcium, si répandu dans la nature (*craie, marbre blanc, pierre à bâtir*).

1° *Marbre et acide chlorhydrique.*

$$\underset{\text{Carbonate}\atop\text{de calcium.}}{CO^3\,Ca} + 2\,HCl = \underset{\text{Chlorure}\atop\text{de calcium.}}{Ca\,Cl^2} + H^2O + CO^2.$$

$$\underset{\text{Carbonate}\atop\text{de chaux.}}{CaO.CO^2} + HCl = \underset{\text{Chlorure}\atop\text{de calcium.}}{CaCl} + HO + CO^2.$$

2° Craie et acide sulfurique.

$$CO^3Ca + SO^4H^2 = SO^4Ca + H^2O + CO^2.$$

Carbonate
de calcium.   Sulfate
de calcium.

$$CaO.CO^2 + SO^3.HO = CaO.SO^3 + HO + CO^2.$$

Carbonate
de chaux.   Sulfate
de chaux.

Le premier procédé est celui des laboratoires ; il a l'avantage de donner naissance à un chlorure de calcium, soluble, de telle sorte

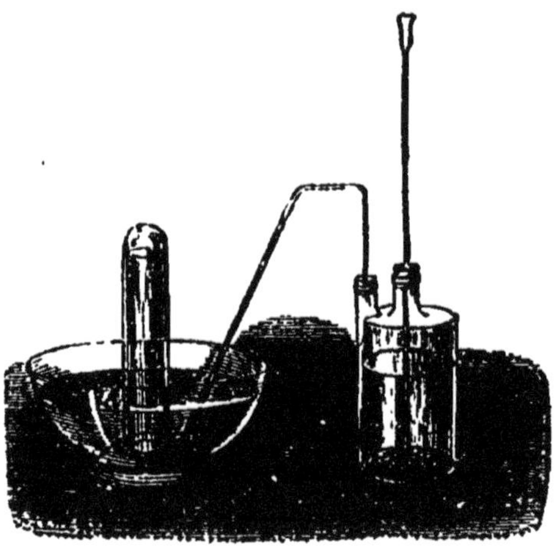

Fig. 59.

que l'action de l'acide chlorhydrique se fait d'une manière continue. — Dans le deuxième procédé, le plus employé dans l'industrie, le sulfate de chaux, très peu soluble, aurait l'inconvénient de se déposer sur la craie et d'arrêter la réaction, si l'on n'avait pas le soin de remuer constamment le mélange, au moyen d'un agitateur mécanique.

Propriétés physiques. — Le gaz carbonique est incolore, d'une odeur piquante ; il donne à l'eau une saveur aigrelette.

Densité $= 1,529$. — Un litre de gaz carbonique pèse $1^{gr}97$. C'est en raison de cette grande densité que le gaz carbonique s'accumule à la partie inférieure de l'atmosphère, comme dans les puits et les cuves où le vin fermente, et généralement dans les espaces clos, ou dans lesquels la ventilation est insuffisante. — Les phénomènes de la *Grotte du Chien*, près de Naples, sont dus à la même cause : l'homme peut pénétrer impunément dans la grotte, tandis que le chien est immédiatement asphyxié.

Solubilité. — L'eau dissout son volume de gaz carbonique, à la température de 15°, sous la pression normale; si la pression augmente, la solubilité augmente dans les mêmes proportions. Ainsi, sous la pression de 10 atmosphères, l'eau dissout toujours 1 litre de gaz carbonique, mais sous cette pression de 10 atmosphères, c'est-à-dire en définitive, 10 litres de gaz sous la pression normale. — Les solutions aqueuses de gaz carbonique colorent en rouge le papier bleu de tournesol; elles sont employées comme boissons rafraîchissantes.

Liquéfaction. — Le gaz carbonique a été liquéfié par Faraday, à 0°, sous la pression de 36 atmosphères. — Le gaz carbonique liquide, en se volatilisant, peut abaisser la température à — 78°; une partie du liquide se solidifie. — Le gaz carbonique solide, mélangé avec de l'éther et placé sous le récipient de la machine pneumatique, peut donner une température de — 110°.

Affinités. — Le gaz carbonique n'est ni comburant, ni combustible; il est impropre à la respiration et à la combustion; une bougie allumée s'y éteint. — Pour rendre respirable une atmosphère chargée de gaz carbonique, on chasse le gaz par la ventilation, ou bien on l'absorbe, en jetant dans l'espace des quantités notables de lait de chaux.

Le gaz carbonique communique à l'eau des propriétés dissolvantes particulières. La solution aqueuse de ce gaz dissout le carbonate de chaux, en le transformant en un bicarbonate soluble; elle peut même dissoudre le phosphate de chaux, qui se trouve transformé en phosphate acide soluble.

Sous l'influence de la chaleur, le gaz carbonique se décompose en oxyde de carbone et en oxygène.

$$CO^2 = CO + O.$$

Cette transformation en oxyde de carbone se fait surtout quand l'acide carbonique rencontre, comme dans les hauts fourneaux, du charbon chauffé au rouge.

$$CO^2 + C = 2CO.$$

Nous avons du reste utilisé cette réaction pour préparer l'oxyde de carbone.

Applications. — C'est l'acide carbonique qui fait mousser le cidre, la bière, le vin de Champagne; on l'emploie constamment pour la fabrication des eaux de Seltz et des limonades gazeuses.

CHAPITRE XI

COMPOSÉS DIVERS.

§ 1. — CHLORURE ET IODURE DE SOUFRE.

Chlorure de soufre. — Lorsqu'on fait passer un courant de chlore sec sur un excès de soufre maintenu en fusion, il distille un liquide mobile, jaune, rougeâtre, d'une odeur infecte, qui est le *chlorure de soufre* $S^2 Cl^2$.

Ce corps, en dissolution dans la benzine avec un excès de soufre, sert à la *vulcanisation* du *caoutchouc*.

Iodure de soufre. — L'iodure de soufre, employé en médecine, se prépare en fondant dans une cornue de verre 4 p. d'iode et 1 p. de soufre. — C'est un mélange et non une combinaison définie, car l'alcool et l'éther lui enlèvent de l'iode.

§ 2. — CHLORURES DE PHOSPHORE.

Trichlorure. — Le chlore dirigé sur du phosphore, doucement chauffé dans une petite cornue, s'y combine immédiatement, avec production de lumière; en même temps, il distille un liquide incolore, bouillant à 78°, qui constitue le *trichlorure* de *phosphore* $Ph Cl^3$.

Traité par l'eau, ce trichlorure donne de l'acide chlorhydrique et de l'acide phosphoreux.

Pentachlorure. — Sous l'influence d'un excès de chlore, le phosphore se transforme en une masse cristalline, blanc jaunâtre, de *pentachlorure de phosphore* $Ph Cl^5$, qui distille à 148°.

Le pentachlorure, traité par l'eau en excès, se transforme en acide chlorhydrique et en acide phosphorique.

$$Ph Cl^5 + 4 H^2 O = Ph O^4 H^3 + 5 H Cl.$$

Abandonné à l'air humide, il donne de l'oxychlorure de phosphore et de l'acide chlorhydrique.

$$Ph Cl^5 + H^2 O = Ph O Cl^3 + 2 H Cl.$$

Les chlorures de phosphore émettent, à la température ordinaire, des vapeurs irritantes qui amènent la suffocation.

§ 3. — CHLORURE ET SULFURES D'ARSENIC.

Chlorure d'arsenic, As Cl³. — On obtient le chlorure d'arsenic, en faisant passer un courant de chlore sec sur de l'arsenic chauffé dans une cornue; le chlorure distille et se rend dans un récipient refroidi. — On le purifie par une nouvelle distillation.

Le chlorure d'arsenic est un liquide très vénéneux, qui bout à 134°, et répand à l'air d'épaisses fumées blanches.

L'eau en excès le décompose en acide chlorhydrique et en anhydride arsénieux.

$$2\,As\,Cl^3 + 3\,H^2O = As^2O^3 + 6H\,Cl.$$

Bisulfure d'arsenic ou **Réalgar**, As² S². — Le réalgar se trouve, à l'état naturel, dans le voisinage des volcans et dans certaines mines de Transylvanie.

On prépare un réalgar artificiel, en fondant dans un creuset :

Arsenic . . . 75 p.;
Soufre . . . . 32 p.

Le réalgar natif se présente sous la forme de prismes rhomboïdaux obliques, *rouges*. Il est insipide, inodore, fusible, volatil, insoluble dans l'eau.

Le réalgar artificiel se présente sous la forme de masse rouge, à *cassure conchoïde ;* il peut cristalliser, quand on le laisse refroidir lentement. — Il renferme toujours 1 à 2 pour 100 d'acide arsénieux, ce qui le rend très vénéneux.

Trisulfure d'arsenic ou **Orpiment**, As² S³. — L'orpiment se trouve en Perse et en Chine, dans certains filons d'argent et de plomb.

On obtient un orpiment artificiel, en sublimant un mélange, en proportions convenables, de soufre et d'anhydride arsénieux, et même en fondant dans un creuset des proportions convenables de soufre et d'anhydride arsénieux.

L'orpiment *natif* est en petites masses d'un *jaune d'or*, composées de lames tendres et flexibles. — Il agit peu sur l'économie.

Le trisulfure d'arsenic artificiel est très toxique; il contient, en effet, une proportion notable d'acide arsénieux.

La solution de l'acide arsénieux dans l'acide chlorhydrique faible donne, avec l'hydrogène sulfuré, un trisulfure d'arsenic, insoluble dans l'eau bouillante, et qui présente la composition de l'orpiment naturel. — Il est très soluble dans l'ammoniaque, ce qui le distingue du sulfure d'antimoine.

Pentasulfure d'arsenic, As^2S^5. — On l'obtient en faisant fondre de l'orpiment avec du soufre.

§ 4. — SULFURE DE CARBONE CS^2.

Le sulfure de carbone a été découvert en 1796, par Lampadius.

Préparation.— On prépare le sulfure de carbone, en faisant passer de la vapeur de soufre sur du charbon incandescent (fig. 60).

Dans l'industrie, on introduit le soufre en fragments dans des vases

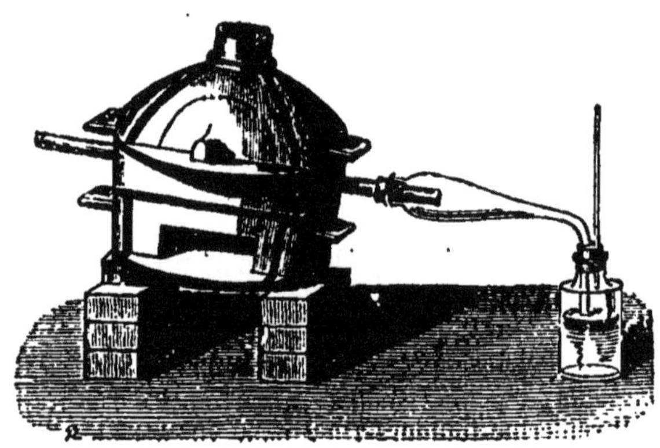

Fig. 60.

cylindriques en fonte, remplis de charbon chauffé au rouge, et les vapeurs de sulfure de carbone sont condensées dans un récipient refroidi.

Propriétés physiques — Le sulfure de carbone est un liquide incolore, très mobile, très réfringent, et doué d'une odeur fétide.

Densité = 1,271, à 15°.

Il bout à 4°5. Il se vaporise très rapidement à l'air, et si l'on fait intervenir la machine pneumatique, la température peut descendre à — 60°. — Il n'a pas été solidifié.

Le sulfure de carbone dissout le *soufre*, l'*iode*, le *phosphore*, et ces corps se déposent, sous forme de cristaux, par l'évaporation lente du liquide. — Il dissout aussi le *caoutchouc* et les matières grasses.

Affinités. — Le sulfure de carbone est très inflammable ; il brûle avec une *flamme bleue*, en formant du gaz sulfureux et du gaz carbonique,

$$CS^2 + 6O = 2SO^3 + CO^2.$$

Mêlée à l'oxygène, sa vapeur produit une forte détonation, au contact de la chaleur rouge.

Applications. — Dans l'industrie, le sulfure de carbone a deux applications principales :

1° On l'emploie pour débarrasser le phosphore rouge du phosphore normal ;

2° Il sert à la *vulcanisation du caoutchouc*. — Cette opération consiste à tremper le caoutchouc dans du sulfure de carbone, contenant en dissolution une certaine quantité de fleur de soufre. Le caoutchouc qui, à l'état normal, durcit quand la température s'abaisse et devient très mou quand la température s'élève, acquiert, dans ce bain, la propriété de rester flexible, même aux plus basses températures.

CHAPITRE XII

CLASSIFICATION DES MÉTALLOIDES.

Dès l'année 1838, M. Dumas, dans ses cours à la Sorbonne, divisa les métalloïdes en *quatre familles naturelles* :

1re *Famille*...... Chlore, Brome, Iode, Fluor.
2e *Famille*...... Oxygène, Soufre, Sélénium, Tellure.
3e *Famille*...... Azote, Phosphore, Arsenic.
4e *Famille*...... Carbone, Silicium, Bore.

L'hydrogène, par l'ensemble de ses propriétés, se rapproche plus des métaux que des métalloïdes et reste en dehors de cette classification.

Nous avons vu qu'il est l'unité à laquelle on rapporte les *équivalents* et les *poids atomiques*.

En commençant l'étude des métalloïdes, nous avons donné une classification reposant sur l'atomicité des divers corps simples. Il est facile de reconnaître que cette classification est identique à celle de M. Dumas.

Nous nous proposons, dans ce dernier chapitre, de montrer comment un ensemble de propriétés communes confirme cette division des métalloïdes en quatre familles naturelles.

I. — HYDROGÈNE.

L'hydrogène ressemble beaucoup plus à un métal qu'à un métalloïde par l'ensemble de ses propriétés :

1° Comme les métaux, il est bon conducteur de la chaleur ;

2° Comme les métaux, il forme avec l'oxygène une combinaison, l'eau, H^2O, qui joue le rôle de base vis-à-vis des acides énergiques. — L'acide sulfurique, avons-nous dit, peut être considéré comme un *sulfate d'hydrogène*.

3° Il forme avec certains métaux, le palladium notamment, un véritable alliage ;

4° Le zinc déplace l'hydrogène de l'acide sulfurique, comme il déplace le cuivre du sulfate de cuivre.

Tout permet donc d'admettre qu'il existe un métal, *gazeux* à la température et sous la pression ordinaires, de même qu'il existe un métal *liquide* à la température ordinaire. Cette hypothèse n'est-elle pas d'ailleurs confirmée par le bruit métallique qu'ont pu percevoir MM. Cailletet et Pictet, dans la solidification partielle de l'hydrogène?

II. — PREMIÈRE FAMILLE.

Chlore, Brome, Iode, Fluor.

Ces quatre corps sont caractérisés par la propriété de former avec l'hydrogène, à volume égal, deux volumes d'un acide énergique, gazeux, fumant à l'air et très soluble dans l'eau. C'est même l'analogie de l'acide fluorhydrique avec l'acide chlorhydrique qui a fait ranger le fluor dans cette famille, bien que ce métalloïde n'ait jamais été isolé.

Partout où l'on trouve des chlorures dans la nature, on rencontre le bromure et l'iodure correspondants. De plus, *les chlorures, les bromures et les iodures sont isomorphes.*

Le phosphore, l'arsenic et l'antimoine brûlent dans les vapeurs de brome et d'iode, comme dans le chlore. — L'action des trois corps sur la matière organique est analogue ; de moins en moins énergique du chlore à l'iode.

L'affinité pour l'oxygène, peu prononcée, augmente en sens inverse, de l'iode au chlore.

Enfin, les chlorure, bromure, iodure d'argent sont insolubles dans les acides, solubles dans l'ammoniaque. — La photographie repose sur la propriété qui leur est commune d'être vivement impressionnés par la lumière.

III. — Deuxième famille.

Oxygène, Soufre, Sélénium, Tellure.

Les métalloïdes de la deuxième famille présentent comme caractère commun la propriété de former avec l'hydrogène des combinaisons faiblement acides, dans la proportion de 1 volume du corps pour 2 volumes d'hydrogène, condensés en 2 volumes. Nous savons d'ailleurs que l'eau, jouant le rôle d'un véritable acide, forme avec certains métaux des *hydrates* qui sont de véritables sels.

Les combinaisons de l'oxygène et du soufre avec le carbone et les métaux présentent la plus grande analogie.

Les acides sulfhydrique, sélénhydrique et tellurhydrique présentent également l'odeur désagréable d'œufs ou de choux pourris.— Les sulfures, les séléniures et les tellurures sont d'ailleurs isomorphes. Enfin, le sélénium et le tellure donnent des gaz, analogues au gaz sulfureux, qui se transforment en acide *sélénique, tellurique,* lesquels donnent des sels amorphes.

IV. — Troisième famille.

Azote, Phosphore, Arsenic.

Comme caractère essentiel, ces trois corps ont la propriété de former avec l'hydrogène, des composés gazeux qui jouent le rôle de *bases* ou de *corps neutres.*

Ce caractère est le seul qui fait [grouper l'azote avec le phosphore et l'arsenic.

Les analogies du phosphore et de l'arsenic sont beaucoup plus mar-
quées :

1° Les phosphates et les arséniates sont *isomorphes* ;

2° Les composés oxygénés ont des formules identiques.

Les métaux, antimoine et bismuth, se rattachent à cette famille.
Nous avons dit, du reste, que M. Wurtz range ces deux métaux au
rang des métalloïdes.

V. — QUATRIÈME FAMILLE.

Carbone, Silicium, Bore.

Ces trois corps sont solides et fixes à la température de nos fourneaux. Ils sont solubles dans les métaux en fusion ; ainsi le carbone
est soluble dans la fonte de fer ; — le silicium, dans l'aluminium et
le zinc ; le bore, dans l'aluminium.

Les acides oxygénés du bore et du silicium, la silice et l'acide
borique, sont fixes ; ils fondent cependant à une température élevée
et donnent avec les alcalis des *matières vitrifiables.*

Le bore qui, par ses propriétés physiques, se rapproche ainsi du
carbone et du silicium, offre, par ses combinaisons, une analogie plus
grande avec l'arsenic et particulièrement avec l'antimoine. — Ainsi, il
forme avec l'oxygène un groupe monoatomique BoO, le *boryle,* qui
sature la crème de tartre, comme le groupe *antimonyle* SbO.

En résumé, le bore est souvent triatomique et devrait former, à lui
seul, une famille intermédiaire entre la 3° et la 4°.

LIVRE III

MÉTAUX

—

Pour les métaux, comme pour les métalloïdes, nous prendrons l'atomicité comme base de la classification. — Le tableau suivant renferme les atomicités des métaux dont nous voulons nous occuper.

Atomicités des principaux métaux.

MONO-ATOMIQUES.	DIATOMIQUES.	DIATOMIQUES OU TRIATOMIQUES.	TRIATOMIQUES.	TÉTRATOMIQUES.
Potassium. K.	Calcium. Ca.	Fer. Fe.	Antimoine. Sb.	Étain. Sn.
Sodium. Na.	Baryum. Ba.	Manganèse. Mn.	Bismuth. Bi.	Platine. Pt.
Argent. Ag.	Strontium. St.	Chrome. Cr.	Or. Au.	
Lithium. Li.	—	—		
Rubidium. Ru.	Magnésium. Mg.	Aluminium. Al.		
Cœsium. Cœ.	Zinc. Zn.			
	Cadmium. Ca.			
	—			
	Plomb. Pb.			
	Cuivre. Cu.			
	Mercure. Hg.			
	—			
	Nickel. Ni.			
	Cobalt. Co.			

CHAPITRE PREMIER

POTASSIUM.

§ 1. — PRODUITS NATURELS.

État naturel. — Le potassium est un des produits dont les combinaisons sont les plus répandues dans la nature. — On le rencontre particulièrement :

1° *Dans les cendres des végétaux terrestres ;*

2° *Dans la lie des vins ;*

3° *Dans les vinasses de betteraves ;*

4° *Dans les laines en suint ;*

5° *Dans l'intérieur de la terre,* où il forme des gisements considérables, soit seul, soit accompagné du *magnésium ;*

6° *Dans les eaux de la mer.*

7° *Dans les cendres de varech.*

Le *carbonate de potassium* prédomine dans les quatre premiers produits ; le *chlorure de potassium* dans les trois autres.

Enfin, on recueille constamment l'*azotate de potassium* à la surface des terres arables des pays chauds (*Inde, Égypte*).

Potasses du commerce. — On désigne communément sous le nom de *potasses* les carbonates de potassium impurs, qu'on retire des produits ci-dessus, par les procédés suivants :

(*a*) *Potasse des végétaux terrestres.* — A l'état de silicate, le potassium se trouve dans le feldspath, qui constitue les roches granitiques. Ces roches, désagrégées, forment la plus grande partie de la terre arable ; de là, la présence des combinaisons salines du potassium dans la racine et dans la tige des végétaux terrestres.

Les plantes, desséchées à l'air, sont brûlées dans des fosses de 1 mètre de profondeur ou sur des aires, à l'abri du vent. Les cendres provenant de cette combustion sont épuisées par l'eau, et on continue l'opération jusqu'à ce que la liqueur marque 15° *Baumé.* — Cette liqueur, évaporée à siccité, donne un résidu de couleur brune, qui constitue le *salin.*

On calcine le salin, au contact de l'air, pour détruire les dernières traces de matières organiques, et on obtient un produit grisâtre, qu'on appelle, suivant son origine, *potasse d'Amérique*, de *Russie* ou des *Vosges*. — Si les matières organiques ont été bien brûlées, les potasses sont blanches et prennent le nom de *potasses perlasses*.

Les plantes herbacées qui couvrent les immenses steppes de la Russie, les broussailles que fournit l'exploitation des forêts de l'Allemagne ou des Vosges, sont utilisées pour cette fabrication.

(*b*) *Potasse de la lie des vins.* — La lie des vins contient de la crème de tartre, ou *tartrate acide de potassium*. Cette lie, égouttée, comprimée et séchée, est incinérée sur une aire plane. — Les cendres ainsi obtenues, lessivées, donnent du carbonate de potassium, à peu près pur, qui a reçu le nom de *sel de tartre*.

(*c*) *Potasse des vinasses.* — On donne le nom de *vinasse* au résidu de la distillation des mélasses. Ce résidu, évaporé et calciné, donne le *salin de betterave*, qui présente sensiblement la composition suivante :

```
Carbonate de potassium . . . . . . . .   52 p.
Chlorure de potassium . . . . . . . .    20
Carbonate de sodium . . . . . . . . .    18
Sulfate de potassium . . . . . . . . .    4
Matières insolubles . . . . . . . . . .   26
                                         ———
                                         100 p.
```

(*d*) *Potasse du suint.* — On lave à froid les *laines en suint*; on évapore à siccité et on calcine le résidu. Le produit ainsi obtenu, traité par l'eau, donne du carbonate de potassium, exempt de sodium.

1000 kilogrammes de laine peuvent donner 75 kilog. de carbonate de potassium.

Raffinage des potasses. — Les potasses des cendres des végétaux, comme celles des vinasses, contiennent du carbonate de potassium, du sulfate de potassium et du chlorure de potassium; — on y trouve aussi des traces de silicate de potassium.

On raffine les *potasses brutes*, en les traitant, à froid, par leur poids d'eau; le carbonate se dissout à peu près seul, parce que le chlorure et le sulfate sont très peu solubles dans une dissolution de carbonate de potassium.

On a, par évaporation, une *potasse* renfermant 68 à 71 pour 100 de carbonate de potassium.

Chlorures de potassium naturels. — Le chlorure de potas-

sium, avons-nous dit, constitue la plus grande partie des trois derniers produits naturels cités plus haut.

(*a*) *Chlorure des gisements.* — On trouve dans les mines de Stass-
fürt, en Prusse, un *chlorure double de potassium et de magnésium,*
dont la composition paraît être la suivante :

Chlorure de potassium. . . . .   16 p.
    —   de magnésium.   20
    —   de sodium   25
Sulfate de magnésie.   10
Eau et substances insolubles   29
                               100 p.

La masse saline, dissoute dans l'eau bouillante et filtrée, donne, par
cristallisation, du chlorure de potassium, mélangé de chlorure de
sodium et de chlorure de magnésium. — Le lavage à l'eau froide
enlève le chlorure de magnésium.

(*b*) *Chlorure des eaux mères des marais salants.* — Les eaux de la
Méditerranée, qui sont plus particulièrement exploitées au moyen des
marais salants, présentent la composition suivante :

Chlorure de sodium   27,2
    —   de potassium   0,1
    —   de magnésium   6,1
Sulfate de magnésium   7,6
    —   de calcium   0,2
Carbonate de calcium et magnésium.   0,2
    —   de potassium   0,2
Iodures et bromures (traces).
Eau.   958,4
                              1000,0

Les eaux mères des marais salants amenées à — 18°, au moyen
des appareils de Carré, laissent déposer le sulfate de sodium, et il
reste dans la liqueur un chlorure double de potassium et de magnésium.

$$2\,NaCl + SO^4Mg = MgCl^2 + So^4Na^2.$$
Sulfate
de magnésium.   Sulfate
de soude.

$$NaCl + MgO.SO^3 = MgCl + NaO.SO^3.$$
Sulfate
de magnésie.   Sulfate
de soude.

Le chlorure double, lavé avec la moitié de son poids d'eau froide,
laisse du chlorure de potassium à peu près pur.

(c) Chlorure des cendres de varechs. — Les cendres, provenant de l'incinération des varechs, présentent la composition suivante :

Chlorure de sodium	16,03
— de potassium	13,18
Sulfate de potassium.	10,20
Iode	0,60
Brome et sels divers	2,70
Matières insolubles	57
	100,00

Ces cendres, épuisées par l'eau, donnent une dissolution marquant 18° à l'aréomètre de Baumé et contenant à peu près tout le chlorure de potassium, le chlorure de sodium, les bromures et les iodures. Cette dissolution, concentrée à chaud à 35° *Baumé*, laisse déposer le chlorure de sodium ; puis, par le refroidissement, le chlorure de potassium. — Ce sont les eaux mères qui servent à l'extraction de l'iode et du brome.

§ 2. — POTASSE CAUSTIQUE OU HYDRATE DE POTASSIUM KHO.

Potasse à la chaux. — Sous le nom de *potasse caustique* on désigne communément le produit obtenu en faisant réagir la chaux sur la *potasse du commerce*.

L'opération se fait de la manière suivante :

Dans une dissolution bouillante de *potasse perlasse* on ajoute peu à peu un lait de chaux, en ayant soin de remplacer l'eau qui s'évapore pour maintenir la dissolution suffisamment étendue. Il se forme un carbonate de chaux, insoluble, et la potasse reste en dissolution.

On ajoute le lait de chaux jusqu'à ce qu'une petite portion de la liqueur, mise à part et refroidie, ne donne plus d'effervescence avec les acides. — La liqueur, abandonnée à elle-même, laisse déposer le carbonate de calcium.

On décante, on évapore rapidement à siccité, on donne un coup de feu, pour faire subir au mélange la fusion ignée, et on coule sur des *plaques de cuivre*. — Le produit se solidifie par le refroidissement et se présente sous la forme de plaques blanches, qui constituent la *potasse à la chaux*.

Pour avoir la *pierre à cautères*, on coule la potasse à la chaux dans des lingotières où elle prend la forme de cylindres.

Potasse à l'alcool. — La potasse à la chaux est mélangée d'un peu de chaux et des différents sels : *sulfate, chlorure de potassium...,* que renferme la potasse perlasse. — On sépare ces sels au moyen de l'alcool.

La potasse huileuse, à moitié refroidie, est dissoute dans l'alcool. Il se forme deux couches : l'une, aqueuse, inférieure, renferme les sels étrangers ; l'autre, supérieure, est une solution alcoolique de potasse pure.

On décante, on distille pour retirer l'alcool, et on évapore le résidu dans une bassine d'argent. A la fin de l'opération, on fait subir à la masse la fusion ignée, et on coule soit en *pastilles*, soit en *cylindres*.

La potasse ainsi obtenue est la *potasse à l'alcool;* elle contient une petite quantité de carbonate de potasse, formé pendant l'évaporation.

Propriétés. — La potasse caustique pure est une combinaison de l'oxyde de potassium avec l'eau, ou plutôt une combinaison du potassium avec l'eau, c'est-à-dire l'*hydrate de potassium.*

On a, en effet,

$$K^2O + H^2O = 2KHO.$$

Ou plus simplement

$$2H^2O + 2K = 2KHO + 2H.$$

La potasse caustique, récemment fondue, se présente en fragments blancs opaques, à cassure fibreuse, fusibles au rouge sombre.

Elle est très soluble dans l'eau et s'y dissout en dégageant de la chaleur. Sa solution chaude et concentrée laisse déposer des rhomboèdres qui ont pour formule

$$KHO + 2H^2O.$$

Au contact de l'air, la potasse attire l'humidité et le gaz carbonique et tombe en déliquescence.

La potasse est décomposée, au rouge blanc, par le fer et par le charbon (*Thénard et Gay-Lussac*).

Applications. — La potasse est employée en médecine comme *caustique,* soit pour pratiquer un cautère, soit pour détruire certains produits morbides.

La potasse caustique, à cause de sa déliquescence, coule souvent sur la peau et donne des escarres mal circonscrites. On lui préfère souvent le *caustique de Vienne*, mélange pulvérulent formé de parties égales de potasse caustique et de chaux vive.

Les mêmes corps, mélangés dans des proportions différentes, fondus et coulés dans un tube en plomb, constituent le *caustique de Filhos*.

Les lessives de potasse servent à préparer les savons *mous*, ou *savons de potasse*.

§ 5. — EXTRACTION DU POTASSIUM.

Découverte du potassium. — Le potassium a été découvert par Davy, en 1807.

Jusqu'au commencement du siècle, la potasse a été regardée comme un corps simple. Davy eut l'idée de soumettre ce corps à l'action du courant électrique, et il donna à l'expérience la disposition suivante :

Une plaque de potasse caustique, légèrement imbibée d'eau, et creusée d'une cavité qu'on remplit de mercure, est placée sur une lame de platine. — Le pôle négatif d'une pile plongeant dans le mercure et le pôle positif étant en rapport avec la lame de platine, on voit bientôt le mercure gonfler et devenir un *amalgame de potassium*.

En chauffant cet amalgame, dans un courant d'hydrogène sec, on obtient, comme résidu, un globule de potassium.

Procédé de Brunner. — Ce procédé, modifié successivement par MM. Mareska et Donny, et surtout par Sainte-Claire Deville, consiste à chauffer, au rouge blanc, un mélange de carbonate de potassium, de charbon et de craie ; le carbonate de calcium empêche la masse de fondre et fournit de l'acide carbonique qui facilite la distillation du métal.

$$CO^3 K^2 + 2 C = 2 K + 2 CO.$$

$$KO.CO^3 + 2 C = K + 5 CO.$$

L'opération se fait dans des cylindres de fer, et le potassium qui distille se rend dans un récipient en tôle, d'où il s'écoule dans un vase renfermant de l'huile de naphte.

Propriétés. — Le potassium est un métal d'un *blanc d'argent, brillant, mou comme de la cire.*

Densité = 0,865.

Il fond à 62°,5 et donne, au-dessous du rouge, de belles vapeurs vertes.

Au contact de l'air, il se ternit et se convertit en potasse; aussi le conserve-t-on dans l'huile de naphte.

Le potassium décompose l'eau à la température ordinaire, et se transforme en *hydrate de potassium*; l'hydrogène se dégage. La réaction est tellement énergique que l'hydrogène s'enflamme. Le potassium brûle, en tournoyant sur l'eau, sous l'influence du gaz qui se dégage. Quand ce dégagement cesse, le globule de potasse vient au contact de l'eau et, comme il est chauffé au rouge, il amène la formation instantanée d'une certaine quantité de vapeur d'eau qui fait éclater le fragment de potasse et le projette de tous côtés. — Telle est la cause de la petite explosion qu'on observe à la fin de l'expérience.

CHAPITRE II

SODIUM.

§ 1. — PRODUITS NATURELS.

État naturel.— A l'état d'*azotate*, le sodium forme, au Chili, des bancs considérables, qui sont utilisés uniquement pour la fabrication de l'acide azotique.— Le véritable *produit industriel* du sodium est le *chlorure*.

Le *chlorure de sodium*, appelé vulgairement *sel*, forme dans le sol de certaines contrées des gisements considérables; il prend alors le nom de *sel gemme*. On l'obtient encore en évaporant les eaux de certaines sources salées et les eaux de la mer; le nom de *sel marin* est appliqué indistinctement au sel provenant de cette double origine.

Extraction du sel gemme. — Les gisements de sel gemme les plus importants en Europe sont ceux de Wieliczka, près de Cracovie; ils sont exploités depuis le treizième siècle, et occupent une longueur de 200 lieues, sur une largeur qui atteint jusqu'à 40 lieues. — En France, on exploite les gisements de Dieuze et de Vic (Meurthe-et-Moselle), de Dax (Landes).

On extrait le sel gemme comme les pierres des carrières, soit à ciel ouvert, soit au moyen de galeries souterraines. On pulvérise le sel sous les meules pour le livrer à la consommation.

Le sel gemme est souvent coloré par des oxydes métalliques ou des matières organiques en *brun*, en *rouge*, en *violet* : quelquefois il est mélangé de matières terreuses. On le purifie alors par dissolution, décantation et cristallisation.

Le sel des mines de Souabe, de la Bavière et du Wurtemberg est mêlé de matières étrangères. On opère la dissolution dans la mine même, en y faisant arriver l'eau des sources voisines. Au bout de 24 heures, l'eau saturée de sel est amenée à la surface du sol, au moyen de pompes aspirantes ; on évapore dans des chaudières et on obtient ainsi le sel cristallisé.

Évaporation des eaux provenant des sources salées. — Les sources salées sont généralement peu riches en sel et ne pourraient être avantageusement concentrées par la chaleur. On a imaginé de provoquer une évaporation sur une large surface, en faisant couler l'eau sur des fagots d'épines disposés en forme de murailles très hautes, placées sous des hangars ouverts de tous côtés, et connus sous le nom de *bâtiments de graduation*. — Ces murailles ont une longueur de 300 à 400 mètres, une largeur de 5 à 6 mètres et une hauteur de 12 à 15 mètres. Elles sont perpendiculairement au vent dominant de la contrée.

L'eau peut être par ce moyen concentrée de manière à marquer 25° *Baumé*; elle renferme alors 20 à 22 pour 100 de chlorure de sodium.

On achève l'évaporation dans des chaudières larges et peu profondes. Il se sépare d'abord un sulfate double de sodium et de calcium, désigné sous le nom de *schlot*. On décante la solution dans de nouvelles chaudières pour terminer l'évaporation, et le sel se dépose.

Le schlot, traité par l'eau chaude, se dédouble en sulfate de chaux insoluble et en sulfate de soude qui cristallise et qu'on livre au commerce.

Marais salants. — Sous le nom de *marais salants*, on désigne un ensemble de larges bassins, dans lesquels se fait l'évaporation de l'eau de la mer.

L'eau de la mer est d'abord amenée dans un large bassin, peu profond, où elle abandonne les matières tenues en suspension; de là, elle s'écoule dans une suite de bassins rectangulaires où, en se concentrant peu à peu, elle abandonne du carbonate de chaux.

Quand l'eau marque 15° à l'aréomètre de Baumé, on la conduit dans de nouveaux bassins où l'évaporation continue. Quand la concentration atteint 18°, le sulfate de chaux se dépose.

9.

Enfin, quand l'eau marque 24° *Baumé*, on la fait passer dans de très petits bassins appelés *tables salantes* ou *sonnantes*, dans lesquels le sel se dépose.

On réunit le sel en tas et on le laisse s'égoutter; le chlorure de magnésium déliquescent est peu à peu entraîné, et le sel est alors assez pur pour pouvoir être livré au commerce. Il contient 95 p. 100 environ de chlorure de sodium.

Eaux mères. — Nous avons vu déjà que les eaux mères, amenées à —18° au moyen d'appareils Carré, laissent déposer le sulfate de sodium, et que le chlorure double de potassium et de magnésium, resté dans l'eau mère du sulfate de sodium, donne lui-même du *chlorure de potassium* à peu près pur.

§ 2. — SOUDES.

Le commerce désigne sous le nom de *soudes,* des *carbonates de sodium impurs* qu'on distingue, d'après le mode de préparation, en *soudes naturelles* et *soudes artificielles.*

Soudes naturelles. — Les *barilles,* les *salsolas,* qui croissent sur les côtes d'Espagne, les *salicors,* qu'on trouve sur les côtes du Languedoc et de la Provence, contiennent une assez grande quantité de sodium combiné avec les acides organiques et, en particulier, avec l'acide oxalique. L'incinération de ces végétaux donne la soude naturelle du commerce.

Les cendres des fucus et des varechs qui sont recueillis sur les côtes de Normandie et de Bretagne sont appelées, à tort, *soudes de varechs,* car elles renferment très peu de carbonate de sodium.—Nous avons vu qu'elles sont principalement composées de chlorure de sodium, de sulfate et de chlorure de potassium, et d'un peu d'iodure et de bromure alcalins.

Soudes artificielles. — Jusqu'à la fin du siècle dernier, toutes les soudes du commerce étaient fournies par l'Espagne; les soudes d'*Alicante* et de *Malaga* étaient particulièrement estimées : elles contenaient de 20 à 25 pour 100 de carbonate de sodium.

Quand la France, en guerre avec l'Europe entière, fut privée des soudes d'Espagne, la Convention fit appel aux chimistes français, et *Nicolas Leblanc* eut l'honneur d'affranchir notre industrie du tribut payé à l'Espagne, en transformant le chlorure de sodium en soude, par un procédé qui a conservé son nom et qui est encore en usage aujourd'hui.

Procédé de Leblanc. — On commence par transformer le chlorure de sodium en sulfate. Nous avons vu que, dans cette réaction, il se dégage de l'acide chlorhydrique.

$$2\,Na\,Cl + SO^4H^3 = SO^3\,Na^2 + 2\,HCl.$$

Le sulfate de sodium, ainsi obtenu, mélangé intimement avec de la craie et de la houille, est chauffé dans un fourneau à réverbère à voûte surbaissée; à la température rouge, la masse se ramollit et prend une consistance pâteuse. Après 4 ou 5 heures de calcination, le mélange demi-fluide est brassé, ramassé à l'aide de râteaux de fer et recueilli dans des caisses de tôle où il se refroidit.

La réaction est exprimée par l'équation suivante :

$$SO^4\,Na^2 + CO^3\,Ca + 4\,C = CO^3\,Ca + Ca\,S + 4\,CO.$$

$$Ca\,O.\,CO^2 + Na\,O.\,SO^3 + 2\,C = Ca\,S + 2\,CO^2 + Na\,O.\,CO.$$

Le produit de cette opération, *soude artificielle brute*, est en masse d'un gris bleuâtre ; il renferme 35 à 40 pour 100 de carbonate de sodium. On l'utilise directement dans la fabrication du *verre à bouteille* et des *savons*.

Sel de soude. — La soude brute, concassée, est soumise à un lessivage méthodique; l'eau dissout le carbonate de sodium et laisse à l'état insoluble le sulfure de calcium, qui reste mélangé avec la chaux provenant de la décomposition de l'excès de craie. On décante et on fait évaporer à siccité. — Le produit contient 70 à 80 pour 100 de carbonate de sodium; il est livré au commerce sous le nom de *sel de soude*.

Lorsqu'on abandonne à elles-mêmes les lessives convenablement concentrées, elles laissent déposer ce qu'on nomme des *cristaux de soude*.

En faisant subir au sel de soude des cristallisations successives, on obtient le carbonate de sodium pur, qui a pour formule

$$CO^3\,Na^2 + 10\,H^2O.$$

Ce sel cristallise en gros prismes rhomboïdaux, transparents, *efflorescents*. Chauffés, ils fondent dans leur eau de cristallisation ; au rouge le sel subit la fusion ignée, sans se décomposer.

Applications. — Le carbonate de soude sert au blanchiment du fil et du coton; traité par la chaux, il donne la solution de soude caustique, employée pour la fabrication des savons et appelée *lessive des savonniers*.

On emploie annuellement en France 230 millions de kilogrammes de sel de soude; l'Angleterre en consomme 322 millions.

§ 3. — Extraction du sodium.

Le sodium, découvert par Humphry Davy, en même temps que le potassium, s'obtient par les mêmes procédés.

On le prépare, en chauffant au rouge le carbonate de sodium avec de la craie et du charbon. Grâce aux perfectionnements apportés par M. Deville, le sodium, qui coûtait de 800 fr. à 1000 fr. le kilogramme en 1853, ne revient plus aujourd'hui qu'à 8 francs.

Propriétés. — Le sodium est solide, mou et malléable comme la cire, à la température ordinaire; il est dur et cassant au-dessous de 0°. Récemment coupé, le sodium est d'un blanc d'argent; il se ternit rapidement à l'air, en se couvrant d'une couche de soude qui le préserve contre une oxydation plus profonde. Il n'est pas essentiel de le conserver dans l'huile de naphte.

Densité $= 0,97$.

Le sodium fond à 95°; — il bout au rouge.

Par ses propriétés, le sodium se rapproche du potassium.

Le sodium est moins oxydable que le potassium ; il peut être fondu et coulé au contact de l'air, sans prendre feu.

Il décompose l'eau, moins énergiquement que le potassium, et la chaleur produite n'est pas suffisante pour enflammer l'hydrogène dégagé. Mais si l'on enveloppe le sodium dans du papier, ou qu'on le fixe sur un corps, de manière à ce qu'il ne puisse courir à la surface de l'eau où il se refroidirait, il décompose l'eau avec flamme, comme le potassium.

Applications. — La plus grande partie du sodium est appliquée à la préparation industrielle du magnésium et de l'aluminium.

CHAPITRE III

ARGENT.

État naturel. — L'argent natif est assez rare. Les minerais exploités sont le *chlorure*, le *sulfure* et le *sulfo-antimoniure*.

L'argent se rencontre, également, mélangé aux minerais de cuivre et de plomb; — on extrait une quantité notable de ce métal, du *plomb argentifère*.

Les mines d'argent les plus riches sont celles du Mexique, du Pérou et du Chili, en Amérique; celles de Saxe et de Norvége, en Europe.

§ 1. — MÉTALLURGIE DE L'ARGENT.

Deux méthodes principales sont usitées pour retirer l'argent de ses minerais : la *méthode saxonne* et la *méthode américaine*. Nous décrirons ensuite le procédé de coupellation, qui permet de retirer l'argent du plomb argentifère.

Méthode saxonne ou de Freiberg. — Le minerai renferme du sulfure de fer, du sulfure de cuivre et du sulfure d'argent. Ce minerai, réduit en poudre et mélangé avec 10 pour 100 de chlorure de sodium, est soumis au grillage, dans un four à réverbère. — *Les sulfures se convertissent en sulfates et ceux-ci, réagissant sur le chlorure de sodium, donnent du sulfate de sodium et des chlorures de cuivre, de fer et d'argent.*

Après le grillage, le minerai est passé au crible et introduit dans de grands tonneaux, avec de l'eau et des lames de fer forgé; ces tonneaux peuvent tourner autour d'un axe central. — *Le fer* décompose le *chlorure d'argent*, forme du *chlorure de fer* et met *l'argent* en liberté.

Après une heure de rotation, on verse du mercure et on fait tourner de nouveau; le mercure rassemble l'argent disséminé; on soutire le mercure et on filtre 'sur des toiles; il reste un amalgame, solide, contenant 17 à 18 pour 100 d'argent.

L'amalgame, distillé, donne un résidu d'argent impur, contenant 28 pour 100 de cuivre et 3 pour 100 d'autres métaux. On fond cet argent impur, dans un four à réverbère, au milieu d'un courant d'air; les métaux étrangers sont transformés en oxydes qui sont absorbés par la sole du four, et l'argent, ne contenant plus que 25 pour 100 de cuivre, est livré au commerce.

Méthode américaine. — Au Mexique et au Chili, le minerai est constitué par du sulfo-arséniure et du sulfo-antimoniure d'argent, mêlé de chlorure d'argent et d'argent natif, le tout disséminé dans une gangue de silice, d'oxyde de fer et de carbonate de chaux.

Le minerai, réduit en poudre impalpable, est mélangé à du sel marin et à de la pyrite de cuivre grillée à l'air (*magistral*). On fait piétiner ce mélange par des mules sur une aire circulaire pavée de dalles inclinées. Il se forme alors du sulfate de soude et du *chlorure de cuivre*; le chlorure de cuivre, réagisssant sur le sulfate d'argent, donne du *sulfure de cuivre* et du *chlorure d'argent*. Le chlorure d'argent est dissous dans un excès de sel marin.

On ajoute alors du mercure, successivement, jusqu'à ce qu'on ait employé 7 à 8 p. de mercure pour 1 p. d'argent à extraire. — Par le piétinement des mules, on obtient du *chlorure de mercure* et de *l'amalgame d'argent*. L'opération dure quelques mois.

On lave la masse à grande eau; on sépare toutes les boues et l'on recueille un amalgame riche en argent. On retire l'argent, en faisant volatiliser le mercure.

Coupellation du plomb argentifère. — La galène ou sulfure de plomb est souvent mélangée de petites quantités de sulfure d'argent; le plomb métallique que fournit cette galène renferme de l'ar-

Fig. 61. — Appareil de coupellation.

gent qu'il est avantageux de retirer, quand la proportion s'élève à 1 gramme par 5 kilogrammes. Le plomb argentifère a reçu le nom de *plomb d'œuvre*.

La séparation de l'argent se compose de deux opérations :

1° *Liquation*. — On fait fondre le plomb d'œuvre, puis on le laisse refroidir lentement, le plomb cristallise le premier et la partie liquide contient un plomb plus riche en argent. Plusieurs fusions et refroidissements successifs donnent un alliage de plus en plus riche. — On peut ainsi obtenir un alliage contenant de 12 à 14 pour 100 de plomb.

2° *Coupellation.* — La deuxième opération est basée sur ce fait que l'argent est inoxydable à la température de sa fusion, tandis que le plomb se convertit en un oxyde très fusible et qui, fondu, dissout les oxydes peu fusibles, comme l'oxyde de cuivre.

Le fourneau de coupelle se compose d'une sole, concave, recouverte d'une couche d'argile bien tassée et d'un couvercle en tôle qu'on abaisse à volonté. Quand le plomb introduit est en pleine fusion, on dirige à sa surface un vif courant d'air. Le plomb s'oxyde et se convertit en litharge fondue. On entaille alors la paroi de la coupelle, de manière à ce que la litharge fondue coule par cette rigole; l'entaille n'atteint jamais la couche d'argent fondu; de telle sorte que la litharge, poussée par le courant d'air, s'écoule seule. — Au moment où les dernières portions de la litharge ne forment plus qu'une couche mince à la surface du métal, cette couche se déchire, comme un voile, et l'on voit apparaître, brillant, l'argent en fusion; on donne à ce phénomène le nom d'*éclair*.

§ 2. — ARGENT PUR.

Préparation. — L'argent de coupelle renferme encore du cuivre et du plomb; on le purifie par une nouvelle coupellation.

Dans les laboratoires on obtient l'argent pur de la manière suivante :

On dissout l'argent des monnaies dans l'acide azotique; on filtre, on évapore à siccité et on donne un coup de feu; l'azotate d'argent fond, l'azotate de cuivre est transformé en oxyde de cuivre; on reprend par l'eau et on filtre. — La dissolution d'azotate d'argent pur ainsi obtenue est précipitée par le sel marin; le chlorure d'argent, ainsi obtenu, lavé et séché, est fondu au rouge vif avec du charbon et de la craie. L'argent se rassemble en culot au fond du creuset, que l'on casse après refroidissement.

La réaction est représentée par l'équation suivante :

$$2\,AgCl + CO^3Ca + C^2 = CO + CO + CaCl^2 + 2\,Ag.$$

Chlorure   Chlorure
d'argent.   de calcium.

$$AgCl + CaO.\,CO^2 + C = CaCl + CO + CO^2 + Ag.$$

Propriétés physiques. —· L'argent est un métal blanc, susceptible d'un beau poli ; à l'état divisé, il constitue une poudre d'un
gris clair, devenant brillante par le brunissoir. — Dans la nature,
on le trouve cristallisé sous la forme de cube, d'octaèdre, ou de
dodécaèdre.

L'argent est inodore et insipide. Sa dureté est comprise entre celle
du cuivre et de l'or. Il occupe le second rang, sous le rapport de la
malléabilité et de la ductilité. Il peut être réduit en feuilles de
3 millièmes de millimètres d'épaisseur ; 5 centigrammes d'argent
fournissent un fil de 150 mètres de long. Un fil de 1 millimètre
carré de section se rompt sous l'action d'un poids de 28 kilogrammes

Densité $= 10,50$.

Il fond vers 1000° environ, en émettant des vapeurs verdâtres.
Fondu à l'air, il dissout jusqu'à 22 fois son volume d'oxygène, qu'il
abandonne en reprenant l'état solide. Aussi la surface de l'argent
fondu est-elle inégale et surmontée d'une sorte de végétation due à
la projection du métal par le dégagement de l'oxygène. — Ce phénomène porte le nom de *rochage* ; on l'observe surtout dans la coupellation.

Affinités. — L'argent est inaltérable à l'air et dans l'eau. Il
absorbe l'ozone, pour se convertir en bioxyde $Ag^2 O^2$. Il se combine
aussi avec l'eau oxygénée, pour former des hydrates argenteux et
argentique.

Le sel marin en fusion l'attaque notablement en produisant du
chlorure d'argent. Avec l'acide chlorhydrique concentré ou gazeux,
il y a dégagement d'hydrogène et formation de chlorure d'argent ;
mais l'attaque est superficielle à cause de l'insolubilité du chlorure
d'argent.

L'hydrogène sulfuré le noircit, en le recouvrant d'une couche
mince de sulfure d'argent.

L'acide azotique le dissout, surtout à chaud, en dégageant des vapeurs nitreuses et formant de l'azotate d'argent. L'acide sulfurique
étendu est sans action ; l'acide sulfurique, concentré et bouillant, convertit l'argent en sulfate.

Les alcalis sont sans action sur l'argent. Aussi se sert-on de vases
d'argent pour fondre la potasse ou pour en évaporer la solution.

Usages. — L'argent est employé en combinaison avec le cuivre
qui lui donne une plus grande dureté.

Les alliages de cuivre et d'argent sont employés dans la fabrication des *monnaies*, des *médailles*, de la *vaisselle d'argent* et des
bijoux.

CHAPITRE IV

LITHIUM. — RUBIDIUM. — CŒSIUM.

Lithium. — Le lithium se rencontre dans la nature à l'état de
silicate, dans le *lépidolite* et dans quelques autres minéraux.

Un chimiste suédois Arfvedson découvrit la *lithine* en 1807 ; Davy
isola le lithium en décomposant la lithine par la pile ; Bunsen et
Matthiessen, en agissant au moyen de la pile sur le chlorure de lithium, purent obtenir d'assez grandes quantités du métal pour étudier ses propriétés.

Le lithium est un métal d'un blanc d'argent.

Densité = 0,59. — C'est le plus léger de tous les corps solides.

Il fond à 180° et décompose l'eau à la température ordinaire sans
enflammer l'hydrogène.

Les sels de lithium se trouvent en petites quantités dans certaines
roches et quelques eaux minérales.

Rubidium et Cœsium. — La découverte de ces métaux constitue
un des plus beaux résultats de l'analyse spectrale. — Elle est due
à MM. Bunsen et Kirchhoff.

Ces savants, en étudiant les sels résultant de l'évaporation des
eaux mères de la saline de Durckheim, constatèrent la présence, dans
le spectre, de nouvelles raies n'appartenant à aucun métal connu,
savoir :

Deux belles raies rouges et une raie bleue.

Les deux raies rouges appartiennent au *rubidium*, qui offre en
outre des raies *vertes pâles* et deux *raies violettes*, distinctes de celles
du potassium : — en dehors de la raie bleue, le cœsium présente encore des raies pâles, dans l'orangé, le jaune et le vert.

CHAPITRE V

MÉTAUX DIATOMIQUES.

§ 1. — CALCIUM. — BARYUM. — STRONTIUM.

Calcium. — Le calcium a été découvert par H. Davy, en 1808.

MM. Bunsen et Matthiessen l'ont obtenu en décomposant par la pile le chlorure de calcium fondu ; MM Liès, Bodard et Jobin l'ont isolé en décomposant dans un mortier de fer l'iodure de calcium par le sodium.

Le calcium est un métal jaune pâle, brillant, ternissant promptement à l'air, décomposant l'eau à la température ordinaire. Il est complètement inusité.

Baryum. — Le baryum existe dans la nature à l'état de carbonate (*witherite*) et de *sulfate* (*baryline*). — La baryline constitue le *spath pesant* des minéralogistes.

Davy a isolé le baryum en soumettant la baryte à l'action d'un courant. M. Bunsen l'a obtenu par l'électrolyse du baryum fondu.

Le baryum est un métal argentin, très avide d'oxygène ; il se ternit rapidement à l'air et décompose l'eau à la température ordinaire.

Strontium. — Ce métal, entrevu par Davy en 1808, a été isolé par MM. Bunsen et Matthiessen par le procédé qu'ils avaient employé pour le baryum ; c'est-à-dire en soumettant le chlorure de baryum à l'électrolyse.

Le strontium serait, d'après M. Matthiessen un métal jaune, plus dur que le plomb, et décomposant l'eau à froid.

§ 2. — MAGNÉSIUM.

État naturel. — Le magnésium, à l'état de combinaison, est assez abondant dans la nature.

A l'état de chlorure, on le trouve dans les eaux de la mer et dans les mines de Stassfurt ; — le sulfate de magnésium donne ses propriétés purgatives aux eaux de Sedlitz, de Pullna et d'Epsom ;

— le carbonate de magnésium, combiné avec le carbonate de calcium, constitue la *dolomie*, roche très abondante dans l'ouest de la France. — Le *talc*, la *serpentine*, la *craie de Briançon*, *l'écume de mer*..., contiennent du silicate de magnésium.

Extraction. — Le magnésium, obtenu par Davy à l'état d'amalgame en 1808, a été isolé par Bussy en 1829.

Bussy a obtenu ce métal en décomposant le chlorure de magnésium par le potassium. Plus tard, en 1855, Bunsen a préparé le magnésium en décomposant par la pile le chlorure de magnésium fondu. — La véritable extraction industrielle du magnésium est due à MM. Sainte-Claire Deville et Caron.

Procédé de MM. Sainte-Claire Deville et Caron. — L'extraction du magnésium, dans de notables proportions, a été l'une des premières conséquences de la préparation industrielle du sodium.

On projette dans un creuset de fer, préalablement chauffé au rouge, un mélange de

Chlorure de magnésium.	600 p.
— de potassium.	100
Fluorure de calcium	100
Sodium en petits morceaux.	100

Le chlorure de magnésium est réduit par le sodium, et le magnésium se rassemble en globules au milieu de la masse fondue, qu'on a soin d'agiter avec une baguette de fer. Le chlorure de potassium et le fluorure de calcium ont pour but d'augmenter la fluidité de la gangue et de faciliter la réunion des globules.

Pour purifier le magnésium ainsi obtenu, on l'introduit dans une nacelle de charbon qu'on chauffe au rouge vif dans un courant d'hydrogène ; le magnésium se volatilise et se condense plus loin.

Enfin, on fond le magnésium avec un flux composé de chlorure de magnésium, de chlorure de sodium et de fluorure de calcium. Le métal se rassemble au fond du creuset.

Propriétés physiques. — Le magnésium pur a l'éclat de l'argent.

Densité = 1,75. Il pèse 10 fois moins que l'argent.

Il fond vers 500° et se volatilise au rouge.

Le magnésium est malléable quand il est bien pur. Il est très peu ductile ; pour l'obtenir sous forme de fils, on comprime le métal à l'aide d'une presse hydraulique dans un moule en acier chauffé, et qui présente sur l'une de ses parois une ouverture d'un diamètre égal à celui du fil.

Affinités. — Pur, le magnésium ne s'altère pas sensiblement dans l'air sec. Dans l'air humide ou dans l'eau, à froid, il s'oxyde lentement.

Chauffé, il brûle dans l'oxygène avec une flamme éblouissante ; la limaille de magnésium donne de magnifiques étincelles dans la flamme d'une lampe à alcool.

Par ses propriétés chimiques, le magnésium ressemble au zinc ; les réactions sont seulement moins énergiques. Le magnésium est une sorte d'intermédiaire entre les métaux alcalins et le zinc.

Applications. — On emploie le magnésium pour produire une lumière artificielle très vive. Comme sa flamme est riche en rayons chimiques, on s'est servi de lampes alimentées par le magnésium, pour prendre des photographies dans les endroits où ne pénètre pas la lumière du soleil, comme les catacombes et l'intérieur des pyramides.

§ 3. — Zinc.

État naturel. — Le zinc a été importé de la Chine et des Indes, vers le douzième siècle ; — on l'a appelé longtemps *étain des Indes.*

Les minerais de zinc sont la *calamine* et la *blende.* La calamine est un mélange de carbonate et de silicate ; la *blende* est un *sulfure* à peu près pur. — Ces minerais sont surtout abondants dans la Haute-Silésie, en Angleterre, en Westphalie, en Belgique et en Espagne.

Extraction. — Pour extraire le zinc de ses minerais, on calcine préalablement la blende et la calamine, pour les transformer en oxyde de *zinc.*

Ainsi amenés à l'état d'oxyde et rendus plus friables par la chaleur, les minerais de zinc sont pulvérisés et calcinés avec du charbon ; l'oxyde de zinc cède son oxygène au charbon et le métal, volatilisé, se condense dans des récipients refroidis.

Purification. — Le zinc commercial renferme toujours des substances étrangères, du fer, du plomb, de l'arsenic..... On le débarrasse de l'arsenic, en chauffant au rouge dans un creuset un mélange de zinc et d'azotate de potassium, recouvert d'une couche de salpêtre. L'arsenic passe à l'état d'arséniate de potassium, et le zinc fondu se réunit en un culot.

On ne peut obtenir le zinc tout à fait pur qu'en réduisant par le charbon de l'oxyde préparé avec du sulfate de zinc pur.

Propriétés physiques. — Le zinc est un métal blanc bleuâtre, d'une texture cristalline.

Fondu, il a une *densité* = à 6,802. — Martelé, le zinc peut acquérir une *densité* = 7,2.

Il est mou et graisse la lime.

Cassant à la température ordinaire.

Il devient ductile et malléable entre 130 et 150°; on peut alors le laminer en feuilles minces. Au-dessus de cette température il redevient cassant et à 200° on peut le pulvériser dans un mortier.

Il fond vers 550° et distille à 1040°.

Affinités. — Le zinc est inaltérable dans l'oxygène et dans l'air sec. Au contact de l'air humide, ou abandonné sous l'eau, il se recouvre d'une couche d'oxyde et de carbonate hydraté, tous les deux insolubles : la première couche ainsi formée protège le métal contre une oxydation plus avancée.

Chauffé au rouge blanc, le zinc brûle avec une belle flamme blanche, en se transformant en oxyde de zinc.

Le chlore, le brome, l'iode, le phosphore, se combinent directement avec le zinc ; il se dissout dans l'acide chlorhydrique et l'acide sulfurique, étendus, avec dégagement d'hydrogène.

Applications. — Laminé en feuilles légères et minces, le zinc sert principalement à couvrir les toits. On doit éviter de fixer les feuilles de zinc avec des clous en fer ou des soudures métalliques : les métaux étrangers formeraient avec le zinc un élément de pile dans lequel le zinc, plus électropositif, serait rapidement oxydé par l'oxygène provenant de la décomposition de l'eau. En outre, comme le zinc est le plus dilatable de tous les métaux, on doit agrafer les feuilles de zinc les unes aux autres en leur laissant assez de jeu pour ne pas gêner les mouvements d'expansion et de contraction qu'amènent les variations de température.

Le zinc sert encore pour faire des gouttières, des bassins, des baignoires. On a dû renoncer à l'employer pour les ustensiles de cuisine, parce qu'il forme, avec les acides, des sels vénéneux.

Fer zingué.— Le zinc, étant peu altérable à l'air et à l'humidité, sert à protéger le fer contre l'oxydation. Pour *zinguer* le fer, il suffit de le plonger dans un bain de zinc fondu.

Le *fer zingué*, appelé improprement *fer galvanisé*, ne s'oxyde pas, quand même quelques points de la surface sont à découvert : le zinc seul est altéré parce qu'il est plus électropositif que le fer. — On emploie le fer zingué pour les fils de télégraphe, les tuyaux de poêle et de cheminée, les gouttières, les conduites d'eau......

§ 4. — CADMIUM.

Cadmium. — Presque tout le cadmium que l'on trouve dans le commerce vient des mines de zinc de la Silésie.

Ce métal accompagne la blende, à l'état de sulfure ; quand on distille avec du charbon cette blende cadmifère, on voit apparaître, pendant les premières heures de la distillation, des poussières brunes ou *cadmies*, qui se condensent dans des allonges adaptées aux cornues de distillation. — Ces poussières contiennent de l'oxyde de cadmium ; mêlées avec du charbon et calcinées, elles donnent un alliage de zinc et de cadmium.

On dissout l'alliage dans l'acide sulfurique et on fait passer dans la liqueur acide un courant d'hydrogène sulfuré. Le cadmium se précipite à l'état de *sulfure jaune.*

On dissout le sulfure dans l'acide chlorydrique, on précipite par le carbonate d'ammoniaque et on calcine le résidu. — L'oxyde de cadmium ainsi obtenu, mêlé avec le dixième de son poids de charbon et calciné dans une cornue en grès, donne du cadmium pur.

Propriétés physiques. — Le cadmium pur est blanc. Par son éclat, il se rapproche plus de l'étain que du zinc.

Densité 8,6. Par l'écrouissage, la densité peut s'élever à 8,70.

Il fond à 320° et bout à 860°. Sa vapeur est de couleur orangée. On peut l'obtenir cristallisé en octaèdres.

Il est plus mou que l'étain et le zinc ; il graisse les limes et laisse une trace grise quand on le frotte sur le papier. Enfin le cadmium est très malléable et très ductible.

Affinités. — Le cadmium se ternit à l'air. Chauffé à l'air, il brûle en se transformant en oxyde jaune brun. Sa vapeur décompose l'eau au rouge, en dégageant de l'hydrogène.

§ 5. — PLOMB.

État naturel. — On rencontre le plomb dans la nature à l'état de sulfure, de carbonate, de phosphate et d'arséniate. On exploite le carbonate et surtout le sulfure, connu sous le nom de *galène*.

La *galène* se rencontre dans les terrains primitifs. On l'exploite en Angleterre, en Espagne, en Hongrie, en Silésie, en Saxe et en France : dans le Puy-de-Dôme, la Lozère, le Finistère.....

Extraction. — Le traitement du carbonate consiste simplement à le calciner avec du charbon dans un four à manche : le plomb réduit se rassemble dans un creuset.

Les procédés d'extraction varient, pour la galène, suivant la nature de la gangue qui accompagne le minerai.

(a) *Méthode par réaction.* — Cette méthode, employée dans la plupart des grandes usines de France et d'Angleterre, s'applique aux minerais dont la gangue renferme une certaine quantité de silice.

Le minerai, bocardé, criblé et lavé, est grillé au contact de l'air ; une partie du sulfure de plomb s'oxyde et se transforme en sulfate et en oxyde, en même temps qu'il se dégage du gaz sulfureux.—Après quelques heures de grillage, on ferme toutes les ouvertures qui amenaient l'air dans le foyer et on continue à chauffer. Alors le sulfure de plomb non attaqué réagit sur le sulfate et l'oxyde formés ; du gaz sulfureux se dégage et le métal, mis en liberté, coule dans un bassin de réception.

Les réactions sont représentées par les équations suivantes :

$$2\,Pb\,O + Pb\,S = SO^2 + 3\,Pb$$

$$SO^4\,Pb + Pb\,S = 2\,SO^2 + 2\,Pb.$$

(b) *Méthode par réduction.* — Cette méthode consiste à chauffer le sulfure de plomb avec 35 pour 100 de fonte grenaillée. Le fer enlève le soufre au plomb ; il en résulte un mélange de sulfure de fer et de plomb, qu'on dirige dans un bassin latéral. Le métal, plus dense, vient occuper la partie inférieure, et le sulfure de fer, plus léger, peut être séparé par décantation.

Propriétés physiques. — Le plomb est un métal d'un gris bleuâtre, brillant quand il vient d'être récemment coupé ou fondu, très mou et facilement rayé par l'ongle.

Densité = 11,35.

Il fond vers 350°.

Mauvais conducteur de la chaleur et de l'électricité ; il n'a pas d'élasticité et ne possède qu'une faible ténacité ; un fil de 2 millimètres de diamètre se rompt sous un poids de 9 kilogrammes. Il est peu ductile, mais assez malléable.

Il laisse sur le papier des teintes grises, comme le fait le graphite.

Affinités. — A l'air, la surface du plomb récemment fondu se recouvre promptement d'une couche grisâtre de sous-oxyde de plomb. Maintenu en fusion au contact de l'air, le plomb se couvre d'une pellicule d'oxyde de plomb, PbO, qui, par l'action prolongée de la chaleur, se transforme en une poussière jaune, le *massicot*.

Le plomb peut être conservé sans altération dans l'eau pure, privée de gaz par l'ébullition. Au contact de l'eau aérée, il se recouvre d'une couche mince de carbonate ; de là, la présence de quelques traces de plomb dans l'eau tombée des gouttières, ou conservée dans des réservoirs en plomb.

Si les eaux renferment du sulfate de chaux, le plomb est faiblement attaqué ; il se recouvre promptement d'une couche de sulfate de plomb insoluble qui protège le reste du métal contre une altération plus profonde. — C'est ainsi qu'on a pu, sans inconvénients sensibles, se servir de conduites en plomb pour les eaux potables ; il est néanmoins d'une bonne hygiène de proscrire l'emploi du plomb dans les tuyaux qui amènent les eaux destinées à l'alimentation.

L'acide chlorydrique concentré et bouillant, l'acide sulfurique étendu n'attaquent le plomb que très faiblement ; l'acide sulfurique concentré et bouillant le convertit en sulfate. — L'acide azotique dissout rapidement le plomb à la température ordinaire.

Applications. — Réduit en feuilles ou façonné en tuyaux, le plomb sert à faire des conduites d'eau et de gaz, des toitures.....; il est employé également pour doubler les chambres qui servent à la fabrication de l'acide sulfurique.

Le plomb de chasse est du plomb allié à un peu d'arsenic. Cet alliage a la propriété de prendre la forme sphérique, quand on le fait tomber, fondu, d'une grande hauteur ; le plomb arsenical fondu traverse une passoire où il se divise en gouttelettes, et les gouttelettes se solidifient pendant la chute.

§ 6. — Cuivre.

État naturel. — Le cuivre se rencontre dans la nature à l'état natif : soit en petits octaèdres réguliers, comme en Bolivie, soit en amas considérable, comme sur les bords du lac Supérieur aux États-Unis, au Pérou, au Chili, et dans les monts Ourals. — On le trouve encore à l'état d'oxyde cuivreux Cu²O et de carbonate cuivrique CO³Cu.

Les minerais les plus abondants sont le *sulfure de cuivre* (*chalkosine*) et le *sulfure double de cuivre et de fer* (*chalkopyrite* ou *pyrite cuivreuse*). — En France, on connaît les mines de Chessy et Saint-Bel, près Lyon, celles de Poulaouen et Huelgoat, en Bretagne.

La plus grande partie des minerais traités en France viennent du Chili et du Pérou.

Extraction. — La pyrite cuivreuse est d'abord soumise au grillage ; le sulfure de fer, plus oxydable, se transforme, en grande partie, en oxyde ferrique et en gaz sulfureux.

(*a*). *Matte bronzée.* — Après le grillage, le minerai est additionné de silice, si la gangue est calcaire, de calcaire, si elle est siliceuse, mélangé avec de la houille et chauffé dans un four à réverbère. Il se forme un silicate de calcium, très fusible, dans lequel le fer vient se fixer à l'état de silicate. La scorie formée par le silicate double de calcium et de fer fond et le sulfure de cuivre, débarrassé de la plus grande partie du fer, vient se réunir à la partie supérieure.

Ce sulfure prend le nom de *matte bronzée* ; il renferme 23 pour 100 de métal.

(*b*). *Matte blanche.* — Grillée à l'air, puis fondue, la matte bronzée perd presque tout son soufre, qui se dégage à l'état d'acide sulfureux.

On a la *matte blanche*, qui contient 78 pour 100 de cuivre.

(*c*). *Cuivre brut.* — La matte blanche est grillée et fondue avec des oxydes et des carbonates ; l'oxygène brûle la plus grande partie du soufre qui reste et on a le *cuivre brut*.

(*d*). *Cuivre rosette.* — Le cuivre brut en fusion est exposé à l'action d'un courant d'air, en présence d'un peu d'argile et de charbon ; il se dégage encore de l'acide sulfureux et le reste du fer passe à l'état de silicate.

Quand l'aspect du bain annonce que l'affinage est terminé, on jette un peu d'eau froide sur la surface, de manière à en solidifier une partie ; on obtient ainsi un disque irrégulier, qu'on désigne sous le nom de *rosette*.

Pour retirer le cuivre de l'oxyde et des carbonates, il suffit de fondre les minerais avec du charbon, dans des fours à cuve.

Affinage. — Le cuivre *roselle* contient une certaine quantité d'oxyde cuivreux.

On le fond sous une couche de charbon et on brasse le bain avec une branche de bois vert; les gaz carbonés, qui se dégagent pendant la combustion du bois, réduisent les dernières traces d'oxyde cuivreux.

Cuivre pur. — Dans les laboratoires, on se procure du cuivre chimiquement pur, en précipitant le sulfate de cuivre par des lames de fer bien décapées.

On l'obtient encore en réduisant un oxyde de cuivre par l'hydrogène.

Propriétés physiques. — Le cuivre a une couleur rouge ; il exhale une odeur particulière, désagréable.

Densité = 8,85.

Il fond vers 1150° et cristallise ensuite par fusion. A une température plus élevée, le cuivre se vaporise et sa vapeur brûle avec une flamme *verte*.

Il est très malléable et très ductile, tenace, mais à un degré moindre que le fer ; — un fil de cuivre de 2 millimètres de diamètre se rompt sous une charge de 140 kilogrammes.

Affinités. — Le cuivre est inaltérable dans l'air sec. En présence de l'humidité, il se couvre d'une couche superficielle de carbonate de cuivre, appelé souvent *vert-de-gris*, et qui ne doit pas être confondu avec l'*acétate basique de cuivre*.

Chauffé au contact de l'air, le cuivre brûle facilement, en se transformant en oxyde cuivreux ou en oxyde cuivrique, suivant que l'oxygène est en quantité insuffisante, ou en excès.

L'acide azotique dissout le cuivre ; l'acide sulfurique l'attaque à chaud, en donnant du sulfate de cuivre et du gaz sulfureux. L'acide chlorhydrique l'attaque difficilement, même à chaud.

Sous l'influence des acides faibles, le cuivre donne les sels correspondants. Les acides gras amènent assez rapidement cette transformation du cuivre en sels ; de là le danger que présente l'usage des vases de cuivre.

Au contact de l'ammoniaque, le cuivre s'oxyde rapidement : l'oxyde formé se dissout dans l'ammoniaque.

Applications. — Le cuivre sert à fabriquer des vases de cuisine, des bassins d'évaporation, des appareils distillatoires...

entre dans la composition d'un grand nombre d'alliages.

§ 7. — Mercure.

État naturel. — Le mercure se rencontre dans la nature à l'état natif; mais le *cinabre* constitue le principal minerai de mercure.

Le *cinabre* ou *sulfure de mercure* est exploité : à Idria, près Trieste; — à Almaden, en Espagne; à New-Almaden, en Californie. — Sur les 350 millions de grammes, consommés annuellement, la Californie en fournit à elle seule 200 millions.

Extraction. — Le traitement du mercure consiste à griller le cinabre dans un courant d'air; le soufre s'oxyde, et se dégage à l'état de gaz sulfureux, tandis que le mercure est recueilli dans les chambres de condensation.

Le métal ainsi obtenu est filtré à travers des toiles de coutil ou de peaux de chamois. — On le transporte ordinairement dans des bouteilles en fer forgé.

Purification. — Le mercure du commerce contient toujours de petites quantités de plomb, de cuivre, d'étain et de bismuth. Le mercure impur est moins fluide que le métal purifié; les gouttelettes s'allongent en pointe, on dit qu'il *fait la queue.* — On le purifie par l'un des procédés suivants :

1° On le distille dans les bouteilles qui servent ordinairement à effectuer le transport;

2° On le fait digérer pendant quelques jours avec le trentième de son poids d'acide azotique du commerce, étendu de son poids d'eau; on décante et on lave le mercure d'abord à l'eau acidulée avec l'acide azotique, puis à l'eau pure et on le fait sécher. — L'acide azotique enlève les métaux étrangers plus oxydables que le mercure.

Propriétés physiques. — Le mercure est le seul *métal liquide* à la température ordinaire; il est opaque et doué d'un grand éclat.

Densité $= 13,595.$

Il se solidifie à — 40°, et cristallise en octaèdres; solide, il présente la malléabilité du plomb. Il bout à 360°, mais émet des vapeurs à toutes les températures; on constate ce fait en maintenant au-dessus de la surface du mercure une lame d'or, qui blanchit par la formation d'une mince couche d'amalgame.

Pour les basses températures, on emploie une feuille de papier imprégnée d'un sel d'argent; le mercure met en liberté l'argent qui colore le papier en noir.

Agité longtemps à l'air, le mercure se divise et donne une poudre grise sans éclat. — Trituré avec la graisse : il se divise, *s'éteint*, comme on dit, en colorant la masse en gris. — Le mélange du mercure et de l'axonge, en parties égales, constitue la *pommade mercurielle* ou *onguent napolitain*.

Affinités. — Le mercure ne s'altère pas à l'air, à la température ordinaire; chauffé à 350°, dans l'air ou dans l'oxygène, il se recouvre d'une pellicule rouge d'*oxyde mercurique*, que les anciens nommaient *précipité per se*.

Le soufre, le chlore, le brome, l'iode, attaquent le mercure à froid; il en est de même de l'acide azotique, de l'acide bromhydrique et de l'acide iodhydrique.

L'acide sulfurique concentré l'attaque à chaud ; l'acide chlorhydrique est sans action.

Applications. — Le mercure métallique sert à l'extraction de l'or et de l'argent par amalgamation.

On l'emploie dans la construction des baromètres et des thermomètres.

Ses alliages portent le nom d'*amalgames*.

CHAPITRE VI

FER.

§ 1. — Minerais de fer.

État naturel. — On le rencontre à l'état métallique dans les pierres *météoriques*; il est allié au nickel, au cobalt et au chrome.

Mais le fer est très répandu dans la nature, combiné soit avec le soufre, soit avec l'oxygène, soit avec l'acide carbonique.

Pyrites de fer ou bisulfure ferreux, FeS^2. — Les pyrites de fer se présentent sous deux formes cristallines différentes.

1° *Pyrite blanche*. — La pyrite blanche est en réalité d'un jaune verdâtre; elle cristallise en prismes rhomboïdaux droits. Au contact de l'air, elle gonfle et se délite, en se transformant en sulfate ferreux.

Le grillage des pyrites blanches fournit une partie du sulfate de fer du commerce. — On trouve également dans les pyrites blanches une quantité notable de l'acide sulfureux nécessaire à la préparation de l'acide sulfurique.

2° *Pyrite jaune.* — Elle se présente sous la forme de cristaux cubiques, d'un *jaune d'or*, très éclatant. Elle fait feu sous le briquet ; on s'en est servi comme pierre à fusil.

Fer spathique. — Le carbonate ferreux constitue l'un des principaux minerais du fer. Il est cristallisé en rhomboïdes, affectant la même forme que le spath d'Islande.

On le rencontre à Saint-Étienne, dans les Pyrénées et dans la plupart des mines d'Angleterre.

Oxyde ferrique anhydre. — Sous le nom de *fer oligiste*, on désigne l'oxyde ferrique anhydre, cristallisé en rhomboïdes aigus.

Le plus souvent, l'oxyde de fer anhydre est en masses amorphes, compactes et terreuses, il prend alors les noms de *fer spéculaire, ocre rouge, hématite rouge ou sanguine.*

Oxyde ferrique hydraté. — L'oxyque ferrique hydraté se présente le plus souvent sous la forme de masses jaunes, ou brunes, connues sous le nom de *limonite, fer oolithique ou hématite brune.*

On rencontre l'oxyde ferrique hydraté dans la Bourgogne, dans la Franche-Comté et dans le Berry...

Oxyde de fer magnétique, $Fe^3 O^4$. — L'oxyde de fer magnétique constitue l'*aimant naturel.*

Il forme en Suède et en Norvège des montagnes entières et donne des fers très estimés.

Les sulfures de fer ne sont pas employés ; ils donnent un métal de qualité inférieure. Les quatre derniers minerais sont les seuls exploités.

§ 2. — MÉTALLURGIE DU FER.

Deux méthodes sont employées pour les réductions des sels de fer. Elles consistent l'une et l'autre à transformer l'oxyde de fer en *fonte,* au moyen du charbon, et à convertir la gangue en une sorte de *scorie* très fusible. Ces deux produits arrivent dans un creuset : la scorie, moins dense, surnage à la partie supérieure de la fonte et peut être séparée facilement.

Méthode catalane. — Cette méthode n'est applicable qu'aux minerais très riches. On l'emploie surtout dans les pays où le bois est abondant et le transport difficile : en Corse, dans la Catalogne et dans les Pyrénées.

Le fourneau est un creuset carré, construit dans un massif de maçonnerie ; sur l'un des côtés débouche une tuyère, par laquelle on fait arriver le vent d'une soufflerie.

On remplit le fourneau de charbon de bois, bien allumé, puis on dispose au-dessus deux tas juxtaposés : l'un de charbon, du côté de la tuyère ; l'autre de minerai.

Le charbon, brûlant sous le vent de la tuyère, donne du gaz carbonique qui se convertit en oxyde de carbone dans l'épaisseur du foyer de charbon. Cet oxyde, en traversant le minerai, le réduit et se transforme en acide carbonique.

Une partie de l'oxyde ferrique, réduit à l'état d'oxyde ferreux, forme avec la gangue un *silicate double d'alumine et de fer*, très fusible et qui constitue le *laitier*.

Le fer rassemblé dans le creuset, sous la forme d'une masse spongieuse, est placé sur une enclume et forgé sous le marteau pour enlever les dernières traces du laitier. On chauffe à nouveau le métal ainsi obtenu et on le forge de manière à le réduire en barres.

Méthode des hauts fourneaux. — Un haut fourneau est essentiellement formé de deux troncs de cône, accolés par leur base et d'une hauteur totale de 10 à 20 mètres.

L'ouverture supérieure porte le nom de *gueulard* ; la base commune porte le nom de *ventre* ; — le cône supérieur prend le nom de *cuve* ; le cône inférieur celui d'*étalages*. Au-dessous des étalages, on trouve un espace prismatique, appelé l'*ouvrage*, puis vient le *creuset*, formé par le prolongement des parois de l'ouvrage. Une des parois de l'ouvrage est ouverte entre *f* et *o* ; c'est par cette ouverture, appelée la *dame*, que s'écoulent les scories fondues. — Entre le creuset et l'ouvrage, à la hauteur de la dame, se trouvent, en D, trois tuyères qui amènent le vent de puissantes machines soufflantes.

Pour avoir une scorie fusible, on provoque la formation d'un *silicate d'aluminium et de calcium*, en ajoutant au minerai : une certaine quantité de carbonate de chaux (*castine*), si la gangue est argileuse ; de l'argile, si la gangue est trop riche en calcaire.

Le haut fourneau étant allumé, on introduit par le gueulard des couches alternatives de minerai et de coke. Au bout de 10 à 12 heures, le creuset se remplit de fonte et la scorie liquide déborde à la partie supérieure et sort par la dame. On enlève alors un tampon d'argile placé à la partie inférieure du creuset, et on laisse la fonte s'écouler dans les rigoles où elle se solidifie.

Fig. 62.

Au fur et à mesure que les matières introduites par le gueulard descendent dans le haut fourneau, on charge de nouveau, par le gueulard, du minerai et du coke. — On n'interrompt la marche d'un haut fourneau que pour le réparer.

Réaction. — L'air envoyé par les tuyères convertit le charbon en gaz carbonique ; celui-ci, se trouvant dans la partie supérieure de l'ouvrage et dans les étalages en présence d'un excès de charbon incandescent, passe à l'état d'*oxyde de carbone*. — L'oxyde de carbone, à son tour, rencontre, dans le ventre et jusque dans la cuve, du minerai oxydé qu'il réduit à cette haute température et redevient du gaz carbonique.

D'autre part, le minerai desséché dans la partie supérieure commence à se réduire dans la cuve. Cette réduction s'achève dans le ventre et, dans les étalages, le fer se transforme en *fonte;* fonte et scorie descendent ensemble dans l'ouvrage, où la température est la plus élevée, et se séparent, en raison de leur densité.

§ 3. — FONTES ET ACIERS.

Fontes. — Les fontes sont des *carbures de fer*, renfermant de petites quantités de *silicium*, de *soufre*, de *manganèse*, de *phosphore* et d'*azote*. — *La proportion de carbone varie de 2 à 5 pour* 100.

La fonte est *blanche* ou *grise*, suivant que le refroidissement est brusque ou lent. Dans le premier cas, la fonte a une couleur argentine ; sa cassure est brillante ; le charbon reste disséminé dans la masse et paraît combiné au fer. Dans le deuxième cas, une partie notable du charbon se dépose, à l'état de graphite lamelleux ; la couleur de la fonte varie du gris noir au gris clair ; elle est douce, grenue, se laisse limer, tourner et forer avec facilité; elle est propre au moulage.

On peut transformer la fonte grise en fonte blanche, en l'amenant en pleine fusion et en la soumettant à un refroidissement brusque. Inversement, la fonte blanche soumise à la fusion et refroidie lentement devient de la fonte grise.

La présence de métaux étrangers : chrome, manganèse, nickel, a une grande influence sur la qualité des fontes.

La fonte grise est presque exclusivement employée au *moulage* des appareils et ustensiles de fonte, nécessaires dans l'industrie et dans l'économie domestique. On l'emploie même pour la reproduction de sculptures, vases d'ornement, statuettes bijoux... La fonte blanche est utilisée pour la fabrication du fer doux.

Affinage. — On entend par *affinage* la conversion de la fonte en fer ductile et malléable. Cette opération se fait par deux procédés : le procédé *comtois* et le procédé *anglais*.

Procédé comtois. — La fonte est entassée au-dessus d'un fourneau, plein de charbon incandescent et dont la combustion est activée au moyen d'une tuyère; elle fond peu à peu et s'oxyde en passant devant la tuyère.

Une partie du carbone disparaît à l'état d'oxyde ; le silicium et le phosphore donnent des silicates et des phosphates de fer et de manganèse très fusibles.

L'ouvrier rassemble la masse spongieuse de fer doux ainsi obtenue et la porte sous le marteau, pour en exprimer les scories.

Procédé anglais. — La méthode anglaise comprend deux opérations : le *finage* et le *puddlage*.

(*a*) *Finage.* — La fonte étant fondue dans un fourneau rectangulaire et recouverte de coke incandescent, on fait arriver à sa surface un violent courant d'air ; le silicium se transforme en *silicate* de fer qui recouvre le métal fondu d'une scorie légère ; une partie du carbone disparaît à l'état d'acide carbonique.

La fonte, ainsi purifiée, prend le nom de *fine-métal.*

(*b*) *Puddlage.* — Le fine-métal ainsi obtenu est introduit dans un four à voûte surbaissée, avec des oxydes de fer et des scories, riches en silicates ; et, sur ce mélange, on dirige la flamme de la houille.

A cette haute température, le carbone de la fonte est brûlé par l'oxygène des minerais et des silicates de fer et le métal devient demi-solide. L'ouvrier rassemble le métal demi-solide en grosses boules de 25 à 30 kilogrammes, auxquelles il donne le nom de *loupes*, et les porte sous un puissant marteau pilon qui expulse la scorie et réunit le métal.

Le procédé comtois donne 72 à 76 pour 100 de fer; — le procédé anglais 90 pour 100. — Ce fer n'est pas pur; il contient encore jusqu'à 0,05 de carbone et 0,005 de silicium. Quelquefois il renferme encore du soufre ou de l'arsenic; il est alors cassant au rouge. S'il renferme du phosphore, il est cassant à froid.

Aciers. — L'acier est un fer carburé qui contient moins de charbon que la fonte; il renferme de 0,7 à 1,5 pour 100 de charbon.

On l'obtient, soit par une décarburation partielle de la fonte, soit en chauffant des barres de fer avec du charbon. De là trois sortes d'acier : *acier naturel, acier puddlé, acier de cémentation.*

(*a*) *Acier naturel.* — On soumet les fontes manganifères à un affinage partiel, en les maintenant quelques heures en fusion, sous une couche de scories, riches en oxydes de fer.

(*b*) *Acier puddlé.* — L'acier puddlé est le résultat de l'affinage partiel de la fonte manganifère dans les fours à puddler. Cet acier commun est employé pour les ouvrages les plus ordinaires.

(*c*) *Acier de cémentation.* — Dans de grandes caisses en briques réfractaires, on dispose des couches alternatives de barres de fer et de *cément*. On désigne sous ce nom un mélange formé de charbon de bois pulvérisé, de cendres et de sel marin. On porte peu à peu les caisses au rouge et on maintient la température pendant 12 à 15 jours.

Comme la partie extérieure des barres est plus carburée que la partie intérieure, on réunit les barres, on les porte au rouge et on les forge de manière à donner de l'homogénéité à la masse; on a ainsi l'*acier corroyé*.

L'*acier fondu* qui sert à la fabrication de la coutellerie et des instruments de chirurgie, est obtenu en fondant l'acier de cémentation dans des creusets brasqués.

Acier de Bessemer. — Le procédé de Bessemer consiste à faire passer un violent courant d'air dans la fonte maintenue en fusion. Quand la combustion est suffisamment avancée, on mêle à la masse une autre fonte, riche en manganèse, qui forme avec le silicium de la première un silicate de manganèse et fournit la quantité de carbone nécessaire à l'aciération. — On coule le tout dans des moules.

Propriétés de l'acier. — L'acier est un corps blanc, brillant, plus fusible et plus malléable que le fer, moins ductile que ce métal. Chauffé au *rouge cerise*, puis refroidi brusquement, l'acier devient dur et cassant ; c'est ce qu'on appelle la *trempe*.

En *recuisant* l'acier avec précaution, on diminue sa dureté et on augmente son élasticité. Ses propriétés varient suivant la température à laquelle il a été porté ; l'acier le plus élastique, qui sert à la fabrication des ressorts de montre, est recuit à 235°.— La température du recuit est appréciée par la couleur que prend l'acier, pendant qu'on le chauffe : à 200°, il est *jaune paille* ; — à 293°, il est *bleu indigo*.

§ 4. — Propriétés du fer.

Préparation du fer pur. — On obtient du fer pur, en réduisant l'oxyde ferrique pur par l'hydrogène, à une température voisine du rouge ; l'opération se fait dans un tube de porcelaine, placé au milieu d'un four à réverbère ; le fer reste sous la forme d'une masse grise, spongieuse et douée de l'éclat métallique, dans les points qui sont en contact avec la porcelaine.

Propriétés physiques.—Le fer est un métal d'un gris bleuâtre, doué de l'éclat métallique.

Densité du fer forgé = 7,4 à 7,9. — La densité du fer fondu est de 7,25.

Le fer fond au *rouge blanc*, c'est-à-dire vers 1600°. Il se ramollit avant de fondre ; il se soude à lui-même, quand il est martelé à chaud et forme un tout homogène. — Le fer et le platine sont les seuls métaux qui possèdent cette propriété de se souder sans inter-médiaire.

Le fer est ductile et malléable : on donne le nom de *tôle* au fer réduit en feuilles par le laminoir. Il est le plus tenace de tous les métaux ; — un fil de 2 millimètres de diamètre ne se rompt que sous un poids de 249 kilogrammes.

Il est attirable à l'aimant et s'aimante lui-même, sous l'influence d'un aimant, ou d'un courant électrique.

Affinités. — Inaltérable à l'air sec, à la température *ordinaire*, le fer s'oxyde au rouge et se convertit en oxyde magnétique Fe^3O^4 ; cet oxyde constitue les *battitures* qui se dégagent du fer, quand on le forge. Légèrement chauffé, il brûle avec un vif éclat dans l'oxygène sec.

Le fer divisé, obtenu par la réduction de l'oxyde ou de l'oxalate, s'oxyde à l'air avec une telle énergie, qu'il est porté au rouge ; on le dit alors *pyrophorique*.

A l'air humide, le fer se recouvre d'une couche de sesquioxyde de fer *hydraté ou rouille*. L'oxydation marche rapidement, dès qu'elle est commencée. Le métal et la rouille forment en effet un couple qui décompose l'eau ; l'oxygène se porte sur le fer qui est le plus électro-positif ; il se forme en même temps une petite quantité d'ammoniaque, provenant de l'union de l'hydrogène de l'eau et de l'azote de l'atmosphère. — On préserve les objets de fer de la rouille, en les recouvrant d'une couche de peinture ou en les protégeant par un revêtement de zinc ou d'étain. Le *fer-blanc* est du fer étamé.

Le fer se combine directement avec le chlore, le brome, l'iode, le soufre. Il se combine avec les acides sulfurique et chlorhydrique, étendus d'eau ; l'hydrogène est mis en liberté. — Il ne décompose pas l'acide azotique fumant ; il se dissout dans l'acide azotique étendu. Dans cette dernière réaction, il n'y a pas de dégagement de gaz ; l'hydrogène, mis en liberté, forme avec l'acide azotique de l'azotate d'ammonium.

Applications. — Le fer joue le rôle principal dans un grand nombre d'industries.

Il remplace le bois et la pierre dans la construction ; il forme la coque des navires...

CHAPITRE VII

MANGANÈSE. — CHROME. — COBALT. — NICKEL.

Manganèse. — L'existence du manganèse a été signalée par Scheele dans la *magnésie noire* (*peroxyde de manganèse*), en 1774.

Extraction. — M. Sainte-Claire Deville a obtenu le manganèse en réduisant le carbonate manganeux, au moyen du charbon, à une température très élevée. — L'opération se fait dans un creuset de chaux, entouré de chaux vive et contenu dans un creuset très réfractaire.

Propriétés. — Le manganèse est d'un gris blanchâtre, cassant, très dur ; il raye l'acier le mieux trempé et est presque inattaquable à la lime.

Densité $= 7,2$.

Il est presque aussi difficilement fusible que le platine. — Le manganèse n'est pas attirable à l'aimant.

Le manganèse est voisin du fer, par la nature de ses composés et donne, comme lui, deux sortes de sels : des sels *manganeux* et des sels *manganiques*. Il s'oxyde à l'air et dans l'eau bouillante.

Chrome. — Le chrome a été découvert par Vauquelin, en 1797, dans un minerai appelé *plomb rouge de Sibérie*, qui n'est autre chose que du chromate de plomb.

Extraction. — M. Sainte-Claire Deville a obtenu le chrome en calcinant l'oxyde de chrome avec du charbon et de l'huile de lin, dans des creusets de chaux et de charbon.

Propriétés. — Le chrome se présente sous la forme d'une masse métallique, d'un gris blanc, aussi dure que le corindon et cristallisée en octaèdres réguliers.

Densité $= 6$.

Il est magnétique à $- 15°$.

Le chrome donne comme le fer et le manganèse deux séries de sels.

Le chrome métallique ne s'oxyde pas à l'air à la température ordinaire. Il brûle dans le chlore, en donnant un chlorure violet.

Il est très soluble dans l'acide chlorhydrique.

Cobalt. — Le cobalt a été découvert par Brandt, en 1733.

On trouve le cobalt dans la nature, à l'état d'arséniure (*smaltine*) et de sulfo-arséniure (*cobalt gris*, ou *cobaltine*).

Extraction. — On grille le sulfo-arséniure, pour se débarrasser de la plus grande partie de l'arsenic, et on calcine le résidu avec du carbonate de potasse et du soufre ; il se produit du sulfo-arséniure de potassium soluble et du sulfure de cobalt. — Le sulfure de cobalt, traité par l'acide sulfurique, forme du sulfate de cobalt ; la potasse précipite l'oxyde de cobalt de cette dissolution.

L'oxyde de cobalt, dissous dans l'acide oxalique, donne de l'oxalate de cobalt, et ce sel, décomposé par la chaleur, donne du cobalt pulvérulent.

Ce métal, pulvérulent, chauffé au feu de forge dans un creuset de chaux, semblable à celui qui a servi pour le manganèse, donne un cobalt métallique.

Propriétés. — Le cobalt pur est d'un blanc d'argent ; il est très malléable.

Densité = 8,6.

Il est magnétique.

Inaltérable à l'air, à la température ordinaire, il se convertit au rouge en oxyde.

Nickel. — Le nickel a été découvert par Cronstedt, en 1751, dans l'arséniure de nickel (*Nickeline*).

Extraction. — Pour extraire le nickel, on utilise l'arséniure de nickel impur, qui se forme dans la préparation du *small* ou *bleu d'azur*. Le sulfo-arséniure de cobalt, grillé et ainsi privé de la plus grande partie de son arsenic, est calciné dans un creuset, avec du sable blanc et de la potasse ; l'arséniure de nickel impur ou *speiss*, d'apparence métallique, gagne le fond du creuset. L'opération est la même que pour le cobalt.

Propriétés. — Le *nickel* pur est d'un blanc grisâtre. Il est malléable, ductile, très tenace : c'est le plus dur des métaux après le manganèse.

Densité = 8,279.

Il est moins fusible que le fer, plus fusible que le manganèse. Il est magnétique, à la température ordinaire ; mais il cesse de l'être vers 250°.

Il est inaltérable à l'air, à la température ordinaire. Au rouge, il attire l'oxygène. — Il devient *passif*, comme le fer, en présence de l'azotique concentré.

Applications. — Le nickel entre dans la composition de maillechort ; il est employé également pour la fabrication des monnaies de billon.

Le *cobalt* et le *nickel* se rapprochent du fer, du manganèse et du chrome, en ce qu'ils donnent naissance à deux séries de sels, analogues aux *sels ferreux* et *ferriques*.

CHAPITRE VIII

ALUMINIUM.

§ 1. — PRODUITS NATURELS.

L'aluminium, à l'état d'*oxyde* ou de *silicate*, est très répandu dans la nature. — Il entre encore dans la composition de l'*alunite*, de la *bauxite* et de la *cryolite*.

Alumine. — L'alumine naturelle est un oxyde d'aluminium, Al^2O^3.

On la trouve, dans la nature, cristallisée en rhomboïdes.

Le *corindon* est de l'alumine anhydre et incolore ; c'est la pierre la plus dure, après le diamant.

Le *rubis*, le *saphir*, la *topaze*, ne sont autre chose que de l'alumine, colorée par des matières étrangères en *rouge*, en *bleu* et en *jaune*. — L'*émeri* est de l'alumine, colorée en noir par de l'*oxyde de fer*.

La *bauxite* est une argile formée d'alumine et de sesquioxyde de fer. — On la trouve en abondance dans le *Var*.

Argiles. — Les argiles sont des silicates d'alumine hydratés, plus ou moins mélangés de substances étrangères. Elles résultent de la désagrégation du feldspath, par l'action de l'eau et de l'air ; le silicate alcalin, dissous, est entraîné peu à peu.

L'*argile pure*, ou *kaolin*, se trouve en abondance à Saint-Yrieix (Haute-Vienne) et en Saxe. C'est une matière blanche, compacte, douce au toucher et difficilement fusible ; elle forme avec l'eau une pâte liante, facile à pétrir et à façonner. — Chauffée, l'argile subit un retrait, d'autant plus considérable qu'elle a été portée à une température plus élevée.

Les *argiles ordinaires* contiennent de petites quantités d'oxyde de fer ou de manganèse, de la chaux et des alcalis. Les noms par lesquels on les désigne rappellent leurs propriétés :

(a) Les *argiles plastiques* ne contiennent que de très petites quantités de matières étrangères. On les utilise pour la fabrication des poteries, des briques réfractaires et des creusets. — *Forges-les-Eaux, Dreux, Montereau....*

(b) Les *argiles smectiques* sont employées, sous le nom de *terres à foulon*, pour le dégraissage et le foulonnage des draps. — *Issoudun* (Indre), *Villeneuve* (Isère), *Rittenau* (Alsace).

(c) Les *argiles figulines* renferment une forte proportion de silice et contiennent de la chaux et de l'oxyde de fer. On les emploie à la fabrication des poteries communes, des tuiles et des briques. — *Vanves* et *Vaugirard*.

Elles constituent la *terre glaise* des sculpteurs.

Les *marnes* sont des mélanges d'argile et de craie.

Alunite. — Cryolite. — L'*alunite* est une pierre insoluble que l'on trouve en Hongrie et dans les environs de Rome. Elle est composée de sulfate de potassium et de sous-sulfate d'aluminium; elle sert à la préparation de l'*alun cubique*.

La *cryolite* est un *fluorure double d'aluminium* et de *sodium*, qui sert à la fabrication de l'aluminium.

La cryolite nous vient du Groënland.

§ 2. — EXTRACTION ET PROPRIÉTÉS.

Extraction. — L'aluminium a été isolé en 1827 par Wœhler. En décomposant le chlorure d'aluminium par le potassium, Wœhler obtint une poudre grise, susceptible de prendre, sous le brunissoir, un aspect métallique.

La véritable extraction industrielle de l'aluminium est due à M. Sainte-Claire Deville.

Procédé de M. H. Sainte-Claire Deville. — Ce procédé comprend deux opérations :

1° On chauffe au rouge, dans un courant de chlore, une pâte formée de *bauxite*, de noir de fumée et de chlorure de sodium. — Un *chlorure double d'aluminium et de sodium* se sublime, en masses compactes, dans des récipients en terre.

2° Dans un four à réverbère, chauffé au rouge, on projette un mélange formé de

Chlorure double d'aluminium et de sodium. 12 p.

Cryolite 5

Sodium 2

L'équation suivante exprime la réaction qui se produit, entre le sodium et le chlorure double,

$$Al^2 Cl^6 (Na Cl)^2 \ + \ 6\,Na = 8\,Na\,Cl + 2\,Al.$$

Chlorure double
d'aluminium et de sodium.

La cryolite augmente la fusibilité de la matière et permet au métal de se rassembler plus facilement.

L'aluminium ainsi obtenu est fondu dans un creuset et coulé en lingots. — 3 kilogrammes de sodium donnent 1 kilogramme d'aluminium.

Propriétés physiques. — L'aluminium est d'un blanc bleuâtre, très léger.

Densité $= 2,5$; — à peu près celle de la porcelaine.

Il est très malléable, ductile, bon conducteur de la chaleur.
Sa température de fusion est intermédiaire entre celle de l'argent et celle du zinc.

Affinités. — L'aluminium est inaltérable à l'air, aux plus hautes températures ; il n'est attaqué ni par l'eau, ni par l'hydrogène sulfuré ; l'acide sulfurique et l'acide azotique ne l'attaquent que faiblement. — Il se dissout facilement dans l'acide chlorhydrique.

L'aluminium est soluble dans les solutions alcalines bouillantes ; il se forme un aluminate et l'hydrogène se dégage.

Applications. — L'aluminium est employé pour la fabrication des *bijoux*, des *objets d'ornement*, des *montres*, des *longues-vues*....

Allié à 5 ou 10 centièmes de cuivre, il donne le *bronze d'aluminium*.

CHAPITRE IX

ANTIMOINE. — BISMUTH. — OR.

§ 1. — ANTIMOINE.

État naturel. — L'antimoine se rencontre quelquefois à l'état natif.

On le trouve, surtout, combiné au soufre et constituant la *stibine*, qui forme des filons dans les terrains anciens. — On exploite la stibine en Angleterre, en Saxe, en Suède et en France, dans le Puy-de-Dôme, l'Ariège et le Gard.

On exploite en Algérie, dans la province de Constantine, des oxydes d'antimoine, connus sous le nom de *valentinite* et de *senarmontite*.

Extraction. — Le sulfure d'antimoine, séparé de sa gangue par fusion, se présente sous la forme de masses grises fibreuses.

Ce sulfure, grillé au contact de l'air, se transforme en un oxysulfure Sb^4S^2O, qui fond au rouge et se prend, par le refroidissement, en une masse vitreuse brune, qu'on désigne sous le nom de *verre d'antimoine*.

L'oxysulfure pulvérisé est mélangé avec 15 pour 100 de charbon, arrosé d'une solution de carbonate de sodium et chauffé dans un creuset ; — le charbon s'empare de l'oxygène, tandis que le soufre passe à l'état de sulfure de sodium, et forme une scorie qui recouvre le bain d'antimoine fondu.

Purification. — L'antimoine du commerce renferme du plomb, du soufre et de l'arsenic.

On pulvérise le métal impur et on y ajoute 1/8 de carbonate de sodium et 1/6 de sulfure d'antimoine ; le mélange ainsi obtenu est chauffé au rouge, dans un creuset. Le soufre du sulfure d'antimoine se combine avec une partie de l'arsenic, les métaux étrangers et le sodium. — Ces sulfures forment une scorie, au-dessus de l'antimoine fondu.

Le culot d'antimoine, fondu de nouveau, est maintenu, pendant 2 heures, en contact avec 1 p. 1/2 de carbonate de sodium qui dissont de petites quantités de sulfure et une partie de l'arsenic resté dans l'antimoine.

Enfin, on fait fondre l'antimoine, une troisième fois, avec un mélange de carbonate de sodium et d'azotate de potassium ; — les dernières traces d'arsenic sont ainsi converties en arséniate de sodium.

Propriétés physiques. — L'antimoine est un métal d'un blanc bleuâtre, d'une texture lamelleuse, quand il est impur.

Densité $= 2,7$ à $2,8$.

L'antimoine fond à 450°. Quand il se refroidit, sa surface présente l'aspect de feuilles de fougères.

Il est très cassant et facile à pulvériser.

Allié à d'autres métaux, il leur donne de la dureté.

Affinités. — Inoxydable à l'air, à la température ordinaire, l'antimoine s'oxyde rapidement à la température de sa fusion, en répandant d'abondantes vapeurs d'oxyde d'antimoine.

Il se combine directement avec le chlore, le brome et l'iode. L'acide azotique le convertit en acide méta-antimonique, SbO^3H, analogue à l'acide métaphosphorique.

Les composés d'arsenic et d'antimoine sont isomorphes.

Applications. — La propriété que possède l'antimoine de donner de la dureté aux métaux, est utilisée pour la fabrication de divers alliages : *Caractères d'imprimerie, Argentin, Britannia* ...

<h2 style="text-align:center">§ 2. — BISMUTH.</h2>

État naturel. — Le bismuth, mentionné pour la première fois par Agricola, dans les premières années du seizième siècle, se rencontre généralement à l'état natif, cristallisé, dans les gisements argentifères de la Saxe et de la Bohême.

Il se trouve aussi, à l'état d'oxyde, de carbonate et de sulfure. — Récemment, M. Carnot a découvert un gisement d'oxyde et de sulfure de bismuth, à Meymac (Corrèze).

Extraction. — On sépare le bismuth de sa gangue, en chauffant le minerai dans des tuyaux de fonte ou de tôle, disposés dans un four, suivant une direction inclinée.

Le métal fond et s'écoule par une ouverture pratiquée à l'extrémité inférieure.

Purification. — Le bismuth du commerce renferme presque toujours de l'arsenic, quelquefois du soufre.

Une première purification consiste à fondre le bismuth avec le 1/20 de son poids d'azote de potassium, qui oxyde le sulfure et l'arsenic.

Le métal ainsi obtenu est dissous dans l'acide azotique; la solution, précipitée par l'ammoniaque, donne un mélange d'oxyde et d'azotate, qu'on réduit en le chauffant dans un creuset, avec du *flux noir*, mélange de charbon et de carbonate de potassium, produit par la calcination de la crème de tartre en vase clos.

Propriétés physiques. — Le bismuth est un métal dur et cassant, d'un blanc gris, avec reflets jaunâtres.

Densité = 9,8.

Il fond à 247°. Cristallisé par fusion, il se présente en *trémies formées de rhomboïdes, se rapprochant beaucoup du cube.* La surface des cristaux est recouverte d'une mince pellicule d'oxyde, qui donne lieu aux jeux de lumière des bulles de savon.

Le bismuth augmente de volume en se solidifiant.

Affinités. — Le bismuth est inaltérable à l'air, à la température ordinaire. Chauffé au rouge, il brûle, en formant de l'oxyde bismuthique.

Il s'unit directement au chlore, au brome et à l'iode. L'acide chlorhydrique et l'acide sulfurique ne l'attaquent que très peu à froid; — son meilleur dissolvant est l'acide azotique, qui le convertit en azotate.

Les divers composés du bismuth offrent la plus grande analogie avec ceux de l'antimoine.

Applications. — Le bismuth communique aux alliages une grande fusibilité. — *Alliage de Newton.* — *Alliage de d'Arcet.*

§ 3. — Or.

État naturel. — On rencontre l'or à l'état natif, dans les sables d'alluvions anciennes ou dans des roches quartzeuses; tantôt l'or est pur, tantôt il est allié à l'argent, au palladium, à l'iridium ou au tellure. — L'or brut de Californie renferme 1 pour 100 d'iridium.

Certaines rivières charrient de l'or : le Rhin, le Rhône, la Garonne, en renferment de trop petites quantités pour que leurs sables puissent faire l'objet d'une exploitation fructueuse. — On exploite les dépôts sablonneux de l'Oural.

Extraction. — Les dépôts sablonneux sont soumis à des lavages qui enlèvent les particules terreuses, plus légères, de manière à ne laisser que très peu de sable avec le métal. Cette opération s'exécute dans des sébiles de bois, ou sur des tables inclinées; l'or, en raison de sa densité, tombe au fond des sébiles, ou s'arrête dans les rainures des tables.

Les paillettes d'or, encore mélangées de sable, sont amalgamées avec 6 fois environ leur poids de mercure; l'amalgame liquide, ainsi obtenu, exprimé dans des peaux de chamois, donne un amalgame solide qui est soumis à la distillation.

En Californie et en Australie, pour l'exploitation des roches quartzeuses très dures, on emploie des machines qui broient le minerai, le lavent et l'amalgament du même coup.

Affinage. — L'or, ainsi obtenu, contient toujours un peu d'argent; on sépare ce métal par l'affinage.

Le métal du commerce, réduit en grenaille, est traité, dans des vases en platine, par l'acide sulfurique concentré et bouillant; l'or n'est pas attaqué et l'argent se transforme en sulfate d'argent, qui reste en dissolution. — L'argent est précipité de sa dissolution de sulfate d'argent, au moyen de lames de cuivre.

Propriétés. — L'or pur est d'un beau *jaune*, caractéristique.

Densité $= 19,5$.

Il fond vers 1200° et cristallise, par refroidissement, en octaèdres.

L'or est le plus ductile et le plus malléable des métaux; — un gramme d'or peut donner un fil atteignant une longueur de plus de 3000 mètres.

L'or se laisse réduire en feuilles de 1/10000 de millimètre d'épaisseur, et laisse alors passer la lumière verte.

L'or est inaltérable à l'air, à toutes les températures.

Le chlore et le brome l'attaquent même à froid.

Les acides sulfurique, chlorhydrique, azotique, phosphorique, ne l'attaquent ni à chaud ni à froid. — L'eau régale le dissout, en formant du chlore naissant.

L'or se dissout dans le mercure, à toutes les températures. Il peut s'allier avec la plupart des métaux, à une température élevée.

Applications. — Allié au cuivre, l'or entre dans la composition des *monnaies*, des *médailles* et des *bijoux*.

CHAPITRE X

ÉTAIN. — PLATINE. — PALLADIUM. — IRIDIUM.

§ 1. — Étain.

État naturel. — Le seul minerai d'étain aujourd'hui exploité est la *cassitérite* ou *bioxyde* d'étain.

Les principaux gisements sont en Cornouailles, à Malacca, à Banca, au Chili. On en rencontre en France, près de Nantes et près de Limoges.

Extraction. — Le minerai, broyé et lavé, est fondu avec du charbon qui le réduit et met l'étain en liberté.

L'étain impur, ainsi obtenu, est chauffé dans un four incliné, à une température un peu supérieure à sa fusion; l'étain fond et s'écoule au dehors, tandis que les métaux étrangers, peu fusibles, restent sur la sole du four.

Pour avoir de l'étain, chimiquement pur, il faut réduire par le charbon l'oxyde SnO^2, obtenu en précipitant le chlorure stannique par le carbonate de sodium.

Propriétés. — L'étain est d'un blanc d'argent, à texture cristalline. — Quand on ploie une barre d'étain, elle fait entendre un son particulier, appelé *cri de l'étain*, dû à la rupture des cristaux. Par le frottement, il acquiert une odeur caractéristique.

Densité = 7,285.

L'étain fond à 228° et cristallise par refroidissement.

Il est mou et ne peut être réduit en poudre par le pilon.

Pour obtenir l'étain à l'état pulvérulent, on verse le métal, fondu, dans une boîte de bois enduite de craie et on agite vivement la boîte pendant le refroidissement. — L'étain est peu tenace ; un fil de deux millimètres de diamètre se rompt sous un poids de 24 kilogrammes.

A la température ordinaire, l'étain ne s'oxyde pas sensiblement; à une température élevée, il se convertit en oxyde stanneux SnO, puis en oxyde stannique SnO^2.

11.

L'acide sulfurique l'attaque à peine ; l'acide azotique l'attaque vivement et le transforme en oxyde stannique. L'acide chlorhydrique, concentré, dissout l'étain avec dégagement d'hydrogène.

Applications. — Réduit en feuilles minces, l'étain sert à envelopper le chocolat et le thé.

L'étain entre dans la composition des bronzes. Il sert également
pour l'étamage et pour la fabrication du fer-blanc.

Étamage. — L'étamage du cuivre se fait en frottant de l'étain fondu
contre l'objet, décapé au moyen de l'acide chlorhydrique et du sel
ammoniac.

Pour étamer le fer battu, on le nettoie d'abord avec du sable. Après
avoir essuyé les objets, on les trempe dans un bain d'étain et on les
frotte avec des étoupes imbibées de sel ammoniac.

Fer-blanc. — Pour fabriquer le fer-blanc, on décape la tôle, en la
plongeant dans l'acide sulfurique étendu ; on la frotte avec du sable
et on la plonge, d'abord dans un bain de suif fondu, puis dans un
bain d'étain couvert de suif.

La plaque, ainsi recouverte d'un alliage de fer et d'étain, se conserve, aussi bien que l'étain, au contact de l'air ; mais si le fer est mis
à nu, l'oxydation marche plus rapidement que s'il n'y avait pas d'é-
tain.

§ 2. — PLATINE.

État naturel. — Le platine, longtemps confondu avec l'argent (*pla-
tina*, de l'espagnol *plata*, argent), se trouve toujours à l'état natif. —
On le rencontre dans les sables d'alluvions anciennes, à la Nouvelle-
Grenade, en Californie et surtout dans l'Oural.

Le minerai de platine se compose de grains irréguliers de platine
natif, présentant quelquefois des facettes cristallines. — Ces grains
sont mêlés à des métaux étrangers : or, fer, cuivre, iridium, palladium ; — on y trouve également des paillettes brillantes d'osmiure
de sodium.

Extraction. — Le minerai débarrassé du sable par des lavages,
peut donner successivement l'or, le palladium, le platine et l'iridium.

(*a*) *Or.* — On enlève l'or au moyen du mercure.

(*b*) *Palladium.* — Le résidu est traité par l'eau régale concentrée, qui dissout le platine, le palladium et l'iridium ; l'osmiure d'iridium reste à peu près inattaqué.

La liqueur neutralisée par le carbonate de soude est traitée par le cyanure de mercure ; on a un cyanure de palladium blanc, insoluble. — Ce précipité, calciné, donne le *palladium*.

(c) *Mousse de platine*. — Les eaux mères précipitées par le chlorure d'ammonium donnent un chlorure double d'ammonium et de platine ; — ce précipité, calciné au rouge, constitue une masse grise, spongieuse, qui a reçu le nom de *mousse de platine*.

Platine en barre. — Longtemps, on a travaillé le platine en comprimant le platine spongieux dans un cylindre de fer creux et le martelant au rouge blanc, de manière à en souder toutes les parties.

MM. Sainte-Claire Deville et Debray ont réussi à le fondre, en le chauffant dans un creuset de chaux vive, au moyen du chalumeau à gaz oxhydrique.

Propriétés physiques. — Le platine pur se rapproche de l'argent, par sa couleur et son éclat.

Densité = 21,5.

Le platine fond à 2200°. Il se ramollit avant de fondre et peut se souder à lui-même comme le fer. Le platine fondu absorbe l'oxygène, comme l'argent, et *roche* par refroidissement.

Le zinc précipite le platine de sa dissolution chlorurée, sous la forme d'une poudre noire, appelée *noir de platine*. La mousse ou éponge de platine et le noir de platine déterminent l'oxydation de l'alcool absolu, au contact de l'air ; — en leur présence, l'hydrogène et l'oxygène se combinent à la température ordinaire.

Ces divers phénomènes sont dus à ce que le platine possède la propriété de condenser les gaz, avec dégagement de chaleur, de telle sorte que les gaz se trouvent dans des conditions favorables pour se combiner.

Affinités. — Le platine n'est oxydable à aucune température. Il se combine, directement, avec le charbon, le bore, le silicium, le phosphore et l'arsenic, — le zinc, le plomb et l'étain.

Il est inattaquable par les acides et se dissout seulement dans l'eau régale concentrée.

Applications. — Le platine sert à fabriquer des vases et des alambics pour la concentration et la distillation de l'acide sulfurique, des capsules pour l'affinage de l'or.

On l'emploie dans les laboratoires sous la forme de fil, de capsules ou de creusets.

§ 3. — Palladium. — Iridium.

Palladium. — Le palladium a été découvert par Wollaston en 1803. Nous avons vu plus haut qu'on l'obtient en calcinant le cyanure de palladium blanc.

Le palladium est un métal blanc, très malléable.

Densité = 11,4.

Le palladium, obtenu en décomposant le chlorure par la pile, absorbe 980 vol. d'hydrogène.

Ses propriétés chimiques le rapprochent de l'argent.

Iridium. — Nous avons dit plus haut que le minerai de platine, privé d'abord de son ordre par le mercure, puis traité par l'eau régale concentrée, laisse comme résidu un *osmiure* d'*iridium*.

Cet osmiure, primitivement très dur, chauffé avec du zinc dans un creuset brasqué et jusqu'à volatilisation de ce métal, devient pulvérulent. On chauffe au rouge, avec du bioxyde de baryum et de l'azotate de baryum desséché, et on fait bouillir avec de l'eau régale; l'acide osmique se dégage.

On évapore à siccité et on a une liqueur jaune contenant l'iridium, le rhodium et le ruthénium. En y ajoutant du sel ammoniac, on en précipite le ruthénium et l'iridium à l'état de chlorures doubles. — Le rhodium reste dans la liqueur.

Le chlorure double de ruthénium et d'iridium calciné dans un creuset d'argent, avec un mélange de potasse et de nitre, est repris par l'eau distillée; — l'oxyde d'iridium reste insoluble.

On lave, on calcine et on réduit par le gaz hydrogène.

L'*iridium*, découvert par *Tennant* en 1803, est un métal blanc grisâtre.

Densité = 21,13.

Il *roche* comme le platine.

Il est insoluble dans tous les acides et même dans l'eau régale faible.

CHAPITRE XI

ALLIAGES.

But des alliages. — Les seuls métaux employés à l'état isolé sont le fer, le zinc, l'étain, le cuivre, le plomb, l'aluminium, le mercure et le platine.

Les autres métaux, pour être utilisés dans l'industrie, doivent être unis dans certaines proportions à d'autres métaux qui modifient leurs propriétés physiques. — Ainsi, le cuivre donne, à l'or et à l'argent, la dureté qui leur manque ; — le plomb permet de fabriquer les caractères d'imprimerie avec le bismuth et l'antimoine qui, seuls, sont trop cassants....

Tous les produits résultant de l'union des métaux entre eux ont reçu le nom d'*alliages ;* — si le mercure est l'un des métaux constituants, l'alliage prend le nom d'*amalgame.*

Constitution des alliages. — Les alliages sont-ils de simples mélanges ou des combinaisons définies?

Si l'on jette des morceaux de sodium dans du mercure, légèrement chauffé, la combinaison s'effectue avec un dégagement considérable de chaleur et de lumière et, par refroidissement, le tout se prend en une masse cristalline formée d'aiguilles brillantes.

D'un autre côté, si on laisse refroidir lentement un alliage fondu, on peut constater au moyen du thermomètre que de temps en temps la température reste stationnaire. Ces temps d'arrêt correspondent à la solidification d'une partie de l'alliage, dans des proportions définies et sous la forme cristalline. — Ce phénomène constitue la *liquation.*

Enfin, les alliages ont des propriétés physiques qui leur appartiennent en propre et ne représentent pas la moyenne des propriétés des métaux constituants ; le point de fusion est toujours inférieur à celui du métal le plus fusible.

De ce qui précède, on peut conclure que

Les alliages sont des combinaisons définies avec un excès des métaux constituants.

Dans la fonte des grandes masses d'alliage, comme dans le *coulage* des *canaux* de *bronze,* on doit prendre des précautions spéciales pour empêcher la liquation, à la suite de laquelle il se produirait une répartition inégale des métaux et un manque d'homogénéité dans la composition de l'alliage. — Nous avons vu qu'on utilise le phénomène de la liquation, pour retirer l'argent qui se trouve en très petite quantité dans le plomb et le cuivre argentifère.

Préparation. — Après avoir mélangé dans un creuset les métaux que l'on veut allier, on les fond, en ayant soin de recouvrir la masse avec de la poussière de charbon, pour éviter toute oxydation. — Si l'un des métaux est volatil, on fait fondre d'abord complétement le métal le moins fusible, puis on ajoute rapidement l'aûtre métal ; on brasse le mélange et l'on coule rapidement dans des moules.

Alliages d'argent. — L'argent pur est trop mou, pour pouvoir servir à la fabrication des monnaies et de la vaisselle. Allié au cuivre, il donne un produit plus dur que chacun des métaux séparés.

Les alliages industriels se font dans les proportions suivantes :

Pièces de 5 fr.	ARGENT.	900
	CUIVRE.	100
Pièces de 2 fr., 1 fr., 50 c., 20 c.	ARGENT.	865
	CUIVRE.	135
Vaisselle et médailles.	ARGENT.	950
	CUIVRE.	50
Bijouterie.	ARGENT.	800
	CUIVRE.	200

Alliages de cuivre. — Les alliages de cuivre sont nombreux. Les plus usités sont le *bronze*, le *laiton* et le maillechort.

Bronze. — Le bronze est un alliage de *cuivre* et d'*étain*, en proportions variables et qui, à l'inverse de l'acier, devient malléable par la trempe. — On en fait des *canons*, des *cloches*, des *cymbales*.

Bronze des canons	CUIVRE.	90
	ÉTAIN	10
Bronze des tamtams	CUIVRE.	80
	ÉTAIN	20
Bronze des cloches.	CUIVRE.	78
	ÉTAIN	22
Bronze des miroirs du télescope.	CUIVRE.	67
	ÉTAIN	33

On donne encore le nom de bronze, aux alliages de cuivre qui sont employés pour la *fabrication des médailles* et à l'*alliage du cuivre* avec l'*aluminium*, bien que le premier contienne du zinc et que le second ne renferme pas d'étain.

Bronze des médailles et des monnaies.
Cuivre	95
Étain	4
Zinc	1

Bronze d'aluminium
Cuivre	90
Aluminium	10

Bronze d'aluminium. — Bien que l'aluminium soit quatre fois moins dense que l'argent, il offre la même résistance, sous le même volume. Le cuivre donne à l'alliage l'aspect de l'or et le rend très dur, quoique malléable.

Le bronze d'aluminium, découvert par Debray, se prête à la fabrication des objets d'orfévrerie, des canons de pistolet, des coussinets de machines, des casques, des cuirasses.

Laiton. — Le laiton est un alliage de cuivre et de zinc, qui peut remplacer le cuivre dans presque tous ses emplois ; aussi ductile et aussi malléable que le cuivre pur, il est plus fusible et se prête mieux au travail. — On en fait des fils, des roues de montres, des ustensiles de ménage, des garnitures d'armes, ornements, des boutons de portes, de serrures....

Les proportions varient de 30 à 34 pour 100. Les plus habituelles sont les suivantes :

Laiton
Cuivre	67 p.
Zinc	33

Le *similor* et le *chrysocale* sont des *laitons*, renfermant de 83 à 90 pour 100 de cuivre. — On les emploie pour la fabrication des faux bijoux.

Maillechort. — Le *maillechort*, ou *argentan*, est un laiton auquel on ajoute du nickel. Cet alliage, d'une couleur blanche, peu altérable, est employé pour la fabrication des objets de sellerie, d'instruments de physique et pour la monture de beaucoup d'instruments de chirurgie.

Maillechort
Cuivre	50 p.
Zinc	25
Nickel	25

Alliage de plomb. — Le plomb, trop mou pour servir à la fabrication des caractères d'imprimerie, acquiert une résistance suffisante à la pression, au moyen de l'addition d'une certaine quantité d'antimoine.

Les proportions les plus habituelles sont les suivantes :

Caractères d'imprimerie . . . . { PLOMB . . . . 80 p. / ANTIMOINE 20

Alliages d'or. — L'or pur ne présente pas une assez grande dureté, pour être converti en monnaie et en bijoux ; il doit être allié au cuivre.

Les alliages d'or, adoptés en France, sont faits dans les proportions suivantes :

Monnaies d'or . . . . { OR . . . . 900 p. / CUIVRE 100

Vaisselle et médailles . . . . { OR . . . . 916 p. / CUIVRE 84

Bijouterie . . . . { OR . . . . 750 p. / CUIVRE 250

L'or, qui renferme du cuivre, est plus rouge que l'or pur ; allié à l'argent, il prend une teinte jaune plus pâle.

Alliages d'étain. — L'étain, allié au plomb, sert à confection- ner un grand nombre d'objets : *cuillers, flambeaux, vaisselle....* Pour les usages culinaires, la proportion de plomb ne doit pas dépasser 10 pour 100.

Vaisselle et robinets . . . . { ÉTAIN . . . . 92 p. / PLOMB 8

Avec l'antimoine le bismuth et le cuivre, l'étain donne un métal blanc, très résistant, qui a reçu le nom de *métal anglais.*

Métal anglais . . . . { ÉTAIN . . . . 100 p. / ANTIMOINE . . . . . . 8 / BISMUTH . . . . 1 / CUIVRE 4

Les alliages d'étain servent encore aux usages suivants :

Mesures d'étain . . . . { ÉTAIN . . . . 82 p. / PLOMB 18

Soudure des plombiers . . . . { ÉTAIN . . . . 66 p. / PLOMB 34

L'*amalgame* d'étain constitue le *tain*, destiné à l'étamage des glaces.

LIVRE IV

COMBINAISON DES MÉTAUX AVEC LES MÉTALLOIDES

CHAPITRE PREMIER

OXYDES MÉTALLIQUES.

Nous avons dit précédemment qu'on entend par *oxydes* tous les composés binaires oxygénés qui ne rougissent pas la teinture de tournesol.

La plus grande partie des oxydes sont des combinaisons des métaux avec l'oxygène.

§ 1. — ACTION DE L'OXYGÈNE SUR LES MÉTAUX.

Action de l'oxygène sec. — L'action de l'air est la même que celle de l'oxygène; elle est seulement moins intense.

Le potassium, seul, peut s'oxyder dans l'oxygène sec, à la température ordinaire. La plupart des autres métaux se convertissent en oxydes, à des températures plus ou moins élevées : le *plomb*, vers 330°; le *mercure*, vers 350°; le *cuivre*, au rouge sombre.... L'argent, l'or et le platine ne s'oxydent à aucune température.

L'état de division du métal peut faciliter la combinaison. Ainsi, le fer qui doit être porté au rouge pour brûler dans l'oxygène, brûle spontanément dans l'air, quand on l'a amené à l'état pulvérulent, en réduisant le sesquioxyde de fer par l'hydrogène; de là le nom de *fer pyrophorique*, donné au fer qui jouit de cette propriété.

Il faut d'ailleurs, pour que la combustion soit complète, que les parties oxydées disparaissent, afin de permettre à de nouvelles portions du métal d'arriver au contact de l'air. Ainsi, quand on fait brûler une spirale de fer dans l'oxygène, la combustion subit des temps d'arrêt, chaque fois qu'une certaine quantité d'oxyde s'est accumulée à l'extrémité, et elle reprend une nouvelle activité, quand la chute du globule d'oxyde a de nouveau mis à nu l'extrémité incandescente de la spirale. L'antimoine, qui est fixe, doit à la volatilité de son oxyde la faculté de brûler d'une manière complète.

Action de l'oxygène humide. — A la température ordinaire, l'oxygène humide n'agit que sur les métaux qui décomposent l'eau à froid : potassium, sodium, lithium, strontium, baryum, calcium.

En présence de l'acide carbonique, l'air humide recouvre le fer, le zinc, le cuivre, le plomb, d'une couche d'hydro-carbonate, formant bientôt au métal une sorte de revêtement, qui l'abrite contre l'action de l'air.

L'altération est au contraire profonde, si l'oxyde qui se forme est poreux. On sait, en effet, que le fer exposé à l'air humide se transforme complétement en *rouille*. — On admet que l'oxygène et l'acide carbonique dissous dans l'eau forment d'abord un carbonate ferreux, lequel, au contact de l'air humide, se transforme en *hydrate de sesquioxyde de fer* et en *acide carbonique*. La tache de rouille, une fois formée, constitue avec le fer lui-même un élément de pile, et le courant qui en résulte décompose l'eau. L'oxydation marche alors rapidement ; une partie de l'hydrogène se dégage, l'autre partie se combine avec l'azote dissous dans l'eau, pour former de l'ammoniaque. — Il suffit d'humecter les taches de rouille avec une dissolution de potasse et de les chauffer, pour constater l'odeur caractéristique du gaz ammoniac.

D'après Wetzien, l'eau oxygénée se forme, comme produit secondaire, pendant la décomposition de l'eau, et c'est celle qui, se fixant directement sur les métaux, les convertit en *hydrates*.

$$Fe^2 + 3H^2O^2 = F^2O^6H^6 = Fe^2O^3 + 3H^2O$$
$$Mg + H^2O^2 = MgO^2H^2 = MgO + H^2O.$$

§ 2. — Oxydes en général.

Oxydes naturels. — Un grand nombre d'oxydes métalliques se rencontrent dans la nature. Nous avons cité successivement comme oxydes naturels :

1° L'oxyde *cuivreux*, Cu^2O ;

2° Le *sesquioxyde de fer cristallisé*, ou *fer oligiste*, Fe^2O^3 ;

3° Le *peroxyde de manganèse*, ou *pyrolusite*, MnO^2 ;

4° L'*alumine*, Al^2O^3, qui prend les noms de *corindon, saphir oriental, rubis oriental*, suivant qu'elle est transparente et incolore, ou colorée en *bleu* ou en *rouge*, par de petites quantités de matières étrangères ;

5° Le *bioxyde d'étain* ou *cassitérite*.

Préparation. — Les procédés, employés pour préparer les oxydes, sont au nombre de trois :

(a) *Oxydation directe du métal ;*

(b) *Décomposition d'un sel par voie sèche;*

(c) — — *voie humide.*

(a) **Oxydation du métal.** — Ce procédé est employé pour la préparation des oxydes suivants :

Oxyde de zinc.
Oxyde de plomb (litharge, massicot).
Oxyde de cuivre.

Les oxydes d'antimoine et d'étain s'obtiennent en oxydant le métal, au moyen de l'acide azotique.

(b) **Décomposition d'un sel par voie sèche.** — On peut dire, d'une manière générale, que les carbonates et les azotates, ceux de potassium et de sodium exceptés, sont décomposables par la chaleur et donnent pour résidu un oxyde métallique.

La *chaux* est le résultat de la calcination du carbonate; la baryte, l'oxyde de cuivre et l'oxyde de mercure sont obtenus en calcinant l'azotate correspondant.

(c) **Décomposition d'un sel par voie humide.** — Ce procédé est applicable à la préparation de tous les oxydes qui sont insolubles ou peu solubles dans l'eau.

Il suffit, pour obtenir l'oxyde, de verser dans une dissolution saline une dissolution de potasse ou d'ammoniaque liquide; ces deux hydrates prennent dans le sel la place de l'oxyde insoluble, ou peu soluble, qui se dépose.

Propriétés physiques. — Les oxydes sont solides à la température ordinaire, et, en général, mauvais conducteurs de la chaleur.

Ils sont plus denses que l'eau. — La densité est inférieure à celle du métal correspondant, sauf pour les oxydes alcalins.

Couleur. — Les oxydes sont en général *blancs* : chaux, magnésie, oxyde de zinc.... Parmi les oxydes colorés, nous citerons :

Le *sesquioxyde de fer*, qui est....   *rouge brique;*

Le *minium*....................   *rouge ;*

L'*oxyde rouge de mercure*.......   *rouge orangé;*

L'*oxyde de cuivre*..............   *noir.*

Action de la chaleur. — Un petit nombre d'oxydes sont volatils : *oxyde d'antimoine, acide osmique;* — la *chaux* et la *magnésie* sont absolument fixes ; — la *litharge* fond facilement, mais il faut une température très élevée ; — la *baryte* et l'*alumine* fondent à la flamme oxhydrique.

Solubilité. — Les oxydes alcalins sont très solubles ; — les *oxydes alcalino-terreux* sont peu solubles ; les oxydes de plomb et d'argent donnent à l'eau une réaction alcaline ; — tous les autres oxydes sont insolubles.

Affinités. — (*a*). *Hydrogène.* — L'hydrogène réduit la plupart des oxydes, à une température plus ou moins élevée :

$$Fe^2O^3 + 3H^2 = 3H^2O + 2Fe.$$

Il y a élimination d'une ou plusieurs molécules d'eau.

(*b*). *Charbon.* — L'action du charbon est la même que celle de l'hydrogène ; elle est même plus active. Ainsi, les oxydes alcalins, qui ne sont pas irréductibles par l'hydrogène, le sont par le charbon.

$$2CuO + C = CO^2 + 2Cu$$
$$ZnO + C = CO + Zn.$$

Il y a donc élimination, soit d'oxyde de carbone, soit d'acide carbonique.

(*c*). *Soufre.* — Le soufre décompose tous les oxydes, à une température élevée. Il se forme des sulfures et du gaz sulfureux, ou bien des sulfures et des sulfatés, si les sulfates sont indécomposables par la chaleur.

$$2CuO + 3S = 2CuS + SO^2$$
$$4CaO + 4S = 3CaS + SO^4Ca.$$

(*d*). *Chlore.* — Le chlore décompose les oxydes, à une température élevée. Il se forme un chlorure, et l'oxygène est mis en liberté.

Certains oxydes, l'alumine, par exemple, résistent à l'action isolée du chlore et du charbon, et sont décomposés, quand on fait agir les deux corps simultanément.

$$Al^2 O^3 + 3 C + 6 Cl = Al^2 Cl^6 + 3 CO.$$

(*e*). *Eau.* — Nous avons dit déjà en commençant que certains oxydes, en présence de l'eau, s'assimilent une ou plusieurs molécules de ce corps, et donnent naissance à un composé qui *ramène au bleu la teinture de tournesol, rougie par un acide.* — Les composés ainsi formés sont appelés *hydrates* ou *bases.*

Les hydrates de potassium et de sodium, qui sont très solubles dans l'eau, sont encore appelés *alcalis.*

D'autres hydrates sont insolubles. Tel est l'hydrate cuivrique, obtenu en versant une dissolution de potasse dans une dissolution de sulfate cuivrique. Si l'on chauffe ces hydrates au sein même de la liqueur dans laquelle ils se forment, ils perdent leur eau et la transforment en oxyde.

Oxydes acides. — Certains oxydes sont de véritables acides. Tels sont :

L'*acide chromique*	$Cr O^4 H^2$
L'*acide manganique*	$Mn O^4 H^2$

§ 3. PRINCIPAUX OXYDES.

Nous avons déjà parlé des oxydes de potassium et de sodium, ainsi que des hydrates auxquels ils donnent naissance. Nous allons passer en revue les autres oxydes les plus remarquables.

Oxyde de calcium ou chaux, CaO. — *Préparation.* — Dans l'industrie, on prépare la chaux vive en calcinant, dans des fours, des pierres calcaires formées par du carbonate de calcium plus ou moins pur. — On charge les fours avec des couches alternatives de calcaire et de houille, et on allume à la partie inférieure; toutes les heures on enlève le produit de la calcination, par la partie inférieure, et on introduit, par la partie supérieure, de nouvelles charges de combustible et de calcaire.

Dans les laboratoires, on obtient de la chaux pure en décomposant par la chaleur l'azotate de calcium.

Propriétés. — La *chaux vive*, pure, est blanche, tendre, infusible aux plus violents feux de forge.

Sa combinaison avec l'eau est accompagnée d'un dégagement de
chaleur considérable (300° *environ*); une grande partie de l'eau se
réduit instantanément en vapeur. En même temps, la chaux se fen-
dille et augmente de volume; si la quantité d'eau est assez considérable, la chaux forme une pâte onctueuse qui constitue ce qu'on appelle
la *chaux éteinte*. La chaux s'est convertie en *hydrate de calcium*.

$$CaO + H^2O = CaO^2H^2.$$

La chaux éteinte, délayée dans l'eau, forme une bouillie blanche,
qu'on appelle *lait de chaux*.

Eau de chaux. — Le lait de chaux, filtré, donne une liqueur limpide, dissolution d'hydrate de calcium, qui possède une réaction alcaline; c'est l'eau de chaux. — L'eau de chaux bleuit le papier de tournesol; abandonnée dans le vide sec, elle dépose de l'hydrate cristallisé
en prismes hexaédriques. Au contact de l'air, elle absorbe l'acide
carbonique et se recouvre d'une pellicule de carbonate de calcium.

Applications. — La chaux sert à la préparation de la potasse et de
la soude, à l'épilage des peaux, à la saponification des graisses.
Enfin, depuis longtemps, la chaux est employée dans les constructions, soit aériennes, soit hydrauliques.

Les *chaux aériennes* se subdivisent en *chaux grasses* et en *chaux
maigres*. La *chaux grasse* augmente beaucoup de volume, en s'éteignant, et forme, avec l'eau, une pâte liante et grasse; — la *chaux
maigre*, produite par les calcaires contenant un peu de magnésie,
d'oxyde de fer et d'argile, augmente à peine de volume; la pâte
qu'elle forme avec l'eau est courte et peu liante.

Les *chaux hydrauliques* résultent de la calcination d'un calcaire
qui contient de 10 à 30 pour 100 d'argile. La chaux est d'autant plus
hydraulique, que la quantité d'argile est plus considérable.
Si les calcaires contiennent 40 à 50 pour 100 d'argile, la chaux
hydraulique prend le nom de *ciment*.

Le *mortier ordinaire*, destiné aux constructions aériennes, est un
mélange de sable et de chaux grasse, récemment éteinte. Peu à peu, la
chaux du mortier absorbe l'acide carbonique de l'air, et le carbonate
calcaire, ainsi produit, se lie intimement d'une part aux particules
du sable, d'autre part aux surfaces des pierres, pour former un tout
solide et résistant.

La prise de la chaux hydraulique et du ciment est due à une autre
réaction. Le calcaire argileux forme un mélange *de chaux vive, de
silicates et d'aluminates de calcium anhydres*.
Ces silicates et ces aluminates, en s'hydratant, deviennent exces-

sivement durs ; les ciments durcissent d'autant plus rapidement qu'ils renferment une plus grande proportion de silicates et d'aluminates calciques.

Oxyde de magnésium (*magnésie calcinée*), Mg O. — *Préparation.* — On trouve, dans l'ouest de la France et en Angleterre, des gisements importants d'une roche magnésienne, connue sous le nom de *dolomie*.

La dolomie, carbonate double de calcium et de magnésium, traitée par l'acide sulfurique, donne :

$$CO^3 Ca + CO^3 Mg + 2 SO^4 H^2 = SO^4 Ca + SO^4 Mg + 2 CO^2 + 2 H^2 O.$$

Carbonate   Carbonate   Sulfate   Sulfate
de calcium. de magnésium.   de calcium. de magnésium.

Le sulfate de calcium se dépose ; en faisant cristalliser, on a du sulfate de magnésium qui a pour formule :

$$SO^4 Mg + 7 H^2 O.$$

Une solution bouillante de sulfate de magnésium, additionnée de carbonate de sodium, en excès, donne un précipité blanc appelé *magnésie blanche*, qui renferme à la fois de l'hydrate de magnésium et du carbonate de magnésium.

La magnésie blanche, calcinée au rouge dans des creusets, abandonne son acide carbonique et donne l'oxyde de magnésium.

Propriétés. — L'oxyde de magnésium est blanc, pulvérulent, infusible aux plus hautes températures, presque insoluble dans l'eau.

Au contact de l'eau, la magnésie forme un hydrate blanc amorphe, $MgO^2 H^2$, que l'on trouve cristallisé dans la nature.

L'hydrate de magnésium se précipite, quand on ajoute une solution de potasse caustique à la solution d'un sel de magnésium.

Oxyde de zinc, Zn O. — *Préparation.* — Dans les laboratoires, on oxyde directement le métal dans un courant d'air ; l'oxyde blanc formé se répand dans l'atmosphère, sous la forme de flocons neigeux, qui ont reçu les noms de *pompholix, nihil album, lana philosophica;* ou bien on calcine dans un creuset le carbonate ou l'azotate de zinc.

Dans l'industrie le zinc, fortement chauffé dans des moufles, se vaporise, et ses vapeurs, brûlées par un courant d'air, donnent de l'oxyde qui se dépose dans de grandes caisses.

Propriétés. — L'oxyde de zinc est blanc, infusible, insoluble dans l'eau.

Quand on ajoute un alcali à une solution de sel de zinc, il se précipite un hydrate, soluble dans un excès de réactif.

$$SO^4Zn + 2KHO = SO^4K^2 + ZnO^2H^2.$$

Sulfate
de zinc.   Hydrate
de zinc.

Applications. — Le blanc de zinc remplace avantageusement, dans la peinture, le blanc de céruse ; il a l'avantage de ne pas noircir sous l'influence de l'acide sulfhydrique.

Oxyde de plomb, PbO. — *Préparation.* — Le plomb, à sa température de fusion, se recouvre d'une pellicule jaune de protoxyde de plomb, appelé *massicot.*

Chauffé au rouge, l'oxyde fond et cristallise par refroidissement en paillettes brillantes, d'un jaune rougeâtre. L'oxyde de plomb, cristallisé par fusion, prend le nom de *litharge.* Nous avons vu que la litharge est le résidu de la coupellation du plomb argentifère.

Propriétés. — L'oxyde de plomb est facilement réduit par l'hydrogène, le charbon et l'oxyde de carbone.

Il est à peine soluble dans l'eau. Les alcalis donnent, avec un sel plombique, un hydrate plombique *blanc*, soluble dans un excès de réactif.

Applications. — La litharge sert à la fabrication de la *céruse; elle* rend l'huile de lin siccative.

En chauffant le massicot dans des fours, à une température de 300°, on obtient une belle poudre rouge, employée sous le nom de *minium*, pour colorer les papiers de tentures et la cire à cacheter. Le minium est surtout employé pour la fabrication du cristal et du strass.

Le minium a pour formule :

$$Pb^3O^4 = 2PbO.PbO^2.$$

Il peut être considéré comme du *plombate de plomb.*

Oxyde de cuivre, CuO. — *Préparation.* — On obtient l'oxyde cuivrique de deux manières :

1° En chauffant du cuivre rouge, dans un courant d'air ;

2° En calcinant, dans un creuset, l'azotate de cuivre.

L'oxyde cuivrique est une *poudre noire*, réductible par l'hydrogène et par le charbon (*Analyse organique*).

La potasse donne, dans la solution d'un sel de cuivre, un *précipité bleu* d'hydrate de cuivre, qui se convertit en oxyde anhydre par l'ébullition.

L'oxyde cuivrique se dissout dans l'ammoniaque, en donnant une liqueur d'un bleu intense, qui dissout la cellulose (liqueur de Schweitzer).

Oxyde mercurique, HgO. — *Préparation.* — L'oxyde mercurique se prépare comme l'oxyde cuivrique, soit en chauffant le métal dans un courant d'air, soit en calcinant dans un creuset l'azotate mercurique. — Dans le premier cas, on voit apparaître à la surface du métal des paillettes rouges, longtemps appelées *précipité per se.*

Propriétés. — L'oxyde mercurique, préparé par voie sèche, est pulvérulent, rouge brique, cristallin.

Il se décompose, à 400°, en oxygène et en mercure.

La potasse donne, avec la solution d'un sel mercurique, un oxyde jaunâtre, plus divisé que le premier et plus facilement attaqué par les réactifs.

Oxydes de fer. — Nous avons parlé plus haut des oxydes de fer naturels :

$$Oxyde \ ferrique \ anhydre,$$
$$— \ hydraté,$$
$$Oxyde \ de \ fer \ magnétique.$$

L'industrie prépare l'*oxyde ferrique anhydre*, en calcinant le sulfate ferreux ; c'est le résidu de la préparation de l'*acide de Nordhausen.* Cet oxyde est une poudre amorphe, d'un rouge brun, employée, sous le nom de *colcothar*, au polissage des métaux.

Hydrate de sesquioxyde de fer. — En traitant, par l'ammoniaque, une solution de *chlorure ferrique* (perchlorure de fer), on obtient un hydrate ferrique

$$Fe^2O^3, 3H^2O,$$

précipité d'un jaune d'or qui, récemment préparé, constitue le meilleur contre-poison de l'*acide arsénieux.*

CHAPITRE II

DES SELS.

§ 1. — PROPRIÉTÉS GÉNÉRALES DES SELS.

Nous avons précédemment donné du sel la définition suivante :

Un sel est le résultat obtenu en remplaçant l'hydrogène de l'acide, par un métal, ou un radical à atomicité équivalente.

Les sulfures et les chlorures se trouvent compris dans cette définition ; ils résultent, en effet, de la combinaison des métaux ou des
radicaux avec les acides sulfhydrique ou chlorhydrique H^2S, HCl.

Sel neutre, sel acide. — Lorsqu'un acide renferme plusieurs
atomes d'hydrogène, on peut trouver des combinaisons salines qui
renferment encore un certain nombre d'atomes d'hydrogène et susceptibles d'être remplacés par un métal ou un radical ; ces sels ont reçu
le nom de *sels acides*.

Un sel est *neutre* lorsque l'hydrogène basique a été remplacé, tota-
lement, par le métal ou le radical.

Prenons, comme exemple, l'acide phosphorique ; il peut donner,
avec le sodium, les trois combinaisons suivantes :

$$Ph\,O^4\,Na\,H^2.$$
$$Ph\,O^4\,Na^2\,H.$$
$$Ph\,O^4\,Na^3.$$

Les deux premières combinaisons sont des *sels acides*, la dernière
seule est *neutre*.

Propriétés physiques. — Les sels sont solides à la température
ordinaire. Sauf quelques sels ammoniacaux, ils sont inodores. --
Placés dans des conditions favorables, ils prennent des formes géométriques régulières ; quelques sels, qui sont amorphes quand on
les obtient artificiellement, peuvent se rencontrer dans la nature
sous la forme de cristaux.

(*a*) **Couleur.** — La coloration des sels est soumise aux lois suivantes :

1° Quand l'acide est coloré, les sels le sont toujours. Ex. : les *chro-
mates* sont colorés en *jaune* ou en *jaune rougeâtre*.

2° Quand l'acide est incolore, les sels *anhydres* sont généralement
blancs ; mais les sels *hydratés* sont colorés et le sel a la *même couleur que l'hydrate* correspondant.

Ainsi

Les sels de protoxyde   de fer *hydratés* sont *verts.*
—   sesquioxyde de fer   —   = *jaune rougeâtre.*
—   cuivre   —   — *bleus.*

(*b*) **Solubilité.** — La solubilité d'un sel dans l'eau varie généralement avec la température ; elle augmente le plus souvent avec elle.
Cependant le chlorure de sodium n'est pas plus soluble à chaud qu'à

froid et le gypse est sensiblement plus soluble à froid qu'à chaud.

Quand l'eau a dissous toute la quantité de sel qu'elle peut contenir, à une température donnée, on dit qu'elle est *saturée*.

(c) **Point d'ébullition des solutions salines.** — Les solutions aqueuses des sels ont, en général, un point d'ébullition supérieur à celui de l'eau. Ainsi, on a pour le point d'ébullition des solutions de sel marin, d'azotate de potassium et de chlorure de calcium :

$$
\begin{array}{ll}
\textit{Sel marin}\dots\dots\dots\dots\dots & 103°,4. \\
\textit{Azotate de potassium}\dots\dots\dots & 115°,9. \\
\textit{Chlorure de calcium}\dots\dots\dots & 179°,4.
\end{array}
$$

Sursaturation. — Si l'on remplit un ballon d'une solution saturée de sulfate de soude et qu'on ferme à la lampe le col étiré, on pourra amener le ballon à zéro, sans que le sel cristallise, bien que la solution contienne dix fois plus de sulfate de soude qu'elle ne peut en dissoudre à cette température. Il en est de même lorsqu'on ferme simplement le ballon avec un tampon de coton qui tamise l'air au passage, ou encore quand on sépare la solution de l'air au moyen d'une couche d'huile. — On dit alors que la solution est *sursaturée*.

Mais si l'on vient à briser la pointe du ballon fermé, ou qu'on touche les solutions saturées avec une baguette de verre ou un cristal de sulfate de soude, elles se prennent immédiatement en masse, en dégageant une grande quantité de chaleur.

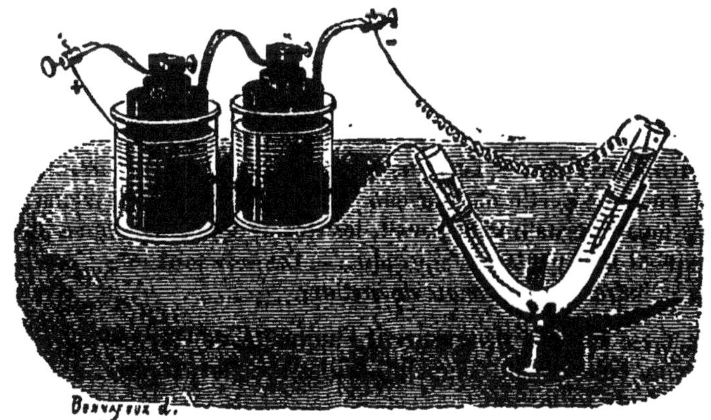

Fig. 63. — Action de l'électricité sur les sels.

Action de l'électricité sur les sels. — Lorsqu'on fait passer un courant dans une solution saline, le sel est décomposé : *le métal se rend au pôle négatif, l'autre élément du sel au pôle positif.* (Voir *Physique*, p. 203.) (Fig. 63.)

Action de l'eau. — Les sels cristallisent, à l'état anhydre, ou combinés avec un certain nombre de molécules d'eau, qu'on appelle *eau de cristallisation*. — Le chlorure de sodium est anhydre ; le sulfate de sodium contient 7 molécules d'eau.

L'eau de cristallisation n'est pas nécessaire à l'existence d'un sel, mais elle a une grande influence sur sa forme cristalline. Ainsi : au-dessous de 7°, le sulfate manganeux renferme 7 H²O et est isomorphe avec le sulfate ferreux ; entre 7° et 20°, il renferme 5 H²O et est alors isomorphe avec le sulfate cuivrique. — Toutes les fois qu'un sel hydraté cristallise dans les mêmes conditions de température, il contient le même nombre de molécules d'eau et les cristaux ont la même forme géométrique.

L'eau de cristallisation peut être expulsée par la chaleur ; le sel n'en conserve pas moins ses propriétés et, redissous dans l'eau, il cristallisera de nouveau, en reprenant l'eau qu'il avait perdue.

La présence de l'eau de cristallisation influe sur la couleur des sels ; le sulfate de cuivre hydraté est bleu, le ferrocyanure de potassium est jaune, tandis que ces deux sels anhydres sont blancs.

Mélanges réfrigérants. — La dissolution d'un sel dans l'eau donne lieu à des phénomènes thermiques différents, suivant qu'il y a simple dissolution, ou que le sel est susceptible de se combiner avec l'eau.

Dans le premier cas, il y a abaissement de température, par suite du changement d'état ; dans le deuxième cas, il y a lieu de tenir compte :

1° De l'absorption de chaleur résultant du changement d'état ;

2° De la chaleur développée dans la combinaison ; de telle sorte que le résultat observé sera, tantôt un abaissement, tantôt une élévation de température.

Action de l'air. — Certains sels, abandonnés à l'air libre, perdent peu à peu une partie de leur eau de cristallisation. En même temps que la forme cristalline disparaît, les sels deviennent opaques et se réduisent en une poussière amorphe. — Ces sels sont dits *efflorescents.* — Ex. : *sulfate* et *carbonate de sodium.*

D'autres, au contraire, attirent l'humidité de l'air et finissent par entrer en liquéfaction complète. On les appelle *déliquescents.* — Ex. : *carbonate de potassium.*

Action de la chaleur. — Sous l'influence de la chaleur, les sels hydratés perdent leur eau de cristallisation ; en général les sels sont entièrement déshydratés à 100°.

Quelques sels sont tellement solubles dans l'eau, qu'ils se dissolvent dans leur eau de cristallisation avant de la perdre. On dit que le sel subit la *fusion aqueuse*. A mesure que l'eau s'évapore, sous l'influence de la chaleur, le sel devient anhydre et, s'il n'est pas décomposé, il fond de nouveau et subit alors la *fusion ignée*. — Ex. : *carbonate de sodium*.

Tous les carbonates, excepté ceux de potassium, de sodium et de lithium, sont décomposables par la chaleur; il en est de même de tous les chlorates, de tous les azotates, et de quelques sulfates.

Action des métaux. — Les métaux des trois premières sections ne sont pas précipités par d'autres métaux. Quant aux métaux qui appartiennent aux trois dernières sections, on peut dire que le phénomène est soumis à la loi suivante :

Un métal est toujours précipité par le métal d'une section qui précède.

Tableau des métaux précipités.

SELS D'ÉTAIN . . .	
— D'ANTIMOINE. .	
— DE BISMUTH . .	Précipités par le fer et le zinc.
— DE PLOMB . . .	
— DE CUIVRE . . .	
SELS DE MERCURE . .	Précipités par le fer, le zinc et tous les métaux qui précèdent.
SELS D'ARGENT. . .	
— DE PLATINE. . .	Précipités par le fer, le zinc, le cobalt et tous les métaux qui précèdent.
— D'OR.	

Une solution d'azote d'argent est précipitée par le mercure, et l'argent précipité, s'unissant à l'excès de mercure, forme avec lui un amalgame, cristallisant en longues aiguilles et appelé autrefois *arbre de Diane*.

Si dans une solution étendue d'acétate de plomb, on plonge une lame de zinc autour de laquelle on a enroulé des fils de laiton, le plomb, précipité lentement par le zinc, s'attache en lames brillantes sur les fils de laiton qui finissent par prendre l'aspect de feuilles de fougère, et prennent alors le nom d'*arbre de Saturne*.

§ 2. — LOIS DE BERTHOLLET.

Action des acides sur les sels. — Lorsqu'un acide réagit sur un sel, il y a décomposition dans les trois cas suivants :

1° *Quand l'acide est plus fixe que celui du sel.*

12.

Ainsi l'acide carbonique est chassé de ses combinaisons par l'acide chlorhydrique :

$$CO^3 Ca \;+\; 2 HCl \;=\; Ca Cl^2 \;+\; H^2 O \;+\; CO^2.$$

Carbonate Acide Chlorure   Gaz
de calcium. chlorhydrique. de calcium.   carbonique.

$$CaO.CO^3 + 2HCl = Ca Cl + 2HO + CO^2.$$

Carbonate   Acide
de chaux.   carbonique.

L'acide chlorhydrique cède la place à l'acide sulfurique

$$Na Cl \;+\; SO^4 H^2 \;=\; SO^4 Na H \;+\; HCl.$$

Chlorure Acide Sulfate acide
de sodium. sulfurique. de sodium.

$$Na Cl + SO^3 . HO = SO^3 . Na O + HCl.$$

Enfin, l'acide sulfurique, lui-même, peut être chassé de ses combinaisons, à une température élevée, par l'acide silicique.

$$SO^4 Na^2 + Si O^2 = Si O^3 Na^2 + SO^3.$$

C'est sur cette loi qu'est fondée la préparation des acides volatils, acide *carbonique*, acide *azotique*, acide *chlorhydrique*.

2° *Quand l'acide du sel est peu ou point soluble.*

Exemple :

$$Si O^3 K^2 + 2 HCl = Si O^3 H^2 + 2 KCl.$$

Silicate   Acide
de potassium.   silicique.

3° *Quand l'acide peut former avec le métal un nouveau sel insoluble.*

$$(Az O^3)^2 Ba + SO^4 H^2 = SO^4 Ba + 2 Az O^3 H.$$

Azotate   Sulfate
de baryum.   de baryum.

$$Ba O, Az O^3 + SO^3 . HO = Ba O . SO + ^3 Az O^3 . HO.$$

Azotate   Sulfate
de baryte.   de baryte.

$$Ca Cl^2 + C^2 O^4 H^2 = C^2 O^4 Ca + 2 HCl.$$

En résumé

1° *Un acide déplace un acide moins fixe que lui;*

2° *Un acide soluble déplace un acide insoluble;*

3° *Un acide décompose un sel, lorsqu'il peut former avec le métal un sel insoluble.*

Action des bases sur les sels. — Les lois sont analogues aux lois précédentes :

1° Une base fixe décompose un sel dont la base est volatile.

Exemple :

$$SO^4(AzH^4)^2 + CaO = SO^4Ca + 2AzH^3 + H^2O$$

Sulfate   Sulfate   Gaz
d'ammonium.   de calcium.   ammoniac.

$$AzH^3HO,SO^3 + CaO = CaO,SO^3 + HO + AzH^3,$$

Sulfate   Sulfate   Ammoniaque.
d'ammoniaque.   de chaux.

2° Une base soluble décompose un sel dont le métal peut former une base insoluble.

Exemple :

$$(AzO^5)^2Pb + 2KHO = PbO^2H^2 + 2AzO^5K.$$

Hydrate
de plomb.

3° Une base décompose un sel, quand elle peut former avec l'acide un composé insoluble.

$$CO^3K^2 + CaO^2H^2 = CO^3Ca + 2KHO.$$

Carbonate   Hydrate   Carbonate   Hydrate
de potassium.   de calcium.   de calcium.   de potassium.

$$KO,CO^3 + CaO = CO^3,CaO + KO.$$

En résumé

1° Une base fixe déplace une base volatile;

2° Une base soluble déplace une base insoluble;

3° Une base décompose un sel, quand elle peut former, avec l'acide, un sel insoluble.

Actions des sels sur les sels. — L'action réciproque de deux sels non dissous est soumise à la loi suivante.

Quand on chauffe un mélange de sels, qui peuvent, par double décomposition, former un sel plus volatil, ce sel se forme toujours.

$$SO^4Hg + 2NaCl = HgCl^2 + SO^4Na^2.$$

L'action réciproque de deux dissolutions salines est soumise à la loi suivante, qui résume toutes les lois de Berthollet.

Si dans le mélange de deux dissolutions il peut résulter des éléments en présence, la formation d'un produit insoluble ou volatil, ce produit se forme toujours.

Si les éléments en présence ne peuvent donner naissance à des sels insolubles, il peut y avoir double décomposition, mais cette décomposition n'est pas complète; il y a partage entre les acides et les métaux. — Ainsi, le sulfate de cuivre *bleu*, ajouté à une solution de chlorure de sodium incolore, donne une liqueur *verte*, parce qu'il s'est formé du chlorure de cuivre *vert;* — de même, un mélange d'acétate de sodium et de sulfate ferrique prend la couleur *rouge* de l'acétate ferrique.

CHAPITRE III

SELS AMMONIACAUX.

Théorie de l'ammonium. — Deux expériences tendent à faire admettre l'existence du *radical ammonium.*

Première expérience. —On met dans un tube à expérience, un peu de mercure et un globule de potassium. On chauffe, pour former l'amalgame, et on remplit le tube avec une solution concentrée de sel ammoniac; l'amalgame gonfle et se transforme en une matière butyreuse, qui peut remplir le tube complètement; le liquide contient du chlorure de potassium.

Tout s'est donc passé comme si le potassium de l'amalgame s'était substitué à un radical, dont le chlorure constituerait le sel ammoniac.

$$HgK + AmCl = HgAm + KCl.$$

Deuxième expérience. — On creuse une cavité dans un morceau de sel ammoniac humecté d'un peu d'eau, et on remplit cette cavité de mercure; on pose cette plaque sur une lame de platine, en rapport avec le pôle positif d'une pile, et on plonge dans le mercure le pôle négatif. On voit bientôt le mercure gonfler et prendre l'apparence butyreuse.

Lorsqu'on chauffe l'amalgame en vase clos, on obtient un mélange d'azote et d'hydrogène dans la proportion de 1 volume d'azote pour 4 volumes d'hydrogène.

D'un autre côté, le gaz ammoniac n'est pas susceptible de former de véritables sels. Ainsi, combiné *avec l'anhydride sulfurique,* il donne un produit *qui ne précipite pas les sels de baryte.*

Donc :

Au lieu d'admettre que le sel ammoniac soit une combinaison de l'acide chlorhydrique avec le gaz ammoniac et ait pour formule

$$AzH^3, HCl,$$

nous le considérerons comme un *chlorure d'ammonium analogue* au chlorure de potassium et nous écrirons sa formule.

$$AzH^4Cl.$$

Produits industriels. — Jusque vers la fin du siècle dernier, le *sel ammoniac* venait d'Égypte, où on l'obtenait par la sublimation de la suie, provenant de la combustion de la fiente des chameaux.

Actuellement, on l'obtient par l'un des procédés suivants :

Sel ammoniac des urines. — Les urines, abandonnées à elles-mêmes, fermentent spontanément et produisent un résidu, au-dessus duquel surnage un liquide, renfermant du gaz ammoniac en dissolution.

Ces eaux, qu'on appelle les *eaux vannes* des urines, soumises à la distillation, seules ou avec un peu de chaux, laissent dégager le gaz ammoniac, qu'on recueille dans une dissolution d'acide chlorhydrique.

On évapore à siccité et on obtient une masse compacte, à cassure fibreuse, qui constitue le *sel ammoniac* du commerce.

Sel ammoniac du gaz d'éclairage. — Les eaux de condensation du gaz d'éclairage donnent de la même manière du sel ammoniac.

Sulfate d'ammonium impur. — L'épuration chimique du gaz d'éclairage donne, également, un *sulfate d'ammonium impur*.

On fait passer le gaz d'éclairage sur un mélange de sulfate de chaux et de sesquioxyde de fer, obtenu en précipitant par la chaux une solution concentrée de sulfate ferreux. Ce mélange, divisé avec la sciure de bois et disposé sur des claies, dans de grandes caisses, retient l'ammoniaque, à l'état de sulfate.

Chlorure d'ammonium, $AzH^4Cl.$ — *Préparation.*   On obtient le chlorure d'ammonium pur de deux manières :

1° On sublime le sel ammoniac du commerce dans des pots en grès, dont la partie supérieure dépasse le fourneau dans lequel les pots sont chauffés.

2° Le sulfate d'ammonium, dissous dans l'eau, est additionné de sel marin et concentré à chaud. Le sulfate de sodium étant moins soluble à chaud que le chlorure d'ammonium, ce dernier sel reste dans la liqueur et cristallise par refroidissement.

Propriétés. — Le chlorure d'ammonium, sublimé, se présente en gros pains, blancs ou grisâtres, formés par une masse cristalline, fibreuse, cohérente, d'une saveur piquante et salée.

Il est soluble dans 2 p. 1/2 d'eau froide et dans son poids d'eau bouillante.

Sa solution concentrée le laisse déposé en petits octaèdres, groupés en aiguilles.

A une température élevée, il se volatilise sans se fondre et se sublime.

Applications. — On l'emploie dans l'industrie pour le décapage des métaux, particulièrement du cuivre.

Sulfhydrate d'ammonium, AzH⁴HS. — Le sulfhydrate d'ammonium se forme dans la décomposition des matières organiques. Il s'en forme également dans la distillation de la houille.

Préparation. — On fait passer un courant de gaz sulfhydrique dans de l'ammoniaque liquide saturé :

$$AzH^4OH + H^2S = H^2O + AzH^4HS.$$

Hydrate
d'ammonium.   Sulfhydrate
d'ammonium.

En ajoutant au sulfhydrate une nouvelle quantité d'ammoniaque, on a le *sulfure d'ammonium* :

$$AzH^4HS + AzH^4OH = H^2O + (AzH^4)^2S$$

Sulfure
d'ammonium.

Propriétés. — Nous avons dit précédemment que les dissolutions métalliques, acidulées avec l'acide chlorhydrique, précipitent avec l'hydrogène sulfuré, si le métal appartient aux trois dernières sections ; — si le métal appartient aux trois premières sections, il n'y a pas de précipité.

Le sulfhydrate d'ammonium précipite les métaux de la troisième section. La couleur des précipités est quelquefois caractéristique.

Précipités donnés par le sulfhydrate d'ammonium.

SELS DE ZINC..........	précipité blanc.		
—	MANGANÈSE....	—	rose.
—	FER..........	—	noir.
—	NICKEL.......	—	id.
—	COBALT.......	—	id.

Sulfate d'ammonium, $SO^4 Az H^4$. — Nous avons dit précédemment que, pour purifier le gaz d'éclairage, on le fait arriver dans de grandes caisses, garnies de claies superposées, sur lesquelles on a étalé un mélange de sesquioxyde de fer, de sulfate de chaux et de sciure de bois, obtenu en précipitant par la chaux une solution concentrée de sulfate ferreux. — Par suite d'une double décomposition, il se forme du sulfate d'ammonium et du carbonate de calcium.

Le sulfate d'ammonium impur, ainsi obtenu, est employé directement comme engrais par l'agriculture.

Sulfate d'ammonium pur. — Pour obtenir du sulfate d'ammonium chimiquement pur, on chauffe avec de la chaux les eaux ammoniacales provenant de la préparation du gaz d'éclairage ou de la putréfaction des urines. Le gaz ammoniac est recueilli dans une dissolution d'acide sulfurique. La solution concentrée, ainsi obtenue, donne du sulfate d'ammonium, qu'on purifie par des cristallisations successives.

Le sulfate d'ammonium cristallise en prismes rhomboïdaux, droits anhydres ; il est isomorphe avec le sulfate de potassium.

Il est soluble dans son poids d'eau bouillante et dans deux fois son poids d'eau froide ; il est insoluble dans l'alcool.

Il sert à la fabrication de l'*alun ammoniacal*. L'alun ammoniacal, calciné, donne un résidu d'*alumine pure*.

Carbonate d'ammonium. — *Sesquicarbonate d'ammoniaque.* — Le carbonate d'ammonium du commerce est un sesquicarbonate, qui a pour formule

$$2 CO^3 (Az H^4)^2 + CO^3 + 2 H^2 O.$$

On l'obtient en chauffant, dans un appareil distillatoire, parties égales de sulfate d'ammonium et de craie. Il se dégage de l'ammoniaque et de l'eau ; le sesquicarbonate d'ammoniaque se sublime.

Le carbonate d'ammonium, ou *sel volatil* d'Angleterre, récemment préparé, est un sel transparent et cristallin.

Il est doué d'une forte odeur ammoniacale et possède une saveur piquante et caustique. Exposé à l'air, il perd peu à peu de l'ammoniaque et se convertit en carbonate acide d'ammonium; $CO^3 (Az H^4 H)$.

Azotate d'ammonium, $AzO^3 Az H^4$. — On l'obtient en saturant l'acide azotique par l'ammoniaque.

Il cristallise en gros prismes transparents, fusibles, très solubles dans l'eau. Mélangé avec parties égales de glace pilée, il donne le 0 du thermomètre Fahrenheit.

CHAPITRE IV

SULFURES MÉTALLIQUES.

§ 1. — ACTION DU SOUFRE SUR LES MÉTAUX.

Action du soufre sec. — Le soufre sec n'agit sur aucun métal à la température ordinaire.

À une température élevée, le soufre s'unit avec presque tous les métaux. Cette combinaison est souvent accompagnée d'un grand dégagement de chaleur et de lumière. Pour faire l'expérience, on chauffe du soufre, fortement, dans un petit ballon, et quand il est en ébullition, on y jette de la tournure de cuivre ; on observe aussitôt une vive effervescence. — La limaille de fer brûle, dans la vapeur de soufre, avec le même éclat que dans l'oxygène.

L'aluminium, l'or, le platine et le zinc résistent à l'action du soufre, même à une haute température.

Action du soufre humide. — L'action du soufre, comme celle de l'oxygène, est favorisée par la présence d'une petite quantité d'eau. La combinaison du soufre et du fer peut, dans ces conditions, s'opérer à la température ordinaire.

Volcan de Lémeri. — On met dans un matras :

> Fleur de soufre. . . . . 2 p.
> Limaille de fer. 1

on humecte avec de l'eau et on abandonne le mélange à lui-même. On voit bientôt s'échapper par l'orifice un nuage de vapeur, produit par la chaleur développée dans la combinaison et, spontanément, le mélange de soufre et de fer se transforme en *sulfure noir de fer*. — Le nom de volcan de Lémeri donné à cette expérience, vient de ce que ce chimiste trouvait, dans ce phénomène, l'explication des éruptions volcaniques.

§ 2. — Sulfures en général

Sulfures naturels. — Nous avons rencontré successivement comme sulfures naturels :

1° Le *sulfure de zinc* $Zn\,S$ ou *blende ;*
2° Le *sulfure de cadmium* $Cd\,S$
3° Le *sulfure de plomb* $Pb\,S$ ou *galène ;*
4° Le *sulfure de cuivre* $Cu\,S$ ou *chalkosine ;*
5° Le *sulfure double de fer et de cuivre* $CuS + Fe^3 S^5$ ou *chalkopyrite ;*
6° Le *sulfure de mercure* HS ou *cinabre ;*
7° Le *sulfure de fer* $Fe^2 S$ ou *pyrite ;*
8° Le *sulfure d'antimoine* $Sb^3 S^3$ ou *stibine ;*

Préparation. — Les procédés employés pour la préparation des sulfures, sont analogues à ceux que nous avons décrits pour les oxydes :

1° *Sulfuration directe ;*
2° *Décomposition d'un sel par voie sèche ;*
3°   —   —   *voie humide ;*

(*a*). **Sulfuration directe.** — On obtient par ce procédé :

1° Le *sulfure noir de fer* ou *éthiops martial ;*
2° Le *sulfure noir de mercure* ou *éthiops minéral ;*
3° Le *sulfure de cuivre.*

La combinaison s'effectue souvent avec dégagement de chaleur et de lumière.

(*b*). **Voie sèche.** — On chauffe dans un creuset *brasqué*, un mélange intime de sulfate et de charbon en excès.

$$SO^4 Ba + 4C = 4CO + BaS.$$

Il y a dégagement d'oxyde de carbone.

On obtient par le même procédé les monosulfures de potassium et de sodium.

(*c*). **Voie humide.** — On précipite les sels en dissolution par le gaz sulfhydrique, ou par un sulfure alcalin.

$$SO^4 Cu + H^2S = SO^4 H^2 + Cu\,S$$

$$Cu\,O.SO^3 + HS = HO.SO^3 + CuS.$$

$$SO^4 Zn + K^2 S = SO^4 K^2 + Zn S$$

$$ZnO.SO^3 + KS = HO.SO^3 + Zn S.$$

Propriétés physiques. — Les sulfures naturels sont, en général, opaques, doués de l'éclat métallique et bons conducteurs de la chaleur et de l'électricité. — La *blende* et le *cinabre* n'ont pas cependant l'éclat métallique et sont mauvais conducteurs.

Les sulfures sont solides, cassants, le plus souvent cristallisés. Ils sont en général colorés :

La pyrite est d'un *jaune d'or;*
Le cinabre est *rouge;*
Le sulfure de cadmium est *jaune;*
La galène est d'un *gris métallique;*

Cependant, la couleur varie avec l'état moléculaire. Ainsi :
Le *sulfure de zinc naturel* est *jaune brun*, tandis que le sulfure obtenu par voie humide, est *blanc ;*
Le *sulfure de mercure naturel* est *rouge*, l'éthiops minéral obtenu par voie humide, est *noir;*
Enfin, *le sulfure d'antimoine naturel* est *d'un gris métallique;* le sulfure obtenu par voie humide est *jaune orangé.*

Les sulfures sont généralement fusibles; quelques-uns, comme ceux d'arsenic et de mercure, sont volatiles.
Les sulfures alcalins et alcalino-terreux sont solubles dans l'eau ; tous les autres sont insolubles.

Affinités. (a). *Air sec.* — L'oxygène sec décompose tous les sulfures, à une température plus ou moins élevée.

$$K^2 S + 4O = SO^4 K^2.$$

Si le sulfate qui peut prendre naissance n'est pas stable à une haute température, il reste un résidu d'oxyde et même de métal, si l'oxyde est décomposable.

$$HgS + O^2 = Hg + SO^2.$$

(b). *Air humide.* — A la température ordinaire, l'air humide convertit les sulfures en sulfates.

$$FeS + 4O = SO^4 Fe.$$

(c). *Chlore.* — Le chlore donne avec les sulfures :

Un *chlorure métallique* et un *chlorure de soufre*, si l'on opère par la voie sèche.

Un *chlorure métallique* avec un dépôt de *soufre*, si la réaction s'accomplit en présence de l'eau.

(*d*). *Eau*. — L'eau dissout les sulfures alcalins et alcalino-terreux; les autres sulfures sont insolubles.

(*e*). *Hydrogène sulfuré*. — Le gaz sulfhydrique convertit les sulfures en sulfhydrates.

$$K^2S + H^2S = 2KHS.$$

CHAPITRE IV

CHLORURES MÉTALLIQUES

§ 1. — ACTION DU CHLORE SUR LES MÉTAUX

Tous les métaux, sauf le *platine* et l'*iridium*, sont attaqués par le chlore.

L'action est seulement superficielle, lorsque le chlorure forme à la surface un revêtement imperméable, comme avec le cuivre. Elle est complète :

1° Si le chlorure, étant très fusible, coule et laissse constamment le métal à nu ; comme lorsqu'on plonge dans un flacon de chlore une spirale de cuivre, préalablement chauffée ;

2° Si le chlorure est volatil, comme le chlorure d'étain.

Le chlore à l'état naissant, comme dans l'eau régale, attaque rapidement tous les métaux dont les chlorures sont solubles.

§ 2. — DES CHLORURES EN GÉNÉRAL

Chlorures naturels. — Parmi les chlorures naturels, nous avons signalé :

1° Le *chlorure de potassium* (Mines de Stassfurt)

2° Le *chlorure de sodium* (Eaux de la mer);

3° Le *chlorure de magnésium*.

Préparation. — Quelques-uns des procédés employés pour la réparation des chlorures, sont analogues à ceux que nous avons décrits pour les oxydes et les sulfures :

1° *Chloruration directe;*

2° *Décomposition d'un sel par voie sèche;*

3° · — — *par voie humide.*

a). **Chloruration directe.** — On obtient par ce procédé :

1° Le *chlorure d'antimoine;*

2° Le *bichlorure d'étain ;*

3° Le *sesquioxyde de fer ;*

4° Les *chlorures d'or* et de *platine*, dont la formation, par l'entremise de l'eau régale, est due à l'action du chlore naissant.

La formation du chlorure réclame quelquefois la présence du charbon. Ainsi, en faisant passer un courant de chlore dans un mélange intime d'alumine et de charbon, on a

$$Al^2O^3 + 6\,Cl + 3C = Al^2Cl^6 + 3\,CO.$$

(b). **Voie sèche.**—Certains chlorures volatils, les chlorures mercureux et mercurique, par exemple, sont obtenus en chauffant du chlorure de sodium décrépité, avec un sulfate mercureux ou mercurique. — Les chlorures, *volatils*, se condensent sur les parois supérieures du matras.

(c). **Voie humide.** — On précipite les sels en dissolution, au moyen d'un chlorure alcalin.

$$AzO^3Ag + NaCl = AzO^3Na + AgCl.$$

Propriétés physiques. — Les chlorures sont généralement solides à la température ordinaire; quelques-uns sont liquides, comme le *bichlorure d'étain;* — d'autres fondent facilement, comme le *chlorure d'antimoine* qui, en raison de cette propriété, a reçu le nom de *beurre d'antimoine;* — un grand nombre sont volatils et peuvent être distillés, sans altération.

Quand un métal donne plusieurs chlorures, le composé qui renferme le plus de chlore est le plus volatil.

Affinités. — Les chlorures sont, en général, très stables. Cependant la chaleur décompose les chlorures d'or et de platine; le chlorure cuivrique devient du chlorure cuivreux, quand on le chauffe à l'abri du contact de l'air.

(*a*). *Métalloïdes.* — Un grand nombre de chlorures se trouvent réduits quand on les chauffe dans un courant d'hydrogène.

L'oxygène transforme un certain nombre de chlorures en oxydes. Les chlorures de potassium, de sodium, de mercure, et d'argent, résistent à l'action de l'oxygène à toute température.

Le soufre et le phosphore décomposent un certain nombre de chlorures des quatre dernières sections, en formant des *chlorures* de soufre et de phosphore ; le résidu est un sulfure ou un chlorure métallique.

(*b*). *Action des métaux.* — Les métaux d'une section réduisent, en général, les chlorures d'une section supérieure. Ainsi, le bismuth et l'étain décomposent le chlorure mercurique et donnent des chlorures de bismuth, du chlorure d'étain et du mercure métallique.

(*c*). *Action de l'eau.* — Presque tous les chlorures sont solubles dans l'eau et cristallisent. Le *chlorure d'argent*, les chlorures *mercureux* et *cuivreux* sont seuls *insolubles :* le *chlorure plombique* est à peine soluble.

§ 5. — Principaux chlorures

Chlorure de chaux. — Sous le nom de *chlorure de chaux* on désigne une poudre blanche, obtenue en faisant agir le chlore sur de la chaux éteinte.

Préparation. — On prépare le chlorure de chaux en faisant arriver le gaz chlore dans de grandes chambres, dont le sol est recouvert par de la chaux éteinte.

La chaux étant peu soluble dans l'eau, on a un chlorure et un hypochlorite. — On laisse un excès de chaux, destiné à absorber le gaz carbonique de l'air ; on empêche ainsi l'action du gaz sur l'hypochlorite.

En résumé, on trouve dans le chlorure de chaux :

> *Chlorure de calcium,*
> *Hypochlorite de calcium,*
> *Chaux.*

Le chlorure de chaux est une poudre blanche amorphe.

Traité par l'eau, il donne une solution de chlorure et d'hypochlorite. Cette solution, traitée par le carbonate de potassium donne du carbonate de calcium insoluble et un mélange de chlorure et d'hypochlorite de potassium qui constitue l'*eau de Javel.*

Applications. — Le chlorure de chaux remplace le chlore dans toutes ses applications : destruction des miasmes, assainissement des habitations, décoloration des chiffons, destruction des taches d'encre. . . . .

Chlorure mercureux Hg^2Cl^2. — *Préparation.* — On prépare le chlorure mercureux de deux manières :

1° On ajoute une solution de chlorure de sodium à une solution d'azotate mercureux (*précipité blanc*).

2° On chauffe au bain de sable, dans de grands matras en verre, à fond plat, un mélange de sulfate mercureux et de chlorure de sodium décrépité (*calomel*).

Le chlorure mercureux se condense dans la partie froide. On lave, avec l'alcool, pour enlever les traces de chlorure mercurique et on distille en recevant la vapeur dans de grands récipients froids où le chlorure se condense, sans s'agglomérer, sous la forme d'une poudre impalpable (*calomel à la vapeur*).

Propriétés. — Le calomel à la vapeur est une poudre blanche, complétement insoluble *dans l'eau et dans l'alcool.*

Sous l'influence de la lumière, il se décompose en partie et devient jaune. Aussi doit-on le conserver dans du verre opaque.

L'acide chlorhydrique et les chlorures alcalins le transforment en mercure et en chlorure mercurique.

Chlorure mercurique $HgCl^2$. — *Préparation.* — On chauffe au bain de sable, dans des matras à fond plat, un mélange de sulfate mercurique et de chlorure de sodium décrépité. — Le sublimé va se condenser dans la partie supérieure du matras.

Propriétés. — Le chlorure mercurique, ou *Sublimé corrosif*, est en masses blanches, compactes, d'une saveur métallique, nauséeuse.

Soluble dans 15 p. d'eau froide et 3 p. d'eau bouillante, il est très soluble dans l'éther et l'alcool.

Il forme avec l'albumine un coagulum insoluble. — Le blanc de l'œuf est le meilleur contrepoison du sublimé corrosif.

CHAPITRE V

CARBONATES

§ 1. — DES CARBONATES EN GÉNÉRAL

Composition. — *L'anhydride carbonique* CO^2 n'a pas été isolé. Il donne, avec l'eau, un seul acide.

$$CO^2 + H^2O = CO^3H^2.$$

L'acide carbonique est donc un acide *diatomique*, contenant deux atomes d'hydrogène basiques, et, suivant qu'il se combinera avec un métal monoatomique ou diatomique, il pourra donner l'une des trois combinaisons suivantes :

CO^3HK	Carbonate acide de potassium.
CO^3K^2	Carbonate neutre de potassium.
CO^3Ba	Carbonate de calcium.

Les carbonates *acides* sont plus souvent appelés *bicarbonates*.

Préparation. — On prépare du carbonate neutre de potassium, à peu près pur, en décomposant la crème de tartre par la chaleur.

$$2C^4H^4O^6HK = 5H^2O + 4CO + 5C + CO^3K^2$$

Carbonate neutre
de sodium.

Tous les autres carbonates sont obtenus par double décomposition.

$$SO^4Na^2 + CO^3Ca + 4C = 4CO + CaS + CO^3Na^2$$

Carbonate neutre
de sodium.

$$(AzO^3)^2Ba + CO^3.K^2 = 2AzO^3K + CO^3Ba$$

Carbonate
de baryum.

Les bicarbonates, tels que ceux de potassium et de sodium, s'obtiennent en faisant passer, dans une dissolution de carbonate neutre un courant de gaz carbonique.

$$CO^3 Na^2 + CO^2 + H^2O = 2 CO^3 NaH$$
Bicarbonate
de sodium.

$$Na O . C O^2 + C O^2 + HO = Na O, HO . 2 C O^2$$
Bicarbonate
de soude.

Propriétés physiques. — Les carbonates sont solides. — Ils sont inodores, sauf le carbonate d'ammonium.

Les carbonates alcalins sont seuls solubles dans l'eau. Les autres sont insolubles, mais ils se dissolvent dans l'eau chargée d'acide carbonique.

Affinités. — Les carbonates solubles ramènent au bleu la teinture de tournesol, rougie par un acide.

(*a*). *Action de la chaleur*. — Tous les carbonates, sauf les carbonates alcalins, sont décomposables par la chaleur seule, et se transforment en oxydes.

$$CO^3 Cu = CuO + CO^2.$$

Tel est le cas des carbonates de magnésium, de calcium, de zinc, de plomb, de cuivre. Si l'oxyde est lui-même réductible, comme l'oxyde d'argent, le métal pur forme le résidu.

(*b*). *Action du charbon*. — Le charbon complète la réduction qui s'opère avec la chaleur seule.

$$2 CO^3 Cu + C = 3 CO^2 + 2 Cu.$$

Avec les carbonates difficilement réductibles, le métal est mis en liberté, si l'oxyde est décomposable par le charbon.

$$CO^3 K^2 + 3 C = 3 CO + K^2.$$

L'oxyde reste libre, s'il est irréductible par le charbon.

$$CO^3 Ba + C = 2 CO + BaO.$$

(*c*). *Action des acides et des bases*. — L'action des acides et des bases n'est qu'un cas particulier des lois de Berthollet.

Caractères des carbonates. — Traités par l'acide sulfurique, les carbonates laissent dégager un *gaz incolore* qui trouble *l'eau de chaux* et éteint les corps en combustion.

§ 2. — Principaux carbonates

A. — Calcaires.

Définition. — Sous le nom de *calcaires*, on désigne généralement les *pierres de taille* et les *moellons*.

Ces calcaires amorphes forment la plus grande partie des terrains de sédiment ; ils sont constitués par les débris de test des animaux qui vivaient au fond des eaux.

Les *pierres lithographiques* sont des calcaires très durs, susceptibles d'un beau poli.

Le carbonate de calcium, soit *cristallisé*, soit *amorphe*, forme la partie la plus importante de ces calcaires.

Principaux carbonates de calcium.

$$
\begin{array}{ll}
\textit{Carbonates cristallisés.} \dots \dots \dots & \left\{ \begin{array}{l} 1^{\circ}\ \text{Spath d'Islande.} \\ 2^{\circ}\ \text{Aragonite.} \\ 3^{\circ}\ \text{Marbre blanc.} \end{array} \right. \\
\\
\textit{Carbonates amorphes} \dots \dots \dots & \left\{ \begin{array}{l} 4^{\circ}\ \text{Marbre de couleur.} \\ 5^{\circ}\ \text{Craie.} \end{array} \right.
\end{array}
$$

Spath d'Islande. — Carbonate de calcium cristallisé, sous la forme de *rhomboèdre*.

Il est transparent et incolore.

Densité $= 2,7$.

Aragonite. — Carbonate de chaux cristallisé, sous la forme de *prisme droit à base rectangle*.

Il est compacte et d'un blanc laiteux.

Densité $= 2,9$.

Chauffé au rouge sombre, l'aragonite se désagrège en un très grand nombre de rhomboèdres.

Marbre blanc. — Le *marbre blanc*, appelé encore *calcaire saccharoïde*, présente une cassure cristalline, comme celle du sucre.

Il est d'un beau blanc, ou à peine coloré.

Il paraît être un calcaire amorphe, dont la structure est devenue cristalline, sous l'influence d'une température élevée.

Marbres de couleur. — Les *marbres de couleur*, appelés encore *calcaires compactes*, ne présentent aucune trace de cristallisation.

On les trouve principalement en Belgique, en Italie et dans les Pyrénées.

Craie. — La *craie* est un calcaire blanc, très friable, à grains extrêmement fins, constitués par les débris d'animaux microscopiques.

Elle sert à la fabrication du *blanc de Meudon*, ou *blanc d'Espagne.*

Albâtre. — L'albâtre est un carbonate de chaux translucide, à texture cristalline, constitué dans certaines grottes, par les *stalagmites* et les *stalactites.*

Les eaux, chargées de carbonate de chaux, traversent les fentes de la grotte et tombent, goutte à goutte, de la voûte supérieure. Chaque goutte, restant suspendue pendant quelque temps avant de tomber, laisse dégager son acide carbonique ; par suite, le carbonate de chaux se dépose. En arrivant sur le sol, la même goutte qui ne s'était pas entièrement débarrassée de son carbonate de chaux, en laisse déposer une nouvelle portion. Le cône ainsi développé à la partie supérieure de la voûte est une *stalactite*; le cône qui s'élève au-dessus du sol est une *stalagmite.* — Les stalagmites et les stalactites se rejoignent et forment des colonnes qui semblent être des supports naturels de la grotte.

C. — Céruse.

La *céruse* est un carbonate neutre de plomb CO_3Pb. On prépare ce carbonate à l'état amorphe, en précipitant la solution d'un sel de plomb par un carbonate alcalin.

Dans l'industrie, on obtient la céruse par deux procédés :

1° *Le procédé de Clichy;*
2° *Le procédé des Hollandais.*

Procédé de Clichy. — Ce procédé, dû à Thenard, consiste à décomposer par le gaz carbonique une solution d'acétate basique de plomb :

$$(C^4H^3O^3)^2Pb + PbO + CO^2 = CO^3Pb + (C^4H^3O^3)^2Pb.$$

L'acétate basique, ainsi redevenu acétate neutre, peut dissoudre une nouvelle quantité de litharge, qui le convertit de nouveau en acétate basique.....

L'acétate neutre n'est donc qu'un intermédiaire à l'aide duquel, la litharge est transformée en céruse.

Procédé des Hollandais. — Des lames de plomb, roulées en spirale, sont introduites dans des vases de terre contenant un peu de mauvais vinaigre; les pots, incomplètement fermés par les couvercles, sont rangés par étage, avec des couches alternatives de fumier ; des ouvertures sont ménagées, pour permettre la circulation de l'air.

Le vinaigre forme avec le plomb un acétate basique; celui-ci est décomposé par l'acide carbonique du fumier, et, au bout d'un à deux mois, les lames sont couvertes d'une couche de céruse, qui est détachée, broyée et lavée.

Propriétés. — Le carbonate de plomb est d'un blanc pulvérulent, insoluble dans l'eau, et décomposable dans la chaleur.

Il est employé dans la peinture sous le nom de *blanc d'argent, céruse, blanc de plomb,* et forme la base de presque toutes les peintures à l'huile.

CHAPITRE VII

DES SULFATES

§ 1. — Des sulfates en général

Composition.— L'acide sulfurique SO^4H^2, contenant deux atomes d'hydrogène basiques, forme, comme l'acide carbonique, des sels acides et des sels neutres. Suivant que l'acide sulfurique se trouvera en présence d'un métal mono-atomique ou diatomique, nous aurons l'une des combinaisons suivantes :

SO^4HK Sulfate acide de potassium.

SO^4K^2 Sulfate neutre de potassium.

SO^4Ca Sulfate de calcium.

Les sulfates des radicaux hexatomiques, *aluminicum, ferricum, manganicum* et *chromicum,* méritent une mention spéciale, en raison de ce qu'ils figurent dans la composition des aluns. Leur composition est représentée par la formule

$$(SO^4)^3R^2,$$

dans laquelle, R représente l'un quelconque des radicaux hexatomiques.

Préparation. — On peut rapporter les divers modes de préparations des sulfates aux trois types suivants :

(*a*). **Grillage des sulfures naturels.** — La plus grande partie du sulfate de fer et du sulfate de cuivre du commerce est obtenue par le grillage des pyrites.

(*b*). **Action directe de l'acide sulfurique.** — On fait agir l'acide directement sur le métal, comme pour le sulfate de cuivre et le sulfate de mercure, ou bien sur l'oxyde, sur le sulfure ou sur un carbonate.

(*c*). **Double décomposition.** — Ce procédé est applicable à tous les sulfates insolubles.

$$(AzO^3)^2 Ba + SO^4 Na^2 = 2 AzO^3 Na + SO^4 Ba$$

Azotate   Sulfate   Azotate   Sulfate
de baryum. de sodium. de sodium. de bryum.

$$BaO . AzO^3 + NaO . SO^3 = NaO . AzO^3 + BaO . SO^3$$

Azotate   Sulfate   Azotate   Sulfate
de baryte. de soude. de soude. de baryte.

Propriétés physiques. — Les sulfates sont des corps solides, généralement solubles dans l'eau ; les *sulfates de baryum*, de *strontium* et de *plomb* sont insolubles ; les sulfates de calcium, le sulfate d'argent et le sulfate mercureux sont peu solubles.

$$\textit{Sulfates insolubles} \dots \dots \dots \left\{ \begin{array}{l} \text{Sulfate de baryum.} \\ \text{— de strontium.} \\ \text{— de plomb.} \end{array} \right.$$

$$\textit{Sulfates peu solubles} \dots \dots \dots \left\{ \begin{array}{l} \text{Sulfate de calcium.} \\ \text{— d'argent.} \\ \text{— de mercureux.} \end{array} \right.$$

Affinités. — (*a*). *Action de la chaleur.* — Les sulfates des deux premières sections sont indécomposables par la chaleur.

Les autres sulfates se décomposent à une température élevée et donnent du gaz sulfureux, de l'oxygène et un oxyde.

$$SO^4 Cu = SO^2 + O + CuO$$

Sulfate
cuivrique.

Si l'oxyde est lui-même décomposable par la chaleur ; le résidu est le métal lui-même.

$$SO^4 Hg = SO^3 + 2O + Hg.$$
Sulfate
mercurique.

(b). Action du charbon. — Le charbon décompose tous les sulfates, à une température élevée.

$$SO^4 K^2 + 4C = 4CO + K^2 S$$
Sulfate neutre   Monosulfure
de potassium.   de potassium.

Si l'on chauffe au rouge, dans une cornue, un mélange intime de sulfate de potassium et de charbon en excès, on obtient, en laissant refroidir lentement, une poudre noire qui, projetée dans l'air, produit une gerbe d'étincelles. Cette inflammation spontanée au contact de l'air est due au sulfure de potassium très divisé, qui attire l'oxygène avec une grande énergie. — Ce mélange constitue le *pyrophore de Gay-Lussac.*

Sous l'influence de la chaleur et du charbon, les sulfates de baryum et de calcium se convertissent de même en sulfures ; quant aux autres sulfates, ils donnent, suivant les circonstances, du gaz carbonique ou de l'oxyde de carbone et du gaz sulfureux ; il reste un résidu d'oxyde ou de métal.

(c). Action des acides et des bases. — L'action des acides et des bases sur les sulfates rentre dans les lois de Berthollet.

Chauffés avec un mélange de soude et de charbon, les sulfates insolubles se transforment en sulfures alcalins.

Caractères des sulfates. — Traités par l'acide sulfurique, les sulfates ne laissent dégager aucun gaz.

Ils ne fusent point sur les charbons ardents.

Leurs solutions donnent avec l'azotate de baryum un *précipité blanc* de *sulfate de baryum*, insoluble dans l'acide azotique.

§ 2. — PRINCIPAUX SULFATES

A. — Sulfate de soude.

Le sulfate de soude est surtout employé pour la fabrication de la *soude artificielle*. Il sert encore à la préparation du verre ordinaire.

État naturel. — Depuis plusieurs années, on exploite en Espagne, dans les vallées de l'Èbre, de vastes mines de sulfate naturel.

On le trouve dans plusieurs sources, à *Château-Salins*, à *Moyenvic*, à *Dieuze*; de là son nom de *sel de Lorraine*.

Préparation. — Nous avons vu qu'il se dépose des eaux mères des marais salants, quand on les soumet à une température de — 18°.

Une grande quantité de sulfate de soude est encore obtenue dans l'industrie, en décomposant le chlorure de sodium par l'acide sulfurique. L'acide chlorhydrique du commerce n'est que le résidu de cette opération.

$$Na\,Cl + SO^4\,H^2 = SO^4\,NaH + HCl$$
Sulfate acide
de sodium.

A une température élevée, le sulfate acide de sodium réagit sur un excès de chlorure de sodium et donne le sulfate neutre.

$$SO^4\,NaH + Na\,Cl = SO^4\,Na^2 + HCl$$
Sulfate neutre
de sodium.

Propriétés. — Le sulfate de sodium cristallise en prismes clino-rhombiques à 4 pans, qui ont pour formule :

$$SO^4\,Na^2 + 10\,H^2O$$

Ces cristaux s'effleurissent à l'air.

Le sulfate de soude a une saveur salée, amère, désagréable.

Il est très soluble dans l'eau; le maximum de solubilité correspond à 33°.—La solution saturée à 33°, laisse déposer des octaèdres ortho-rhombiques de sulfate de sodium anhydre.

Le sulfate de sodium cristallisé est désigné quelquefois sous le nom de *sel admirable de Glauber*. — Il est purgatif à la dose de 30 à 50 gr.

B. — Aluns.

Alun de potassium. — L'alun ordinaire est un sulfate double d'aluminium et de potassium. Il a pour formule

$$(SO^4)^3\,Al^2 + SO^4\,K^2 + 24\,H^2O.$$

On trouve dans le commerce deux sortes d'aluns : l'alun *octaédrique* et l'alun *cubique*.

(*a*). **Alun octaédrique.**—On prépare l'alun octaédrique, en versant, une solution de sulfate d'aluminium dans une solution de sulfate de potassium. — La solution de sulfate d'aluminium est obtenue en traitant par l'acide sulfurique l'*argile calcinée*.

L'alun cristallise en octaèdres volumineux.

Ce sel est peu soluble dans l'eau froide, mais il est très soluble dans l'eau bouillante. La solution rougit le papier de tournesol.

Les cristaux d'alun s'effleurissent à l'air, mais seulement à leur surface. Leur saveur est fortement astringente.

Vers 92° les cristaux fondent dans leur eau de cristallisation. Si on le refroidit alors, l'alun prend l'aspect d'une masse vitreuse; on l'appelle *alun de roche*. — Plus fortement chauffé, l'alun perd son eau de cristallisation, se boursoufle et finit par se prendre en une masse blanche spongieuse, anhydre, qui constitue l'*alun calciné*.

(*b*). **Alun cubique.**— L'alun ordinaire renferme une petite quantité d'oxyde de fer. Pour le purifier, on ajoute à la solution 2 ou 5 pour 100 de carbonate de sodium qui précipite tout le fer. Mais il se forme alors un peu de sous-sulfate d'aluminium et l'alun cristallise *en cubes*.

L'*alun cubique*, ou *alun de Rome*, était autrefois fabriqué dans le Levant, au moyen d'une roche appelée *alunite*, qui renferme 57 pour 100 d'alun, combiné à un excès d'alumine hydratée. Au quinzième siècle, Jean de Castro, ayant découvert des gisements d'alunite aux environs de Toffa, près de Rome, y créa la fabrication de l'alun, qui fut alors appelé *alun de Rome*. — Pour transformer l'alunite en alun, il suffit de la calciner modérément, de reprendre par l'eau et de faire cristalliser.

Applications. — L'alun sert en teinture, comme *mordant*. On l'emploie également pour clarifier les eaux bourbeuses : le carbonate calcaire des eaux précipite une petite quantité de sulfate d'aluminium basique qui se sépare à l'état gélatineux, en entraînant les parties solides en suspension dans l'eau.

Ingéré à l'intérieur, il est toxique à doses élevées. On ne le prescrit qu'à l'extérieur, comme astringent, pour combattre les inflammations de l'arrière-bouche, les aphtes... L'eau de *Pagliari* lui doit ses propriétés.

Aluns en général. — Le sulfate d'aluminium se combine également aux sulfates de *sodium*, d'*ammonium* et de *rubidium*, en formant des combinaisons cristallisées en octaèdres, comme l'alun potassique et renfermant 24 molécules d'eau.

Le sulfate d'aluminium nous fournit ainsi un premier groupe de quatre aluns.

Les sulfates ferrique, chromique, manganique, pouvant remplacer le sulfate d'aluminium, il existe, en réalité, 16 aluns qui sont tous compris dans la définition suivante :

On entend par *aluns*, des sels doubles qui résultent de la combinaison de deux sulfates :

1° D'un *sulfate de radical hexatomique;*
2° D'un *sulfate de métal ou de radical monoatomique.*

Toutes ces combinaisons sont caractérisées par les propriétés suivantes :

1° *Les aluns cristallisent en octaèdres;*
2° *Ils renferment 24 molécules d'eau;*
3° *Leur composition est représentée par la formule*

$$(SO^4)^3 (R^2)_{vi} + (SO^4) M^2 + 24 H^2O,$$

formule dans laquelle R représente : l'un des *radicaux hexatomique* (Al^2, Fe^2, Mn^2, Cr^2); M, l'un des *métaux monoatomique* K, Na, Ru ou le groupe *monoatomique* Az H^4.

Tableau des aluns.

$$(SO^4)^3 \begin{cases} Al^2 + SO^4 K^2 & + 24 H^2O \quad \text{Alun potassique.} \\ Al^2 + SO^4 Na^2 & + 24 H^2O \quad \text{Alun sodique.} \\ Al^2 + SO^4 (Az H^4)^2 & + 24 H^2O \quad \text{Alun ammoniacal.} \\ Al^2 + SO^4 Ru^2 & + 24 H^2O \quad \text{Alun de rubidium.} \end{cases}$$

$$(SO^4)^3 \begin{cases} Fe^2 + SO^4 K^2 & + 24 H^2O \quad \text{Alun ferrico-potassique.} \\ Fe^2 + SO^4 Na^2 & + 24 H^2O \quad \text{Alun ferrico-sodique.} \\ Fe^2 + SO^4 (Az H^4)^2 & + 24 H^2O \quad \text{Alun ferrico-ammoniacal.} \\ Fe^2 + SO^4 Ru^2 & + 24 H^2O \quad \text{Alun ferrico-rubidique.} \end{cases}$$

$$(SO^4)^3 \begin{cases} Cr^2 + SO^4 K^2 & + 24 H^2O \quad \text{Alun chromico-potassique.} \\ Cr^2 + SO^4 Na^2 & + 24 H^2O \quad \text{Alun chromico sodique.} \\ Cr^2 + SO^4 (Az H^4)^2 & + 24 H^2O \quad \text{Alun chromico-ammoniacal.} \\ Cr^2 + SO^4 Ru^2 & + 24 H^2O \quad \text{Alun chromico-rubidique.} \end{cases}$$

$$(SO^4)^3 \begin{cases} Mn^2 + SO^4 K^2 & + 24 H^2O \quad \text{Alun manganico-potassique.} \\ Mn^2 + SO^4 Nu^2 & + 24 H^2O \quad \text{Alun manganico-sodique.} \\ Mn^2 + SO^4 (Az H^4)^2 & + 24 H^2O \quad \text{Alun mang.-ammoniacal.} \\ Mn^2 + SO^4 Ru^2 & + 24 H^2O \quad \text{Alun manganico-rubidique.} \end{cases}$$

C. — Sulfate de chaux.

Gypse. — On trouve dans la nature un sulfate de chaux hydraté, très abondant dans les terrains tertiaires des environs de Paris. Généralement, il est en masses compactes à texture saccharoïde; il constitue alors le *gypse* ou *pierre à plâtre*. L'eau qui contient en dissolution du sulfate de chaux hydraté est indigeste, impropre au savonnage et à la cuison des légumes.

Plâtre. — Le gypse, chauffé de 120 à 130°, perd son eau de cristallisation; mais il possède la propriété de la reprendre rapidement. Le gypse calciné forme le *plâtre* des constructions.

La calcination se fait dans de vastes fours, semblables à ceux qui servent à la fabrication de la chaux. Il importe :

1° Que l'opération soit conduite lentement et dure de 10 à 12 heures ;
2° Que la température soit comprise entre 120 et 130°.

Le plâtre, une fois cuit, est réduit en poussière sous les meules et conservé à l'abri de l'humidité.

Mélangé avec son volume d'eau, le plâtre dégage de la chaleur et *se prend*, au bout de quelques instants, en une masse solide, formée de cristaux de sulfate de calcium enchevêtrés les uns dans les autres.

Abandonné à l'air, le plâtre absorbe peu à peu la vapeur d'eau et perd la propriété de faire pierre avec l'eau; on dit qu'il est *éventé*.

D. — Vitriols.

Sous le nom de *vitriols*, ou de *couperoses*, on désigne des sulfates impurs, obtenus en grillant à l'air des *sulfures naturels* ou *pyrites*.

L'industrie prépare trois vitriols :

1° *Vitriol blanc*, ou *couperose blanche* (sulfate de zinc impur);
2° *Vitriol vert*, ou *couperose verte* (sulfate de fer impur);
3° *Vitriol bleu*, ou *couperose bleue* (sulfate de cuivre impur);

Vitriol vert ou **sulfate de fer impur.** — La pyrite de fer est exposée à l'air et mouillée de temps en temps, jusqu'à ce qu'elle prenne une *teinte grise*, puis mise en tas par couches alternatives, avec du combustible. — La chaleur dégagée par l'oxydation du sulfure suffit, en général, pour enflammer le charbon.

Au bout de plusieurs mois, on épuise la masse par l'eau; on évapore la dissolution jusqu'à ce qu'elle marque 40° Baumé, et on la fait passer dans des cristallisoirs. Les eaux mères servent pour de nouvelles dissolutions.

Purification. Les cristaux ainsi obtenus contiennent du cuivre. On fait digérer la dissolution avec de la limaille de fer, qui précipite tout le cuivre à l'état métallique.

On obtient encore du sulfate de fer à peu près pur, en traitant la tournure de fer par l'acide sulfurique étendu. On emploie, pour cet usage, l'acide sulfurique qui reste comme résidu dans l'épuration des huiles.

Propriétés. — Le sulfate ferreux cristallise en prismes rhomboïdaux obliques, d'un *vert clair*, qui ont pour formule

$$SO^4 Fe + 7 H^2O.$$

Sous l'influence de la chaleur, il perd son eau de cristallisation, à 300°, et donne, au rouge, un mélange de gaz sulfureux, d'anhydride sulfurique et d'oxyde ferrique, ou *colcothar*.

$$2 SO^4 Fe = SO^2 + \underset{\substack{\text{Anhydride} \\ \text{sulfurique.}}}{SO^3} + \underset{\substack{\text{Oxyde} \\ \text{ferrique.}}}{Fe^2 O^3}$$

Cristallisé, il se dissout dans 164 parties d'eau à 0° et 30 parties à 100°. Sa solution, exposée à l'air, absorbe de l'oxygène et donne un mélange de sulfate ferrique neutre et de sulfate ferrique basique.

Exposés à l'air, les cristaux s'effleurissent légèrement; en même temps, leur surface jaunit, par suite de l'absorption de l'oxygène de l'air et de la formation d'un sous-sulfate ferrique.

$$2 SO^4 Fe + O = \underset{\substack{\text{Sous-sulfate} \\ \text{ferrique.}}}{Fe^2O^3 . 2 SO^3}.$$

Chauffé avec de l'acide azotique et de l'acide sulfurique, le sulfate ferreux se transforme en sulfate ferrique.

$$2 SO^4 Fe + SO^4 H^2 + O = H^2O + (SO^4)^3 Fe^2$$

Usages. — Le sulfate ferreux est très employé pour la teinture des étoffes et la préparation de l'encre.

Il sert à désinfecter les matières fécales, en formant avec le sulfure d'ammonium, du sulfure de fer et du sulfate d'ammonium.

$$\underset{\substack{\text{Sulfure} \\ \text{d'ammonium.}}}{(Az H^4)^2 S} + SO^4 Fe = \underset{\substack{\text{Sulfure} \\ \text{ferreux.}}}{Fe S} + \underset{\substack{\text{Sulfate} \\ \text{d'ammonium.}}}{SO^4 (Az H^4)^2}$$

Vitriol blanc ou **sulfate de zinc.** — A Goslar, dans le Hanovre, on exploite un minerai de plomb, renfermant du sulfure de zinc et de fer. Les parties les plus riches en sulfure de zinc sont grillées et le produit du grillage donne, quand on le lave, une solution de sulfate de zinc et de fer.

On évapore à siccité et on calcine le résidu dans des cornues en grès. Le sulfate de fer se décompose en acide sulfurique fumant qui distille et en oxyde ferrique insoluble, qui reste dans la cornue avec le sulfate de zinc non décomposé. — On reprend par l'eau bouillante, on filtre et on fait cristalliser.

Purification. — Les cristaux ainsi obtenus contiennent toujours un peu de fer. On fait passer dans la dissolution un courant de chlore qui transforme l'oxyde ferreux en oxyde ferrique, puis on fait bouillir la liqueur avec un excès d'oxyde de zinc qui déplace l'oxyde ferrique.

Le sulfate de zinc s'obtient encore comme résidu de la préparation de l'hydrogène. — Les ateliers de dorure et de galvanoplastie, où l'on se sert de piles de Bunsen, en fournissent de grandes quantités au commerce.

Propriétés. — Le sulfate de zinc cristallisé a pour formule

$$SO^4 Zn + 7 H^2O.$$

Les cristaux sont des prismes orthorombiques ; ce sel est isomorphe avec le sulfate de magnésie.

Sous l'influence de la chaleur, il perd d'abord 6 molécules d'eau, mais il ne perd la septième qu'à 238°. — Au rouge vif, il se décompose en oxyde de zinc, gaz sulfureux et oxygène.

Le sulfate de zinc est très soluble dans l'eau ; la solution possède une saveur styptique.

Usages. — Le sulfate de zinc est employé dans l'industrie des indiennes.

En médecine, on s'en sert comme astringent en injections et en collyres. — On le prescrit quelquefois comme vomitif.

Vitriol bleu ou **sulfate de cuivre.** — Le traitement des pyrites cuivreuses est le même que celui des pyrites de fer.

Purification. — Le sulfate de cuivre ainsi obtenu contient du sulfate ferreux. Les deux sels cristallisent ensemble sous la forme de prismes clinorhombiques, ayant pour formule

$$SO^4 Fe + SO^4 Cu + 7 H^2O.$$

On nomme ce mélange *vitriol de Salzbourg*.

Pour purifier ce sulfate, on fait bouillir la dissolution avec une certaine quantité d'acide azotique ; on évapore à siccité ; on reprend par l'eau et on fait bouillir avec un peu d'oxyde de cuivre. L'oxyde ferrique est précipité.

On obtient encore du sulfate de cuivre à peu près pur, par le procédé suivant ; des lames de cuivre hors d'usage, comme celles qui ont servi au doublage des navires, sont mouillées, saupoudrées de fleur de soufre et chauffées au rouge ; il se forme d'abord un sulfure de cuivre, qu'un courant d'air chaud transforme en sulfate. Les plaques encore chaudes sont plongées dans l'eau qui dissout le sulfate de cuivre. — On recommence la même série d'opérations avec le cuivre qui reste, jusqu'à ce qu'il soit entièrement transformé en sulfate.

Enfin, on chauffe les rognures de cuivre avec l'acide sulfurique ; il se dégage du gaz sulfureux et il se forme du sulfate de cuivre.

$$SO^4 H^2 + Cu = SO^4 Cu + H^2.$$

Propriétés. — Le sulfate de cuivre cristallise en parallélipipèdes obliques, d'une belle couleur bleue, d'une saveur styptique et désagréable qui ont pour formule

$$SO^4 Cu + 5 H^2O.$$

A 250°, le sulfate perd son eau de cristallisation et devient blanc ; au contact de l'eau, le sel anhydre s'hydrate de nouveau et reprend sa couleur bleue. — Au rouge blanc, il se décompose en oxygène, acide sulfureux et oxyde de cuivre.

Le sulfate de cuivre est soluble dans 4 parties d'eau froide et 2 parties d'eau bouillante. La solution, additionnée d'ammoniaque, donne une belle liqueur bleue, appelée *eau céleste*, qui renferme du sulfate de cuivre ammoniacal.

Usages. — Le sulfate de cuivre est employé dans la teinture sur laine et sur soie, pour produire des noirs, des violets et des lilas ; il sert en agriculture pour chauler les blés de semence et les préserver de l'action des parasites qui pourraient se développer sur le grain, au sein de la terre.

En médecine, on l'administre contre le croup, comme émétique, à la dose de 50 centigrammes ; à l'extérieur, il est caustique et sert à cautériser les ulcères, les aphtes.

CHAPITRE VIII

DES AZOTATES

§ 1. — DES AZOTATES EN GÉNÉRAL

Composition des azotates. — L'acide azotique AzO^5H ne contenant qu'un seul atome d'hydrogène basique, les métaux ne forment en général qu'un seul azotate, et l'azotate neutre contient autant de fois le groupe AzO^5 que le métal renferme d'atomicités.

Nous avons ainsi les formules suivantes :

AzO^5K	Azotate de potassium.
$(AzO^5)^2Pb$	Azotate de plomb.
$(AzO^5)^3Bi$	Azotate de bismuth.

Préparation. — On prépare les azotates, en faisant réagir l'acide azotique sur un métal, sur son oxyde, sur un sulfure ou sur un carbonate.

Exemples :

(*a*). **Métal.** — *Azotates de cuivre, de mercure et d'argent.*

(*b*). **Oxyde.** — *Azotate de plomb.*

(*c*). **Sulfure.** — *Azotate de baryum.*

(*d*). **Carbonate.** — *Azotate de calcium.*

Propriétés physiques. — Les azotates neutres sont solides ; ils sont *tous solubles* dans l'eau.

Quelques-uns se déposent de leurs dissolutions à l'état de cristaux hydratés ; d'autres se déposent en cristaux anhydres.

Affinités. (*a*). *Action de la chaleur.* — Tous les azotates sont décomposables par la chaleur. Mais les résultats diffèrent suivant l'affinité du métal pour l'oxygène.

1° Les azotates de potasse et de soude fondent d'abord ; au rouge, ils se décomposent en oxygène et en azotite ; puis il finissent par se décomposer en azote, oxygène et oxyde de potassium.

2° Les azotates de baryum et de plomb donnent un résidu d'oxyde et il se dégage un mélange de peroxyde d'azote et d'oxygène.

3° L'azotate d'argent donne du peroxyde d'azote, de l'oxygène et de l'argent métallique.

$$2\,Az\,O^5\,Ag = 2\,Az\,O^2 + 2O + 2\,Ag.$$

(*b*). *Action du charbon.* — Le charbon donne, avec les azotates, de l'azote, du gaz carbonique et un carbonate :

$$4\,Az\,O^5\,K + 3C = 4\,Az + 2\,CO^5\,K^2 + 3\,CO^2.$$
$$\underset{\text{de potassium.}}{\text{Carbonate}} \qquad \underset{\text{carbonique.}}{\text{Gaz}}$$

Si l'oxyde est réductible par le charbon, à une température peu élevée, on obtient le métal. Ainsi, l'azotate de plomb donne, avec le charbon

$$(Az\,O^5)^2\,Pb + 3\,C = 2\,Az + 3\,CO^2 + Pb.$$

(*c*). *Action du soufre.* — Le soufre donne avec les azotates alcalins un sulfate, du gaz sulfureux et de l'azote.

$$2\,Az\,O^5\,K + 2\,S = SO^4\,K^2 + SO^2 + 2\,Az.$$
$$\underset{\text{de potassium.}}{\text{Sulfate}}$$

Avec les azotates métalliques, tels que l'azotate de plomb, on peut obtenir un sulfure, du gaz sulfureux et de l'azote.

$$(Az\,O^5)^2\,Pb + 4\,S = Pb\,S + 3\,SO^2 + 2\,Az.$$
$$\underset{\text{de plomb.}}{\text{Sulfure}}$$

Le soufre et le charbon, mélangés en proportions convenables avec le nitrate de potassium, donnent la réaction suivante :

$$2\,Az\,O^5\,K + S + 3\,C = K^2\,S + 3\,CO^2 + 2\,Az.$$

(*d*). *Action des acides et des bases.* — Les acides sulfurique, phosphorique..., plus fixes que l'acide azotique, chassent cet acide de ses combinaisons. L'acide chlorhydrique forme un chlorure et de l'eau régale.

L'antimoine, chauffé avec l'azotate de potassium, donne de l'azotate et de l'antimoniate de potassium.

Caractères des azotates. — Tous les azotates *fusent* sur les charbons incandescents.

Traités par l'acide sulfurique, les azotates donnent des *vapeurs blanches d'acide azotique;* si l'on mêle préalablement l'azotate à la limaille de cuivre, il se dégage des *vapeurs rutilantes.*

La solution d'un azotate additionnée d'acide sulfurique, *décolore*
la solution de *sulfate d'indigo*, lorsqu'on porte la liqueur à l'ébullition.

§ 2. — Principaux azotates.

Azotate de potassium. — Dans les pays chauds, l'azotate
de potassium, appelé encore *nitre* ou *salpêtre*, apparaît spontanément
à la surface des terrains d'alluvion des pays chauds, pendant la pé-
riode de sécheresse qui suit la saison des pluies. — Dans les contrées
tempérées, le nitre se forme sur le sol et sur les murs des caves, des
cours humides, des étables et des écuries.

(*a*). **Salpêtre des pays chauds.** — Sous l'influence de la sécheresse,
la terre, d'abord noire et humide, devient blanche et pulvérulente.
Si on enlève la couche superficielle et que la sécheresse continue, on
voit apparaître une couche nouvelle.

La terre salpêtrée, ainsi obtenue, donne par le lessivage du *salpêtre
brut de l'Inde.* — On désigne sous ce nom général, le nitre qui nous
vient de la Chine, de l'Inde, de l'Égypte et de l'île de Ceylan.

(*b*). **Nitre des matériaux salpêtrés.** —Les plâtras, qui proviennent de
la démolition des murs des cours, des cours humides, ou des étables
et des écuries, lessivés dans de grandes cuves, donnent une dissolution d'*azotate* de *potasse* mélangé d'*azotates* de *calcium* et de *magnésium*, ainsi que des chlorures de calcium, de magnésium et de sodium.

Ces lessives sont d'abord traitées par la chaux ; la magnésie est
précipitée. On ajoute du sulfate de sodium ; la chaux est précipitée à
son tour à l'état de sulfate et la lessive ne contient plus qu'un mélange de sels de potassium et de sodium.

La liqueur est concentrée à chaud avec du chlorure de potassium,
puis abandonnée à elle-même. En se refroidissant elle laisse déposer
les chlorures de sodium et de potassium et il ne reste en dissolution
que l'azotate de potassium.

Poudre de guerre. — La poudre est un mélange de salpêtre de
soufre et de charbon. Ce mélange s'enflamme à 300°; la réaction
est représentée par l'équation suivante :

$$2\,AzO^5K + S + 3\,C = KS + 2\,Az + 3\,CO^2.$$

Si l'on calcule le volume du gaz représenté par cette équation et si
l'on tient compte de la température développée par la réaction, tem-

pérature supérieure à 1200 degrés, on se rend compte du volume considérable occupé par les gaz dilatés et on s'explique les effets explosifs de la poudre.

La poudre de guerre française renferme :

Azotate de potassium. . . . . 75 p.
Soufre. 12,5
Carbone. . . . . 12,5.

Azotate de sodium. — On trouve l'azotate de sodium au Pérou, en bancs épais et d'une grande étendue. Il est formé de petits cristaux contenant un peu de sulfate de soude, de sel marin et d'iode.

L'azotate de sodium sert pour préparer l'acide azotique et l'azotate de potassium. Mélangé aux fumiers, il en augmente les propriétés fertilisantes.

Azotate d'argent. — *Préparation.* — Pour préparer l'azotate d'argent, on dissout l'argent dans l'acide azotique.

Si le métal est pur, on obtient une solution incolore, qui laisse déposer, après concentration et refroidissement, de larges lames incolores qui sont de l'azotate d'argent anhydre.

Quand on emploie l'argent monnayé, la solution renferme de l'azotate de cuivre et prend une belle couleur bleue. On évapore à siccité et on maintient le mélange en fusion jusqu'à ce qu'il ne se dégage plus de vapeurs nitreuses; l'azotate d'argent fond et n'est pas décomposé, tandis que l'azotate de cuivre est transformé en oxyde de cuivre. Quand la masse est refroidie, on la reprend par l'eau bouillante qui ne dissout que l'azotate d'argent pur. — On filtre, on concentre et on fait cristalliser.

Propriétés. — L'azotate d'argent cristallise en tables transparentes, incolores, anhydres, dont la forme est à peu près celle de l'azotate de potassium.

Il est neutre au papier de tournesol, soluble dans une partie d'eau froide, 1/2 partie d'eau bouillante et dans 4 parties d'alcool bouillant. — Exposée au contact de l'air, la solution noircit par suite d'une réduction partielle, due à l'action des matières organiques en suspension dans l'air.

L'azotate d'argent entre en fusion au rouge sombre et peut être coulé, soit en plaques, soit en petits cylindres, qui constituent l'azotate d'argent fondu, ou *pierre infernale.* — Au contact des matières organiques, l'argent métallique réduit, forme sur les tissus une tache noire; l'acide azotique et l'oxygène mis en liberté agissent comme *caustiques.*

Usages. — L'azotate d'argent sert à teindre les cheveux, sur lesquels il laisse une couche noire d'argent. On l'emploie également pour fabriquer une encre indélébile, destinée à marquer le linge. — On recouvre le linge d'une couche de gomme, mêlée de carbonate de sodium, et sur cette couche de gomme, on écrit avec une solution d'azotate d'argent. Le carbonate d'argent formé se réduit rapidement, en laissant dans le tissu de l'argent divisé.

ANALYSE INORGANIQUE.

I. — UN SEL SOLUBLE ÉTANT DONNÉ, EN DÉTERMINER L'ACIDE

Nous conformant au programme, nous nous occuperons surtout des sels solubles suivants :

1° *Chlorures;*	5° *Sulfates ;*
2° *Bromures;*	6° *Azotates;*
3° *Iodures;*	7° *Carbonates ;*
4° *Sulfures;*	8° *Phosphates.*

On traite le sel par l'*acide sulfurique.* — Deux cas peuvent se présenter suivant que le sel est ou n'est pas décomposé.

A. Sels décomposés par SO^4H^2.

(*a*). Odeur d'œufs pourris. . . . . 1. SULFURES.

(*b*). Gaz inodore troublant l'eau de chaux . . . . 2. CARBONATES.

(*c*). Vapeur acide. Avec $Mn O^2$. { *Gaz vert* , ... 3. CHLORURES.
Vapeur rouge. . . . . . 4. BROMURES.
— *violette* . . . . 5. IODURES.
Avec Cu. . — *rouge.* . . . . . 6. AZOTATES.

B. Sels non décomposés par SO^4H^2.

On fait du sel une dissolution concentrée, et on ajoute de l'*acide chlorhydrique* jusqu'à ce que la dissolution soit fortement acide.

Précipité cristallin. . . . . **7. BORATE.**

    —   **gélatineux.** . . . . **8. SILICATE.**

Pas de précipité. { Avec BaCl³. { *Précipité soluble dans* Az0⁵H . . **0. PHOSPHATE.**

                      —   *insoluble dans* Az0⁵H. **10. SULFATE.**

II. — UN SEL SOLUBLE ÉTANT DONNÉ, EN DÉTERMINER LA BASE

Pour déterminer la nature du métal contenu dans un sel, on emploie, SUCCESSIVEMENT, l'un des réactifs suivants :

         1° *Acide chlorhydrique ;*

         2° *Hydrogène sulfuré ;*

         3° *Sulfhydrate d'ammonium ;*

         4° *Carbonate d'ammonium ;*

         5° *Phosphate de soude ;*

         6° *Chlorure de platine ;*

A. Acide chlorhydrique.

L'argent, le mercure (au minimum) *et le plomb donnent un*

Précipité blanc.

Le précipité, traité par l'*ammoniaque*,

     Se dissout . . . . ARGENT.

     Devient *noir* . . . . . . MERCURE (*sel mercureux*).

     Reste *blanc.* . . . . . . PLOMB.

B. Hydrogène sulfuré.

Si l'acide chlorhydrique ne donne pas de précipité, on fait passer dans la liqueur, et jusqu'à saturation, un courant d'hydrogène sulfuré.

Les corps suivants sont précipités :

     OR.   ANTIMOINE.

     PLATINE.   MERCURE (*au maximum*).

     ÉTAIN.   BISMUTH.

     ARSENIC.   CUIVRE.

C. Sulfhydrate d'ammonium.

Le sulfhydrate d'ammonium, versé dans la liqueur qui n'a été précipitée ni par l'acide chlorhydrique ni par l'hydrogène sulfuré,
donne

1° **Un précipité noir.**
- Soluble dans HCl. . . . . **Fer.**
- Insoluble dans HCl.
  - *Perle bleue.* . . **Cobalt.**
  - *Perle rougeâtre.* **Nickel.**

2° **Un précipité variable.**
- La substance primitive donne avec le borax une perle
  - *Violette* . . . . **Manganèse.**
  - *Vert émeraude* . **Chrome.**
  - *Incolore.* . . . { **Zinc** ou **Aluminium.**

Pour distinguer l'aluminium du zinc, on ajoute à la liqueur primitive du carbonate de sodium. Le précipité chauffé au chalumeau
avec l'azotate de cobalt, donne une perle

Bleue. . . . . **Aluminium.**

Verte . . . . **Zinc.**

En ajoutant le sulfhydrate d'ammoniaque aux précipités donnés
par l'acide sulfhydrique, le précipité se dissout ou persiste

1° **Le précipité est soluble.** . .
- **Or.**
- **Platine.**
- **Étain.**
- **Arsenic.**
- **Antimoine.**

(a) *Le précipité primitif est noir.* — Le métal est l'or, le platine ou
l'étain. On distingue ces métaux au moyen des réactions suivantes :

1° La liqueur primitive, *jaune*, précipite *en brun* par le sulfate
ferreux (*précipité brun d'or divisé*). . . . . **Or.**

2° La liqueur primitive *jaune* ne précipite pas par le sulfate
ferreux et donne, avec le chlorure de potassium, un précipité
jaune (*chloroplatinate de potassium*). . . . . **Platine.**

3° La liqueur primitive, *incolore*, donne un précipité *blanc*
avec le sublimé corrosif (*chlorure mercureux*). . . . . **Étain.**

(*b*). *Le précipité est jaune ou orangé.* — Le métal est alors l'étain, l'antimoine, ou l'arsenic. — Le précipité, chauffé dans un tube ouvert, donne :

1° Un résidu blanc, fixe, non volatil (*acide métastannique*). ÉTAIN.

2° Résidu volatil; le sulfure primitif est soluble dans l'acide chlorhydrique (*chlorure d'antimoine*) . . . . ANTIMOINE.

3° Résidu volatil; le sulfure primitif est insoluble dans l'acide chlorhydrique. . . . . ARSENIC.

2° **Le précipité est insoluble.**
{
BISMUTH.
CUIVRE.
MERCURE (*au maximum*).
}

On traite le précipité par l'*acide azotique concentré et bouillant :*

1° *Le précipité se dissout facilement.*
{
La solution est précipitée en blanc par l'*ammoniaque* . . BISMUTH.
L'*ammoniaque* colore la liqueur en *bleu* . . . . CUIVRE.
}

2° *Le précipité est insoluble.*
{
Le précipité, dissous dans *l'eau régale*, donne les réactions des sels mercuriques. . . . . . . MERCURE. (*au maximum.*)
}

D. **Carbonate d'ammonium.**

Quand les essais précédents ont été négatifs, on neutralise la liqueur par l'ammoniaque et on ajoute du chlorhydrate d'ammoniaque et du carbonate d'ammoniaque. — Les sels de *baryum, calcium, strontium,* sont précipités à l'état de carbonates.

La liqueur primitive, traitée par le *sulfate de calcium*, donne les réactions suivantes, qui permettent de séparer les trois métaux :

Pas de précipité. . .
{
Mais précipité abondant avec *oxalate d'ammonium* . . . .
} CALCIUM.

Précipité immédiat. .
{
Acide hydrofluosilicique.
}
{
Précipité. . . . BARYUM.
Pas de précipité. STRONTIUM.
}

E. **Phosphate de sodium.**

La liqueur saturée avec le chlorhydrate d'ammonium, qui ne précipite pas par les réactifs précédents, est additionnée de *phosphate de sodium.* On a

1° **Un précipité blanc.** . . . . Magnésium.

2° **Pas de précipité** . . . . $\left\{\begin{array}{l}\text{Ammonium.}\\\text{Potassium.}\\\text{Sodium.}\end{array}\right.$

F. Chlorure de platine.

Enfin, le *chlorure de platine* permet de reconnaître les 3 derniers métaux. Une solution de chlorure de platine, ajoutée à la liqueur qui ne précipite pas par le phosphate de soude, donne :

1° **Pas de précipité.** . . . . Sodium.

2° **Précipité jaune.** $\left\{\begin{array}{l}\text{Le précipité chauffé}\\\text{avec la *chaux* dé-}\\\text{gage} . . . . . .\end{array}\right.$ $\left\{\begin{array}{l}\textit{Gaz ammoniac.}\quad\text{Ammonium.}\\\textit{Pas de gaz am-}\\\textit{moniac} . . .\ \left\{\text{Potassium}\right.\end{array}\right.$

III. — Caractères généraux des sels des principaux métaux.

Sels de potassium.

Les sels de potassium sont presque tous solubles dans l'eau ; ils colorent la flamme en *violet*.

Hydrogène sulfuré. . . . . $\left.\begin{array}{l}\\\\\end{array}\right\}$
Sulfure d'ammonium . . . . $\Big\}$ **Pas de précipité.**
Carbonate de sodium . . . .

Chlorure de platine. $PtCl^4$ . . . . **Précipité jaune.**

Acide tartrique . . . . **Précipité blanc.**

Sels de sodium.

Les sels de sodium sont presque tous solubles dans l'eau ; ils colorent la flamme en *jaune*.

Hydrogène sulfuré. . . . . $\left.\begin{array}{l}\\\\\end{array}\right\}$
Sulfure d'ammonium. . . . . $\Big\}$ **Pas de précipité.**
Carbonate de sodium. . . . .

Chlorure de platine . . . . **Pas de précipité.**

Pyro-antimoniate de potassium . . . . **Précipité blanc.**

Sels d'ammonium.

Chauffés avec la chaux, les sels ammoniacaux dégagent du *gaz am-moniac.*

Hydrogène sulfuré. . . . . }
Sulfure d'ammonium. . . . . } **Pas de précipité.**
Carbonate de sodium . . . . }

Chlorure de platine . . . .   **Précipité jaune.**

Acide tartrique . . . .   **Précipité blanc.**

Sels d'argent.

Les sels d'argent sont incolores; ils *noircissent* à la lumière.

Hydrogène sulfuré. . . . . }
Sulfure d'ammonium. . . . . } **Précipité noir.**

Potasse . . . .   **Précipité vert olive.**
                                (*Insoluble.*)

CHLORURES ET HCl. . . . .   **Précipité blanc.**
                                Caillebotté, insoluble dans
                                l'acide azotique froid;
                                ou bouillant, *soluble*
                                dans l'*ammoniaque*.

Iodure de potassium . . . .   **Précipité jaune.**

Sels de calcium.

Les sels de calcium sont *incolores;* le chlorure et l'azotate sont solubles dans l'alcool et brûlent, avec une flamme **jaune rougeâtre.**

Hydrogène sulfuré. . . . . }
Sulfure d'ammonium. . . . . } **Pas de précipité.**

Carbonate de sodium. . . . .   **Précipité blanc.**

OXALATE D'AMMONIUM . . . .   **Précipité blanc.**

Sels de baryum.

Les sels de baryum sont incolores; ils colorent la flamme en vert.

Hydrogène sulfuré. . . . . }
Sulfure d'ammonium. . . . . } **Pas de précipité.**

Carbonate de sodium . . . .   **Précipité blanc.**

ACIDE SULFURIQUE . . . .   **Précipité blanc.**
                                (*Lourd.*)

Sels de magnésium.

Les sels de magnésium ont une saveur *très amère* ; ils ont une tendance à former des *sels doubles de magnésium* et d'ammonium, solubles.

Hydrogène sulfuré. . . . . } **Pas de précipité.**
Sulfure d'ammonium. . . . . }

Carbonate de sodium. . . . . **Précipité blanc.**
                      (Floconneux.)

Potasse . . . . } **Précipité blanc.**
Ammoniaque. . . . . }

Phosphate de sodium . . . . **Précipité blanc.**
(additionné d'ammoniaque.)

L'ammoniaque ne précipite pas les sels de magnésium, si la liqueur est acide ou additionnée de sels ammoniacaux.

Sels de zinc.

Les sels de zinc sont incolores à moins que l'acide ne soit coloré.

Sulfure d'ammonium . . . . **Précipité blanc.**

Potasse. . . . . **Précipité blanc.**
Soude. . . . . *(Soluble dans un excès de*
Ammoniaque . . . . *réactif.)*

Carbonates alcalins . . . . **Précipité blanc.**

Ferrocyanure de potassium. . . . . **Précipité blanc.**

Hydrogène sulfuré. — Les solutions acides ne sont pas précipitées par l'*hydrogène sulfuré;* les solutions neutres sont décomposées partiellement. Toutefois, les sels de zinc à acides organiques sont complètement décomposés par l'hydrogène sulfuré.

Sels de plomb.

Les sels de plomb, solubles, ont une saveur d'abord *sucrée*, puis *astringente.*

Hydrogène sulfuré. . . . . } **Précipité noir.**
Sulfure d'ammonium . . . . }

Potasse. . . . . } **Précipité blanc.**
Soude. . . . . } *(Soluble dans un excès de*
                      réactif.)

Ammoniaque.	**Précipité blanc.**
	(Insoluble dans un excès de réactif).
Acide sulfurique	**Précipité blanc.**
Acide chlorhydrique et chlorures	**Précipité blanc.**
	(Insoluble dans l'ammoniaque.)
Iodure de potassium.	**Précipité jaune.**

Le *zinc* précipite le plomb de ses dissolutions.

Sels de cuivre.

Les sels de cuivre sont *bleus* ou *verts.*

Hydrogène sulfuré.	⎱ **Précipité noir.**
Sulfure d'ammonium.	⎰
Potasse.	**Précipité bleu clair.**
	(Insoluble dans un excès de réactif.)
Ammoniaque.	**Précipité bleu clair.**
	(Soluble dans un excès, de réactif.)
Ferrocyanure de potassium.	**Précipité brun marron.**
Arsenite de potassium.	**Précipité vert.**
	(Vert de Schéele.)

Une lame de *fer,* plongée dans la dissolution d'un sel cuivrique, précipite le *cuivre* sous la forme d'uné pellicule métallique.

La liqueur, obtenue en ajoutant un excès d'ammoniaque, présente une belle *coloration bleue;* on lui a donné le nom d'*eau céleste.*

Sels de mercure.

Nous avons distingué deux sortes de sels : des *sels mercureux* et des *sels mercuriques.*

Le *fer,* le *zinc* et le *cuivre* précipitent le mercure des sels mercureux et mercuriques :

A. — Sels mercureux.

Hydrogène sulfureux.	⎱ **Précipité noir.**
Sulfure d'ammonium.	⎰
Potasse	**Précipité noir.**

ACIDE CHLORHYDRIQUE. . . . .   **Précipité blanc.**

IODURE DE POTASSIUM . . . .   **Précipité vert.**

B. — Sels mercuriques.

Hydrogène sulfuré. . . . . }
Sulfure d'ammonium. . . . . }   **Précipité noir.**

POTASSE. . . . .   **Précipité jaune.**

Acide chlorhydrique . . . .   **Pas de précipité.**

IODURE DE POTASSIUM . . . .   **Précipité rouge.**

Sels de fer.

A. — Sels ferreux.

Les sels ferreux sont *verts* et s'altèrent rapidement à l'air. On peut
les transformer en sels ferriques, en ajoutant un excès d'acide et en
les oxydant au moyen du *chlore* ou de l'*acide azotique.*

Hydrogène sulfuré. . . . .   **Pas de précipité.**

Sulfure d'ammonium. . . . .   **Précipité noir.**

Carbonate de sodium. . . . . }
Potasse. . . . . }   **Précip. blanc verdâtre.**
Ammoniaque. . . . . }

Ferrocyanure de potassium. . . . .   **Précipité blanc.**
(*Devenant bleu.*)

FERRICYANURE DE POTASSIUM . . . .   **Précipité bleu.**
(*Bleu de Turnbull.*)

TANNIN. . . . .   **Pas de précipité.**

B. — Sels ferriques.

Les sels ferriques, en dissolution, sont d'un *jaune rougeâtre;* quelquefois tout à fait rouges.
Les agents réducteurs : hydrogène, limaille de fer..., ramènent les
sels ferriques à l'état de *sels ferreux.*

Hydrogène sulfuré. . . . .   *Réduction avec précipité*
de soufre.

Sulfure d'ammonium. . . . .   **Précipité noir.**

Carbonate de sodium . . . . }
Potasse. . . . . }   **Précipité brun.**
Ammoniaque . . . . }

Ferrocyanure de potassium, ... **Précipité bleu.**

Ferricyanure de potassium. . . . . **Précipité vert**

Tannin . . . . **Précipité noir.**

Sels d'antimoine.

Hydrogène sulfuré . . . . **Précip. jaune orangé.**
  (Soluble dans le sulfure d'ammonium.)

Potasse. . . . .) **Précipité blanc.**
Soude. . . . . } *(Soluble dans un excès de réactif.)*

Ammoniaque. . . . . ‹ **Précipité blanc.**
  (Insoluble dans un excès de réactif.)

Une lame de *fer* ou de *zinc* précipite l'antimoine, sous la forme d'une poudre noire.

Les solutions acides des sels d'antimoine sont précipitées par l'eau. Le *précipité est soluble dans l'acide tartrique.*

Sels de bismuth.

Hydrogène sulfuré. . . . .)
Sulfure d'ammonium. . . . . } **Précipité noir.**

Potasse. . . . .) **Précipité blanc.**
Soude. . . . . } *(Insoluble dans un excès*
Ammoniaque . . . .) *de réactif.)*

Les sels de bismuth, solubles dans l'eau ou dans les acides étendus, sont précipités par l'eau, comme les composés d'antimoine; mais le précipité est *insoluble dans l'acide tartrique.*

Sels d'or.

Hydrogène sulfuré. . . . . **Précipité brun.**
  (Soluble dans le sulfure d'ammonium.)

Protochlorure d'étain . . . . .)
Bichlorure d'étain. . . . . . . } mélangés. . **Pourpre de Cassius.**

Acide chlorhydrique.

- **Précipité blanc.** . . . Ammoniaque.
  - Le précipité *se dissout.* . . . . ARGENT.
  - — *devient noir.* . . . . MERCURE (*min.*).
  - — *reste blanc* . . . . PLOMB.
- **Pas de précipité.** H⁴S.
  - Précipité.
    - Soluble dans $AzH^6.HS$.
      - *Précipité noir.*
        - Sulfate ferreux . . . . . Précipité *brun* . . . . OR.
        - Chlorure de potassium. — *jaune.* . . . . . . PLATINE.
        - Chlorure mercurique. . — *blanc.* . . . . . . ETAIN (*minim.*).
      - *Précipité jaune.* On chauffe.
        - Résidu fixe. . . . . ETAIN (*maxim.*).
        - — volatil H Cl. *Sulfure soluble.* . . . ANTIMOINE.
        - — *insoluble.* . . . ARSENIC.
    - Insoluble dans (AzH^4) HS. $AzO^5.H$ bouillant.
      - Le précipité est soluble. Ammoniaque . . .
        - Précipité *blanc.* . . BISMUTH.
        - Coloration *bleue.* . . . CUIVRE.
      - Le précipité est insoluble . . . . MERCURE (*max.*)
  - Pas de précipité.
    - $AzH^4.HS$.
      - *Précipité pas noir.*
        - Perle *violette.* . . . . MANGANÈSE.
        - — *vert émeraude* . . . . CHROME.
        - — *incolore* . . . (AzO^3)²Co.
          - Coloration *verte.* . . . ZINC.
          - — *bleue.* . . . ALUMINIUM.
      - *Précipité noir.*
        - Soluble dans H Cl. Cy⁶ Fe K⁴ . . . . . Précipité *bleu.* . . . FER.
        - Insoluble dans H Cl.
          - Perle *bleue* . . . . COBALT.
          - — *rougeâtre* . . . . NICKEL.
    - $CO^2(AzH^4)^2$.
      - *Précipité blanc.* SO⁴ Ca . . .
        - Pas de précipité . . . . CALCIUM.
        - Précipité . . . . .
          - *Lourd.* . . . . BARYUM.
          - *Se formant lentem⁴.* STRONTIUM.
      - *Pas de précipité.* Phosphate de soude.
        - Précipité blanc. MAGNÉSIUM.
        - Pas de précip. Pt Cl⁴.
          - *Précip. jaune.* CaO.
            - Gaz ammoniac. AMMONIUM.
            - Pas d'odeur. . POTASSIUM.
          - *Pas de précipité.* . . . . . . SODIUM.

IV. — Essais d'argent et d'or

Par essais d'argent et d'or, on entend la détermination du titre exact d'un alliage.

A. — Essais d'argent.

Coupellation. — La coupellation est fondée sur les deux expériences suivantes :

1° L'argent maintenu en fusion ne s'oxyde pas à l'air ;

2° Les autres métaux s'oxydent au contact de l'air, et les oxydes solubles dans l'oxyde de plomb fondu, sont par cet intermédiaire entraînés dans les terres poreuses.

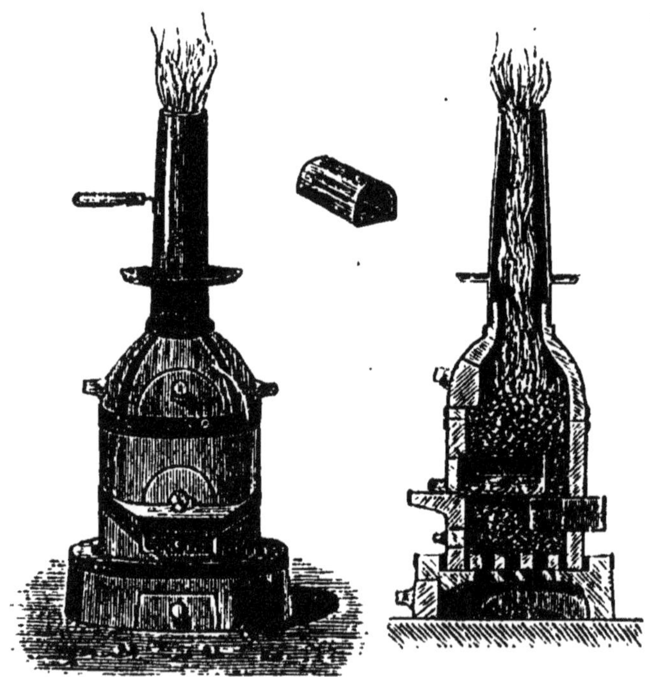

Fig. 61.

Le fourneau de coupelle est un fourneau à réverbère, au milieu duquel on peut introduire un demi-cylindre en terre réfractaire, fermé à l'une de ses extrémités et appelé *moufle*. Une cheminée en tôle placée sur l'orifice supérieur du fourneau, active le tirage.

On porte la moufle au rouge et on y dépose la coupelle, petite capsule formée avec la cendre d'os calcinés ; puis, dans cette coupelle, on met un morceau de plomb. Quand le plomb est fondu; on ajoute une quantité pesée de l'alliage d'argent, qu'on a soin d'envelopper dans un morceau de papier.

Le plomb et le cuivre s'oxydent ; la litharge fondue dissout l'oxyde de cuivre et est absorbée avec lui par la coupelle poreuse.

Au moment où l'opération se termine, la pellicule d'oxyde, devenue de plus en plus mince, se sépare brusquement et laisse voir le *bouton d'argent* qui apparaît très brillant; c'est le phénomène de l'*éclair*.

Essai par voie humide. — Les essais par voie humide se font au moyen des deux dissolutions suivantes :

1° Une *liqueur normale*, contenant $0^{gr},5417$ de chlorure de sodium par décilitre ;

2° Une *liqueur décime*, contenant la même quantité de sel par litre.

Un décilitre de liqueur normale peut précipiter *un gramme d'argent;* — un décilitre de liqueur décime peut précipiter un *décigramme d'argent.*

Les essais par voie humide ont surtout pour but de s'assurer si un alliage a le titre légal. Supposons, par exemple, qu'il s'agisse d'un alliage monétaire. Le titre légal est de 900 millièmes et la loi admet une tolérance de 2 millièmes, c'est-à-dire que l'alliage doit être rejeté, si le titre est seulement de 897 millièmes. On pèse une quantité d'alliage qui représenterait *un gramme d'argent pur*, si le titre était de 897 millièmes ; — c'est-à-dire $1^{gr},1148$. On dissout cet alliage dans l'acide azotique et l'on ajoute 1 décilitre de la *liqueur normale*.

Si l'alliage peut servir, tout l'argent ne doit pas être précipité.

On ajoute à la liqueur filtrée la liqueur décime jusqu'à ce qu'il ne se forme plus de précipité. Chaque centimètre cube de liqueur décime versée représente 1 milligramme d'argent. En ajoutant le nombre de millièmes ainsi obtenus aux 897 millièmes prévus, on a le *titre réel* de l'alliage.

B. — Essais d'or.

L'essai des alliages d'or se fait *par coupellation* et au *touchau.*

Coupellation. — On fond d'abord l'alliage d'or avec de l'argent de manière à obtenir un alliage contenant au moins 3 p. d'argent pour 1 p. d'or.

On coupelle comme pour l'argent, et on passe le bouton au laminoir. La feuille métallique ainsi obtenue est roulée en *cornet*, introduite dans un matras et·chauffée avec de l'acide azotique à 22°; après quelques minutes d'ébullition, on décante l'acide azotique et on le remplace par de l'acide monohydraté. On fait bouillir de nouveau, on décante et on lave à l'eau distillée.

Pour donner au cornet d'or pur la cohésion nécessaire pour qu'on puisse le peser, on le fait tomber dans un creuset et oh chauffe au rouge.

Essai au touchau. — Pour cet essai, on emploie :
1° Une pierre siliceuse très dure, appelée *pierre de touche;*
2° Une étoile à 5 branches portant des alliages d'or déterminés et qu'on appelle des *Touchaux.*

Pour faire une expérience, on touche la pierre de touche avec l'alliage donné et de part et d'autre de cette trace on fait un trait avec les touchaux entre lesquels on suppose que le titre de l'alliage est compris; — on passe sur les trois traits, au moyen d'un bouchon de verre, de l'acide azotique additionné d'une très petite quantité d'acide chlorhydrique : le cuivre se dissout en colorant la liqueur en vert et laisse l'or. D'après la couleur que prend la liqueur et l'épaisseur de la trace d'or, un essayeur expérimenté peut évaluer le titre à 1 centième près.

DEUXIÈME PARTIE

CHIMIE ORGANIQUE

—

INTRODUCTION

I. — OBJET DE LA CHIMIE ORGANIQUE.

Substances organiques. Substances organisées. — D'une manière générale, on entend par *matières organiques* les nombreux composés que l'on extrait des organes des végétaux et des animaux.

On appelle plus spécialement *substances organiques* les espèces chimiques qui ont des *propriétés physiques déterminées : point de fusion, point de solidification, forme cristalline*. . . . . .

On appelle *substances organisées* les espèces qui font partie des organismes vivants. — Ces principes, incristallisables, ne peuvent changer d'état sans s'altérer.

Définition. — Pendant longtemps on a défini la chimie organique l'*étude des matières organiques*. Parmi les considérations qui ont dû faire abandonner cette définition nous citerons les suivantes :

1° Toutes ces matières, il est vrai, renferment du *carbone*, associé à un petit nombre d'éléments : l'*hydrogène*, l'*oxygène* et l'*azote*, et ce n'est qu'exceptionnellement qu'on y rencontre du soufre, du phosphore et certains métaux; — mais les savants ont pu y faire pénétrer, soit des métalloïdes comme le chlore, l'arsenic, ou le silicium, soit des métaux comme le zinc.

2° En formant l'alcool vinique de toutes pièces, avec l'acide sulfurique et le gaz oléfiant, M. Berthelot a commencé cette longue série de *synthèses* qui établissent que les substances organiques sont en réalité des substances minérales et que les distinctions admises jusqu'ici entre ces deux groupes de substances doivent disparaître.

Nous dirons donc que

La chimie organique est l'étude des composés qui renferment le carbone au nombre de leurs éléments.

II. — ANALYSE ORGANIQUE.

L'analyse organique a pour but de déterminer la composition centésimale des substances, et d'établir le poids de leur molécule.

Laissant de côté tous les autres corps simples, nous avons dit que les matières organiques sont des combinaisons du carbone avec trois autres corps simples : *hydrogène, oxygène, azote.*

Partant de ce principe, l'analyse organique comprend deux opérations :

1° *Dosage du carbone et de l'hydrogène;*

2° *Dosage de l'azote.*

L'oxygène se dose par différence.

§ 1. — Dosage du carbone et de l'hydrogène.

Principe. — L'oxyde de cuivre, chauffé à une température élevée, abandonne son oxygène; — si on chauffe, avec de l'oxyde de cuivre, une matière renfermant du carbone et de l'hydrogène, le carbone se transforme en acide carbonique et l'hydrogène en eau.

En recueillant, à part, l'eau et l'acide carbonique produits, on peut en déduire la quantité de carbone et d'hydrogène que renfermait le poids donné de la substance, et par suite la teneur centésimale de cette substance en carbone et en hydrogène.

Appareil. — L'appareil comprend :
1° Un tube à combustion ;
2° Un tube en U, pour recueillir la vapeur d'eau ;
3° Un tube de Liebig, pour recueillir le gaz carbonique.

Tube à combustion. — Le tube à combustion est en *verre de Bohême* ou en *verre vert*, fermé en pointe à l'une de ses extrémités; on a soin de le recouvrir d'une bande de clinquant, enroulée en spirale, pour l'empêcher de se déformer et de se boursoufler.

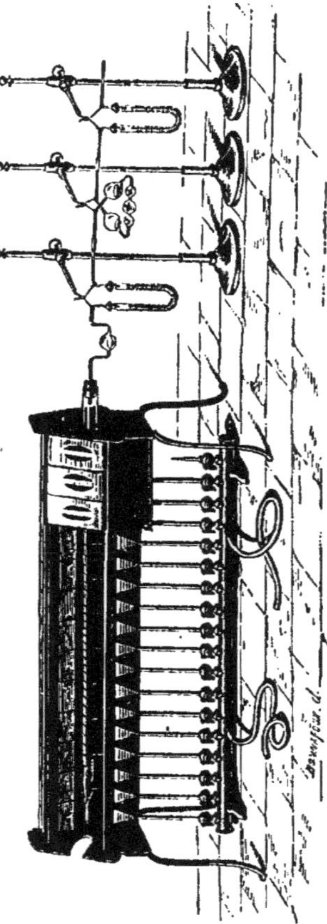

Fig. 65.

Tube en U, pour la vapeur d'eau. — Ce tube en U contient, dans la première branche, des fragments de chlorure de calcium, et dans la seconde, de la pierre ponce imprégnée d'acide sulfurique.

Tube de Liebig, pour le gaz carbonique. — Le tube de Liebig est un tube à cinq boules, renfermant de la potasse caustique.

Il est suivi d'un petit tube en U, qui contient, dans la première branche, de la pierre ponce imprégnée de potasse caustique, et dans la seconde, des fragments de potasse caustique.

Ces deux appareils sont pesés avec soin.

Expérience. — 1° On passe une ou deux fois, dans le tube, de l'oxyde de cuivre calciné, afin d'enlever toute trace de matière étrangère, et on laisse dans le fond une certaine quantité d'oxyde, sur une longueur de 4 à 5 centimètres.

2° La matière organique, pesée, est broyée dans un mortier avec de l'oxyde de cuivre et introduite dans le tube. On a soin de passer, à plusieurs reprises, de l'oxyde dans le mortier, afin de ne pas perdre de substance, et on finit de remplir le tube avec l'oxyde.

3° On place le tube sur une grille, chauffée avec du charbon ou du gaz, et on y adapte les tubes à condensation, préalablement pesés et disposés sur des supports. — On fait bouillir préalablement, dans une solution faible de potasse, les tubes en caoutchouc qui servent à réunir les diverses parties de l'appareil.

On chauffe lentement, au rouge, le tube horizontal, en commençant par la partie ouverte et en se guidant sur le passage du gaz dans le tube de Liebig. — Les bulles doivent se succéder, de seconde en seconde, environ.

Lorsque le feu a été porté jusqu'à la pointe du tube, on éteint quelques becs de gaz et on adapte, sur la pointe, un tube en caoutchouc qui met le tube en communication avec un gazomètre, rempli d'oxygène. On met la pointe dans le tube lui-même et on fait passer dans l'appareil un excès d'oxygène, de manière à chasser du tube à combustion le gaz carbonique et la vapeur d'eau qui le remplissent à la fin de l'opération. On continue à dégager lentement l'oxygène jusqu'à ce que le gaz, qui s'échappe au bout des tubes, rallume vivement une bougie presque éteinte ; on détache le bouchon et on aspire quelques instants, par le dernier tube, afin de remplacer l'oxygène par l'air. On pèse alors les tubes ; l'augmentation de poids du premier tube donne l'eau produite, l'augmentation de poids des deux autres fait connaître la quantité de gaz carbonique.

Matières azotées. — Si la substance contient de l'azote, on

prend un tube ayant au moins 70 centimètres de long, et on remplit
les 10 derniers centimètres avec de la *planure de cuivre.*

Le cuivre détruit le peroxyde d'azote, qui se forme aux dépens de
l'azote des matières organiques, retient l'oxygène et donne de l'azote,
qui s'échappe hors de l'appareil.

§ 2. — Dosage de l'azote.

Le dosage de l'azote se fait de deux manières : en volume, ou en
poids.

Procédé de Dumas. — Le tube en *verre vert* étant rempli
comme précédemment, on le fait communiquer : d'une part, avec
un flacon duquel se dégage de l'acide carbonique pur; d'autre part,
par un tube de dégagement, avec une cuve à mercure.

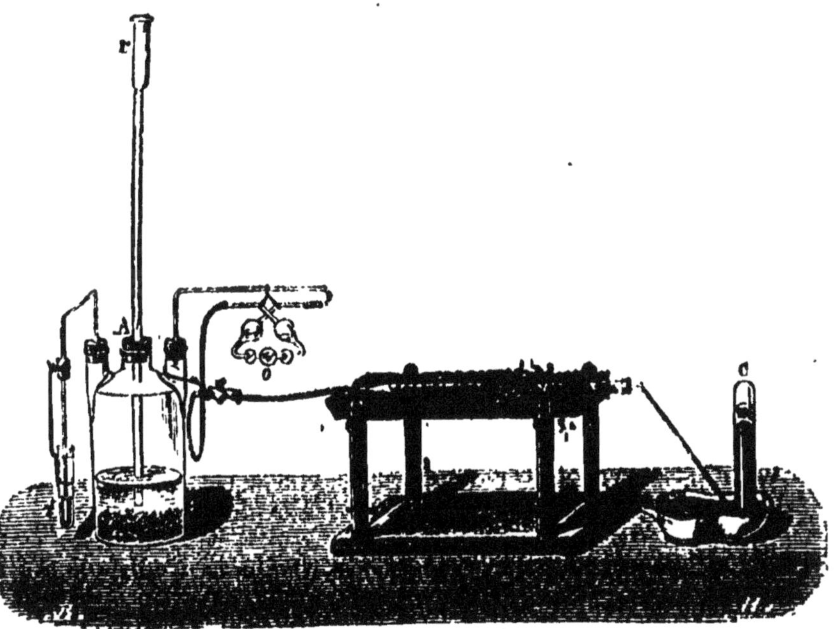

Fig. 66.

On commence par faire passer un courant de gaz carbonique dans
le tube à combustion, jusqu'à ce que le gaz, recueilli dans un tube
sur la cuve à mercure, soit complétement absorbable par une solution de potasse.

On recouvre alors le tube à gaz d'une éprouvette, contenant du mercure et 20 à 30 centimètres cubes de solution de potasse, et on chauffe le tube à combustion, avec les précautions indiquées plus haut. — L'azote se dégage.

Quand le tube est complètement rouge, on active le dégagement de gaz carbonique, afin de chasser dans l'éprouvette l'azote qui pourrait rester dans le tube à combustion.

On s'assure que le gaz ne renferme pas de bioxyde d'azote en l'agitant avec 3 ou 4 cristaux de sulfate ferreux. S'il y a absorption, on en tient compte en se rappelant que le bioxyde d'azote contient la moitié de son volume d'azote.

Du volume de l'azote on déduit le poids du gaz.

Procédé de MM. Will et Varrentrapp. — MM. Will et Varrentrapp dosent l'azote en poids, en le transformant en *gaz ammoniac*.

On introduit dans le tube à combustion :

1° De l'*acide oxalique* et de la *chaux sodée*. — La chaux sodée s'obtient en éteignant la chaux dans une solution de soude caustique, et en calcinant le résidu ;

2° Le mélange de la matière avec la chaux sodée ;

3° De la chaux sodée, en quantité suffisante pour remplir le tube ;

4° Un tampon d'amiante, pour que la chaux sodée ne soit pas entraînée.

On fixe à l'appareil un tube à trois boules, renfermant 10 centimètres cubes d'une solution titrée d'acide sulfurique, et on chauffe la partie antérieure du tube, en se rapprochant peu à peu de la partie où se trouve la matière à analyser. Le carbone s'empare de l'oxygène de l'eau et forme du gaz carbonique qui se fixe sur la soude ; l'azote prend l'hydrogène et se transforme en gaz ammoniac. Quand la matière est détruite, on porte l'oxalate au rouge ; il se dégage un mélange d'oxyde de carbone et de gaz carbonique. L'oxyde de carbone forme, avec l'oxygène de l'eau, du gaz carbonique et de l'hydrogène ; le gaz carbonique est retenu par la soude et l'hydrogène balaye le gaz ammoniac.

D'après la quantité d'acide sulfurique restée libre, on connaît la quantité d'ammoniaque qui s'est dégagée. On en déduit le poids de l'azote. — On sait en effet que

17 grammes de *gaz ammoniac* contiennent 14 grammes d'*azote*.

§ 3. — Détermination du poids moléculaire.

Quand on opère sur l'acide acétique, par exemple, on trouve pour la composition centésimale

$$C = 40,00$$
$$H = 6,67$$
$$O = 53,33$$
$$\overline{100}$$

D'un autre côté, la densité de la vapeur de l'acide acétique étant égale à 2,09, on a, pour son poids moléculaire,

$$2,09 \times 28,88 = 60,2592.$$

Les exposants x, y, z, du carbone, de l'hydrogène et de l'azote, seront donnés par les formules suivantes

$$x = \frac{40}{100} \times 60 \qquad y = \frac{6,67}{100} \times 60 \qquad z = \frac{53,53}{100} \times 60.$$

On trouve ainsi pour la formule de l'acide acétique

$$C^{24}H^4O^{32}.$$

Nous avons d'ailleurs

Poids atomique du carbone $= 12$
     —   *de l'hydrogène* $= 1$
     —   *de l'oxygène* $= 16.$

La formule est donc, en définitive,

$$C^2H^4O^2.$$

III. — DIVISION DE LA CHIMIE ORGANIQUE.

Les limites du programme ne permettant pas d'aborder la chimie organique, au point de vue théorique, nous avons adopté la classification suivante, qui nous paraît tout à fait rationnelle, quand on veut étudier les composés du carbone particulièrement au point de vue de leurs applications.

Le premier livre comprend tous les *carbures d'hydrogène*. Un grand nombre d'entre eux étant retirés du gaz d'éclairage, l'étude de ce gaz devait commencer cette première partie.

Dans le deuxième livre, nous avons réuni les *composés ternaires oxygénés* et ne contenant pas d'azote. La cellulose, dont dérivent naturellement la glucose, puis l'alcool, occupe la première place.

Enfin le troisième livre est consacré aux *composés azotés du carbone;* les alcaloïdes y trouvent leur place. Il en est de même du *cyanogène* et de ses composés, dont l'étude fait naturellement suite à celle des *matières albuminoïdes,* le produit industriel de cette classe, le ferrocyanure de potassium, étant obtenu par la calcination de ces matières, en présence du fer et de la potasse.

LIVRE I

CARBURES D'HYDROGÈNE

CHAPITRE PREMIER

GAZ D'ÉCLAIRAGE. — FLAMME.

§ 1. — GAZ D'ÉCLAIRAGE.

Historique. — L'invention du *gaz d'éclairage* est due à Philippe Lebon. — Cet ingénieur annonça, le premier, en 1785, qu'en distillant le *bois* ou la *houille* on pouvait obtenir un gaz combustible. Il donna le nom de *thermolampes* aux premiers appareils, destinés à la fois au chauffage et à l'éclairage.

L'odeur désagréable du gaz et la fuliginosité de la flamme firent abandonner cette invention, en France. Mais bientôt cette idée fut reprise : en Angleterre, par *Murdoch;* en Allemagne, par Wimor; et en 1804 Murdoch et Wimor prirent collectivement un brevet pour l'éclairage public.

Ce n'est qu'en 1816 que le gaz fut appliqué, en France, à l'éclairage du passage des Panoramas. A partir de 1820, il prit droit de cité dans les villes importantes.

Distillation de la houille. — La distillation de la houille se fait dans des cornues cylindriques en terre réfractaire de 2ᵐ50 de longueur environ (fig. 67).

A la partie antérieure de la cornue et faisant saillie en dehors du fourneau est fixé, au moyen de griffes, un prolongement en fer fermé par une plaque mobile en fonte et qu'on maintient au moyen d'une vis de pression, quand la cornue a reçu sa charge de houille. — Chaque four contient ordinairement cinq cornues.

Composition du gaz d'éclairage. — Au commencement, lorsque la température est peu élevée, le gaz contient beaucoup de bicarbure d'hydrogène et est très éclairant; mais, à une température plus élevée, ce gaz se décompose en donnant de l'hydrogène et du charbon qui se dépose sur les parois et constitue le *charbon de*

Fig. 67. — Cornue à gaz.

cornue. Les gaz qui se dégagent alors sont formés, presque exclusivement, de protocarbure d'hydrogène mélangé d'oxyde de carbone et d'hydrogène libre ; le protocarbure d'hydrogène disparaît lui-même vers la fin de l'opération.

Le protocarbure d'hydrogène mêlé d'hydrogène et d'oxyde de carbone contient au sortir de la cornue :

Du gaz sulfhydrique,

Du sulfhydrate d'ammonium,

Des goudrons et des huiles,

qui rendent la flamme fumeuse, et répandent une odeur infecte. Avant de servir à l'éclairage, ce gaz doit subir une épuration, destinée à séparer ces produits étrangers.

Épuration. — L'épuration comprend une série d'opérations qui s'exécutent de la manière suivante :

(*a*) *Barillet.* Au sortir de la cornue le gaz est amené par un tube vertical dans un cylindre horizontal, commun à toutes les cornues. Ce cylindre, appelé *barillet*, à moitié rempli d'eau, retient les produits les moins volatils.

(*b*) *Réfrigérant ou condenseur.* En sortant du barillet le gaz passe dans une série de tubes en U, verticaux, dont l'extrémité inférieure ouverte débouche dans une caisse à compartiments contenant de l'eau.

Dans cette caisse se condensent la vapeur d'eau, les goudrons qui ont échappé au barillet, les huiles et la plus grande partie des sels ammoniacaux.

(c) *Filtre.* Cet appareil consiste en un cylindre rempli de coke et divisé par une cloison en deux parties, de manière que le gaz le parcoure deux fois dans sa longueur.

Le filtre retient une nouvelle quantité de matières huileuses et de sels ammoniacaux.

(d) *Épuration chimique.* Cette dernière opération a pour but de fixer l'ammoniaque et l'acide sulfhydrique. Le gaz, en sortant du filtre, est amené dans de grandes caisses, garnies de claies sur lesquelles on a étendu un mélange d'oxyde ferrique et de sulfate de calcium, obtenu en ajoutant de la chaux éteinte à une dissolution concentrée de vitriol vert.

L'ammoniaque forme du sulfate d'ammonium; l'acide carbonique, du carbonate de calcium; l'acide sulfhydrique se fixe, à l'état de sulfure de fer.

Le gaz, épuré, se rend dans une grande cloche en tôle, appelée *gazomètre*, et, de là, par des conduits souterrains, aux appareils d'éclairage.

Composition du gaz d'éclairage.

Protocarbure d'hydrogène	30 à 40 pour 100.		
Hydrogène	35	45	—
Oxyde de carbone	0	8	—
Carbures d'hydrogène	5	0	—
Acide carbonique	3	4	—
Azote	2	3	—

§ 2. — FLAMME.

Définition. — La *flamme* peut être définie *un gaz qui brûle.*

Les corps qui ne se réduisent pas en vapeur, comme le charbon et les métaux qu'on ne peut volatiliser, brûlent sans flamme. Mais les corps volatils comme le soufre, le magnésium, le zinc, brûlent avec flamme.

La combustion d'un gaz, dans les circonstances les plus ordinaires, est une oxydation. Cette combustion exige, en général, une température élevée; mais, une fois commencée, la combustion continue d'elle-même, la chaleur dégagée dans l'oxydation suffisant pour prolonger le phénomène.

Température d'une flamme. — La température des flammes dépend de la chaleur dégagée par les combinaisons, et de la chaleur absorbée, soit par les produits de la combustion, soit par les corps qui se trouvent dans la flamme.

Ainsi, on obtient la température la plus élevée en brûlant l'hydrogène avec l'oxygène, dans les proportions nécessaires pour former de l'eau, non seulement parce que la combinaison des deux corps dégage la plus grande quantité de chaleur, mais aussi parce qu'il n'existe pas de gaz étranger, capable d'absorber une certaine quantité de chaleur.

La flamme prend une température plus élevée, quand on l'alimente avec de l'air comprimé, ou avec de l'oxygène. Dans le premier cas, parce que les combinaisons sont plus complètes ; dans le deuxième, parce qu'on a supprimé l'azote, corps étranger qui absorbe une certaine quantité de chaleur.

En faisant arriver, dans un petit espace, un mélange d'air et de gaz d'éclairage, dans des proportions telles que la combustion ait lieu sans excès de gaz ni d'air, M. Schlœsing a pu faire fondre le fer. — Inversement, on peut, en augmentant les proportions du gaz inerte, abaisser suffisamment la température pour que la flamme s'éteigne.

On peut obtenir le même résultat, et plus promptement, en introduisant dans la flamme des corps solides bons conducteurs. Tel est l'effet des *toiles métalliques*, dont la lampe de Davy représente la plus remarquable application.

Lampe de Davy. — Si l'on écrase la flamme d'une bougie, avec une toile métallique, la flamme est brusquement arrêtée. Les gaz, dont la combustion détermine la flamme, n'ont cependant pas disparu, car on peut les allumer en approchant une allumette au-dessus de la toile. La flamme s'est éteinte, parce que sa température a été abaissée au-dessous du point où les gaz brûlent.

Davy, consulté en 1814 sur les moyens d'empêcher les explosions du grisou, eut l'idée d'entourer la lampe des mineurs avec une toile métallique.

Lorsque le grisou se présente dans une galerie, il pénètre dans la lampe et y produit une petite détonation à la suite de laquelle la lampe s'éteint. Mais la toile refroidit assez le mélange explosif, pour qu'aucun point, extérieur à la lampe, ne soit porté au rouge ; par suite, il n'y a pas explosion dans la mine.

Constitution d'une flamme. — On trouve dans la flamme, de dedans en dehors :

1° Une partie centrale, *sombre*, qui entoure la mèche ;

2° Une partie *lumineuse*, qui enveloppe la partie sombre;

3° Une enveloppe extérieure, mince, peu colorée, *jaune* vers le sommet, *bleuâtre* vers la base. C'est le siège de la *chaleur*.

Il est facile d'expliquer la formation de ces trois couches.

(*a*) *Partie centrale sombre.* — La chaleur fait fondre la bougie; le liquide. attiré dans la mèche par la capillarité, arrive au sommet incandescent et se décompose en donnant du gaz et des vapeurs, riches

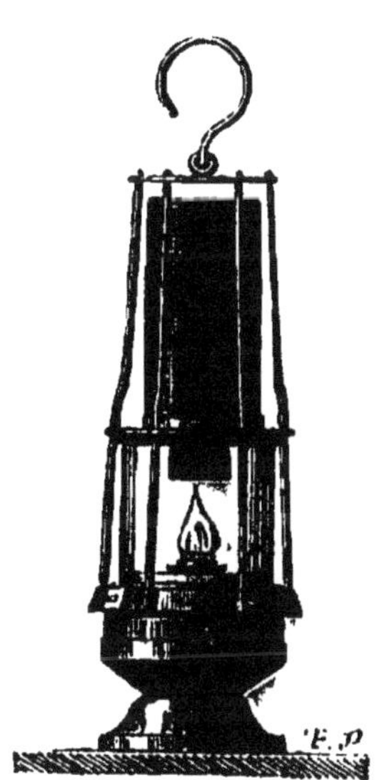

Fig. 68.

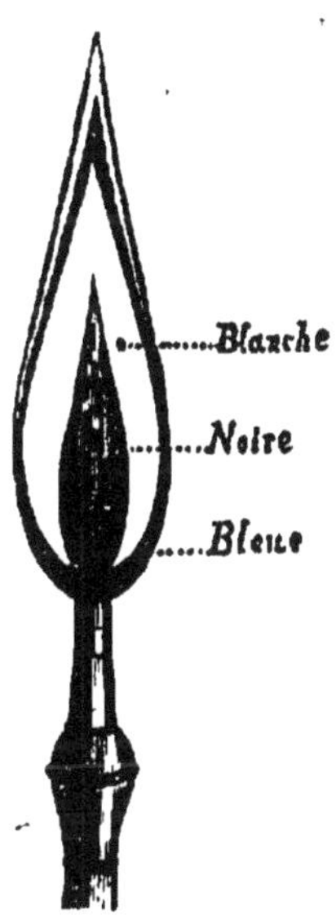

Fig. 69.

en carbure et en hydrogène, qui forment autour de la mèche un cône irrégulier. Dans la flamme du gaz d'éclairage, la partie sombre contient le gaz sortant du tuyau et qui ne brûle pas encore.

On constate la température peu élevée du centre en écrasant la flamme avec une toile métallique percée d'un trou; on peut introduire dans ce trou une allumette soufrée, sans qu'elle prenne feu.

(*b*) *Partie lumineuse.* — La partie lumineuse doit son éclat à ce que le gaz brûlant prédomine par rapport à l'air, et qu'il existe dans cette région du charbon et des carbures d'hydrogène à l'état solide et incandescents.

Pour montrer l'existence du charbon dans cette zone, il suffit d'écraser la flamme avec une soucoupe de porcelaine; le charbon se dépose sous forme de suie.

(c) *Enveloppe extérieure.* — Enfin, l'air brûle tout ce charbon, dans la partie qui borde la flamme, et l'on voit une sorte de frange, peu éclairante, autour du manchon lumineux. Cette frange est surtout visible dans le bas, où elle se montre avec une *teinte bleue*, due à la combustion de l'oxyde de carbone.

La frange extérieure est plus chaude que le manchon lumineux; un fil de platine, placé en travers de la flamme, rougit en effet dans la frange peu visible et non dans le manchon lumineux.

Chalumeau. — Quand on veut obtenir, avec une flamme, une température élevée, on souffle dans la flamme avec un *chalumeau.*

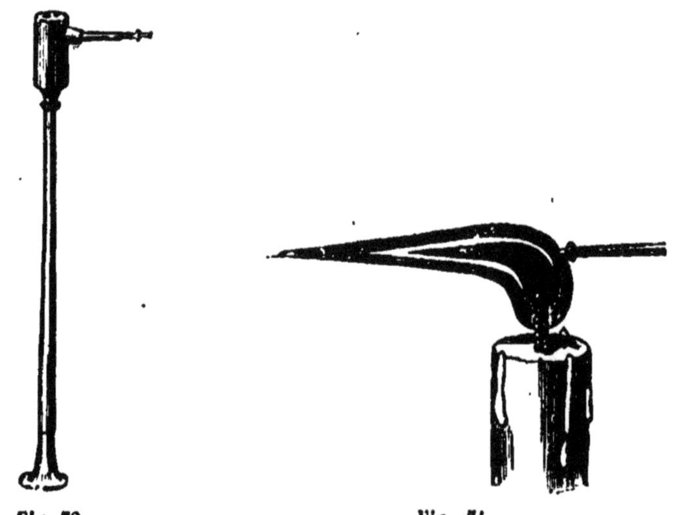

Fig. 70.   Fig. 71.

Cet instrument se compose d'un tube conique en laiton, dont l'extrémité la plus étroite pénètre dans un réservoir d'air auquel est adapté un tube plus petit, dont la pointe est recouverte d'un ajutage en platine. L'ouverture la plus large du tronc conique est muni d'une embouchure d'ivoire (fig. 70).

On doit aspirer l'air par le nez et le chasser par la contraction des joues. Il faut éviter d'insuffler l'air des poumons, qui contient de l'acide carbonique. L'habitude, seule, permet de donner au courant d'air une vitesse convenable; — un souffle trop fort refroidirait la flamme et un souffle trop faible serait insuffisant.

Sous l'influence du courant d'air la flamme s'infléchit et présente trois zones distinctes (fig. 71) :

1° Une zone centrale, dont la *pointe bleue* correspond au *maximum* de température; la combustion y est en effet complète et elle est préservée du refroidissement par les couches extérieures;

2° Une zone moyenne, un peu moins chaude, parce qu'elle contient un excès de charbon;

3° Une zone externe, dont la pointe présente encore une combustion complète, avec un maximum de température.

Pour faire une *soudure*, on place la pièce dans la pointe bleue de la zone interne, où la température est plus élevée et où l'on ne craint pas d'oxydation. La zone moyenne, qui contient un peu de carbone, représente le *feu de réduction;* — l'extrémité de la zone extérieure, qui donne un maximum de température au contact de l'air, constitue le *feu d'oxydation.*

Éclat des flammes. — L'éclat d'une flamme n'est pas lié nécessairement à la température dégagée par la combustion. Ainsi, la flamme de l'hydrogène, qui est très chaude, est à peine éclairante.

L'éclat paraît dépendre surtout de la présence dans la flamme de corps solides, qui se trouvent portés à l'incandescence. Ainsi les flammes du phosphore, du magnésium..... sont très éclairantes, parce qu'elles contiennent de l'acide phosphorique et de l'oxyde de magnésium, qui se trouvent portés à l'incandescence. La flamme de l'hydrogène devient elle-même fort brillante, quand on y introduit de la chaux vive ou de l'amiante. Les flammes de la bougie, de l'huile, du gaz d'éclairage, doivent leur éclat au charbon qui est porté à l'incandescence. On sait en effet que, si l'on coupe la flamme avec un corps froid, ce corps se recouvre d'une couche de charbon.

CHAPITRE II

PROTOCARBURE D'HYDROGÈNE ET DE SES DÉRIVÉS.

§ 1. — PROTOCARBURE D'HYDROGÈNE.

État naturel. — Le protocarbure d'hydrogène, hydrogène protocarboné, *gaz des marais,* appelé aujourd'hui *méthane,* se dégage des volcans, de la vase des marais, d'un grand nombre de fissures du sol, dans les localités où l'on trouve du pétrole : en Chine, en Perse, aux États-Unis, en Italie près de Bologne.....

Il constitue le *grisou des houillières.*

Préparation. — Pour l'extraire de la vase des marais, on remue la vase avec un long bâton, et on reçoit les bulles de gaz qui se dégagent dans un flacon plein d'eau, renversé, et dont le col est muni d'un large entonnoir. Le gaz ainsi recueilli contient un peu d'hydrogène libre, de l'azote, de l'oxygène et de l'acide carbonique.

Dans les laboratoires, on obtient le protocarbure d'hydrogène en chauffant l'acétate de sodium avec de la soude caustique;

$$C^4H^3O^2Na + NaHO = CO^3Na^2 + CH^4.$$
Acétate
de sodium.　　　　Carbonate
de sodium.

Propriétés. — Le protocarbure d'hydrogène est un gaz incolore, inodore, sans saveur.

Densité $= 0,559.$

Il est très peu soluble dans l'eau, un peu plus dans l'alcool, très stable, difficilement liquéfiable.

Il brûle avec une flamme blanchâtre, bleuâtre sur les bords.

Affinités. — (*a*) *Oxygène.* — Un mélange de gaz des marais et d'oxygène détone avec violence, au contact d'une bougie allumée ou d'une étincelle électrique :

$$CH^4 + 4O = CO^2 + 2H^2O.$$

(*b*) *Chlore.* L'action du chlore est différente, suivant que la réaction a lieu à la chaleur rouge ou à la lumière solaire.

A la chaleur rouge, le chlore donne

$$CH^4 + 4Cl = 4HCl + \quad C$$
Acide　　　Charbon.
chlorhydrique.

A la lumière solaire, l'action prolongée du chlore donne la série suivante :

$$CH^4 + 2Cl = HCl + CH^3Cl$$

$$CH^3Cl + 2Cl = HCl + CH^2Cl^2$$

$$CH^2Cl^2 + 2Cl = HCl + CHCl^3$$

$$CHCl^3 + 2Cl = HCl + CCl^4.$$

Le premier produit de cette série est une combinaison du chlore avec le radical CH^3, qu'on nomme *méthyle :* c'est donc un chlorure de *méthyle*. Pour exprimer que les autres produits résultent de l'action prolongée du chlore, on les désigne par les noms suivants :

$$CH^3Cl = \text{chlorure de méthyle;}$$
$$CH^2Cl^2 = \quad — \qquad — \quad \text{chloré;}$$
$$CHCl^3 = \quad — \qquad — \quad \text{dichloré;}$$
$$CCl^4 = \quad — \qquad — \quad \text{trichloré.}$$

Le troisième terme est le *chloroforme*.

Méthane ou hydrure de méthyle. — Le protocarbure d'hydrogène CH^4 doit s'écrire alors

$$CH^4 = CH^3H.$$

Par suite, le méthane est un *hydrure de méthyle*.

§ 2. — Dérivés du méthane.

Esprit de bois CH^3OH. — *L'esprit de bois* ou *alcool méthylique* est l'*hydrate de méthyle*.

Préparation. — Nous avons vu que la distillation du bois fournit, comme produits de condensation, un liquide aqueux et du goudron.

Le liquide aqueux distillé et rectifié plusieurs fois sur la chaux donne l'esprit de bois.

Propriétés. — Liquide incolore, mobile, doué d'une odeur spiritueuse.

Densité $= 0,812$. — Il bout à $66°,5$.

Il est inflammable et brûle avec une flamme peu éclairante. Il est miscible à l'eau, à l'alcool et à l'éther, en toutes proportions.

En absorbant l'oxygène de l'air il se transforme en *acide formique*.

Chloroforme $CHCl^3$. — Le chloroforme a été découvert en 1831, par Soubeiran et Liebig.

Préparation. — On met dans un grand alambic de l'alcool ou de l'esprit de bois, du chlorure de chaux, de la chaux éteinte au moment de l'opération et de l'eau. On élève graduellement la température jusqu'à $83°$. — Le liquide distillé se sépare en deux couches ; la couche inférieure est du chloroforme impur.

On lave à l'eau, puis avec une dissolution légère de carbonate de sodium et enfin à l'eau distillée. On rectifie sur le chlorure de calcium.

Propriétés. — Liquide, incolore, doué d'une *odeur sui generis* (pomme de reinette).

Densité $= 1,48$; — il bout à 61°.

Il n'est pas inflammable.

Très peu soluble dans l'eau, le chloroforme se mêle à l'alcool et à l'éther, en toutes proportions. Il dissout le soufre, le phosphore, l'iode, les corps gras, et un grand nombre d'alcaloïdes.

La potasse le transforme en formiate et en chlorure.

$$\underset{\text{Chloroforme.}}{CHCl^3} + 4KHO = 3KCl + \underset{\substack{\text{Formiate} \\ \text{de potassium.}}}{CHO^2K} + 3H^2O$$

CHAPITRE III

BENZINE ET SES DÉRIVÉS.

§ 1. — Benzine C^6H^6.

La benzine a été découverte en 1825, par Faraday.

Mitscherlich l'a obtenue en chauffant l'acide benzoïque avec un excès de chaux. On retire aujourd'hui la benzine des goudrons de houille.

Traitement des goudrons. — Les produits de la distillation des goudrons de houille sont fractionnés en 3 parties :

1° *Produit recueilli entre* 30° *et* 150°. — La densité moyenne de ce produit est de 0,84.

Cette première portion constitue les *huiles légères.* Elle contient surtout de la *benzine.*

2° *Produit recueilli entre* 150° *et* 200°. — La densité moyenne du deuxième produit varie de 0,85 à 0,90.

Il contient encore un peu de benzine, mais surtout du *phénol.*

3° *Produit recueilli au-dessus de* 200°. — Cette dernière portion contient les *huiles lourdes*, employées pour le chauffage et pour la conservation du bois.

Préparation de la benzine. — La benzine se retire des huiles légères, par des distillations fractionnées. Ce qui passe au-dessous de 85° est principalement de la benzine. On soumet à l'action d'une température de — 5° le liquide qui passe 80 et 85°; la benzine cristallise.

Les cristaux fondus représentent la *benzine pure*.

Propriétés. — La benzine est solide, au-dessous de 5°. À 5°, elle fond et forme un liquide incolore, fortement *réfringent*.

Densité = 0,89.

La benzine bout à 80°.

Elle est insoluble dans l'eau; — elle se mêle à l'éther et à l'alcool, en toutes proportions.

Elle est inflammable et brûle avec une flamme brillante et fuligineuse.

Hydrure de phényle. — La formule de la benzine peut s'écrire

$$C^6H^6 = C^6H^5H.$$

On a donné au radical C^6H^5 le nom de *phényle*. La benzine est donc un *hydrure de phényle*.

§ 2. — DÉRIVÉS DE LA BENZINE.

Nitrobenzine $C^6H^5AzO^4$. — La nitrobenzine est le résultat de l'action de l'acide azotique sur la benzine

$$C^6H^5 + AzO^5H = H^2O + C^6H^5AzO^4$$
Benzine.   Nitrobenzine.

Préparation. — Dans l'industrie, on obtient la nitrobenzine en versant peu à peu la benzine dans un mélange refroidi d'acide azotique et d'acide sulfurique.

On étend d'eau; la nitrobenzine se sépare.

Propriétés. — La nitrobenzine est un liquide jaunâtre, doué d'une odeur prononcée d'amandes amères (*Essence de mirbane*).

Aniline $C^6H^5AzH^4$. — Traitée par l'acide acétique et la limaille de fer, la nitrobenzine se convertit en aniline :

$$C^6H^5AzO^4 + 6C^2H^4O^4H + 5Fe = 5(C^2H^5O^4)^4Fe + 2H^4O$$

Phénol ou acide phénique C^6H^5OH. — Le phénol est l'*hydrate de phényle*.

Préparation. — On peut obtenir le phénol en chauffant avec la potasse le phénylsulfite de potassium. On a du sulfate de potassium et du phénol.

On extrait le phénol du liquide qui passe, dans la distillation du goudron, entre 150 et 200°. Ce liquide, traité par la soude caustique, donne du phénate de sodium cristallisé.

Le phénate, dissous dans l'eau bouillante, est traité par l'acide chlorhydrique; le phénol se sépare. On rectifie sur le chlorure de calcium.

Le produit distillé est amené à une température de — 10°; le phénol cristallise.

Propriétés. — Le phénol est solide; il cristallise en longues aiguilles incolores, fusibles à 35°. Il possède une odeur *sui generis;* sa saveur est âcre et brûlante.

Il bout à 186°.

Le phénol est peu soluble dans l'eau, très soluble dans l'alcool et dans l'éther.

Il ne rougit pas la teinture de tournesol. Cependant il forme des sels avec les alcalis caustiques : de là son nom d'*acide phénique.* En faisant passer un courant de gaz carbonique dans une solution de phénate de sodium, on a du *salicylate de sodium :*

$$C^6H^5O\,Na + CO^2 = C^7H^5O^3\,Na.$$

Phénate
de sodium.   Salicylate
de sodium.

Acide picrique $C^6H^2(AzO^2)^3OH$. — On obtient l'acide picrique en faisant bouillir du phénol avec l'acide azotique, jusqu'à ce qu'il ne se dégage plus de vapeurs rutilantes :

$$C^6H^5OH + 3AzO^3H = 3H^2O + C^6H^2(AzO^2)^3OH.$$

Acide picrique.

L'acide picrique cristallise en lamelles brillantes, d'un *jaune citron*, d'une saveur amère.

Il est soluble dans 165 p. d'eau et possède un grand pouvoir *tinctorial.*

Le *picrate de potassium* $C^6H^2(AzO^2)^3OK$ cristallise en longues aiguilles jaunes, solubles dans 14 p. d'eau bouillante.

Ce sel, chauffé, détone avec une forte explosion.

CHAPITRE VI

HUILES ESSENTIELLES.

§ 1. — ESSENCE DE TÉRÉBENTHINE $C^{10}H^{16}$.

Extraction. — Un grand nombre d'arbres, de la famille des Conifères, appartenant aux genres *Pinus*, *Abies*, *Larix*, *Picea*, laissent écouler, quand on les incise, une substance molle, odorante, qu'on appelle la *térébenthine*.

La térébenthine, distillée avec de l'eau, donne une essence impure, et il reste dans la cucurbite une résine fixe qui est la *colophane* ou *arcanson*.

Le produit de cette première distillation est distillé de nouveau avec de l'eau, puis rectifié sur du chlorure de calcium.

Pour avoir l'essence de térébenthine parfaitement pure, on neutralise avec le carbonate de soude les acides qu'elle forme à l'air et on la distille au bain-marie, dans le vide.

Propriétés physiques. — On trouve dans le commerce deux sortes d'essences :

1° Le *térébenthène*, ou *essence française*, extraite du *Pinus maritima* ;

2° L'*australène*, ou *essence anglaise*, fournie par le *Pinus australis*.

Ces deux produits ont le même point d'ébullition, 156° ; — les densités sont à peu près identiques. Mais le térébenthène est *levogyre*, tandis que l'australène est *dextrogyre*.

Affinités. — Les affinités pour l'oxygène et les acides hydrogénés sont les affinités prédominantes de l'essence de térébenthine.

(a) *Oxygène.* — L'essence de térébenthine, abandonnée à l'air, absorbe peu à peu l'oxygène, jaunit et se résinifie en partie. Cette absorption est accompagnée d'une formation d'ozone, qui donne à l'essence des propriétés oxydantes énergiques.

L'acide azotique, concentré, oxyde l'essence de térébenthine avec une énergie telle que le mélange peut s'enflammer.

(b) Acide chlorhydrique. — On connaît trois combinaisons du térébenthène avec l'acide chlorhydrique :

1° Un courant d'acide chlorhydrique, dans l'essence refroidie, donne deux chlorures isomères : l'un *liquide*, l'autre cristallisé et ayant pour formule $C^{10}H^{17}Cl$. — Le chlorure cristallisé a l'odeur et l'aspect du camphre ; il a reçu le nom de *camphre artificiel.*

2° Lorsqu'on abandonne pendant un mois l'essence avec de l'acide chlorhydrique très concentré, il se forme un corps solide, analogue au camphre artificiel que donne l'acide chlorhydrique avec l'essence de citron.

Applications. — L'essence de térébenthine est surtout employée, en peinture, pour dissoudre les résines et former les *vernis* dits à l'essence.

§ 2. — Isomères de l'essence de térébenthine.

Essences diverses. — Les essences de citron, d'oranger, de bergamotte, de fleur d'oranger, de genièvre, de sabine, de lavande, de cubèbes, de copahu, renferment des hydrocarbures de la formule $C^{10}H^{16}$. Ces hydrocarbures diffèrent de l'essence de térébenthine par le point d'ébullition, la densité, le pouvoir rotatoire, l'odeur et la nature des combinaisons qu'ils forment avec l'acide chlorhydrique.

On obtient ces essences en distillant avec de l'eau les produits végétaux qui les renferment. Elles sont entraînées par les vapeurs aqueuses et se rassemblent, en formant une couche à la surface de l'eau condensée.

Ces essences sont liquides. Quelques-unes d'entre elles sont mélangées avec des corps oxygénés solides, qui se déposent à la longue, et qu'on désignait autrefois sous le nom de *stéaroptènes.*

Camphre ordinaire $C^{10}H^{16}O$. — Le camphre ordinaire est de l'essence de térébenthine oxygénée.

Le camphre existe dans toutes les parties du *cinnamomum camphora*, famille des Lauracées. Cet arbre abonde en Chine, au Japon et dans les îles de la Sonde.

Extraction. — Le bois préalablement divisé en copeaux est mis, avec de l'eau, dans un alambic dont le chapiteau est garni de pailles de riz. Quand on chauffe, le camphre, entraîné par la vapeur d'eau, va se condenser sur cette paille, en petits cristaux grisâtres, que l'on détache et qui constituent le *camphre brut.*

Le camphre brut est raffiné en France, par sublimation ; l'opération se fait dans de gros matras en verre, chauffés au bain de sable.

Propriétés. — Le camphre raffiné se présente en masses cristallines, demi-transparentes ; son odeur est forte et aromatique ; sa saveur est chaude, amère et brûlante.

Il fond à 175° et bout à 204°.

A la température ordinaire, il se sublime sous la forme de tables hexagonales, dans les vases où on le conserve.

Il est à peine soluble dans l'eau, très soluble dans l'alcool, l'éther, les corps gras et les huiles essentielles.

Camphre de Bornéo $C^{10}H^{18}O$. — Ce camphre, dont la formule renferme deux atomes d'hydrogène de plus que le précédent, s'extrait du *Dryobalanops aromatica* (famille des Diptérocarpées).

Le camphre ordinaire, chauffé avec la potasse caustique, donne du camphre de Bornéo et du camphate de potassium.

LIVRE II

COMPOSÉS TERNAIRES OXYGÉNÉS DU CARBONE ET LEURS DÉRIVÉS.

CHAPITRE PREMIER

CELLULOSE ET SES ISOMÈRES.

§ 1. — CELLULOSE $nC^6H^{10}O^5$.

État naturel. — On donne le nom de *cellulose* à la matière qui forme les parois des jeunes cellules végétales. Dans les fibres ligneuses, la cellulose est accompagnée de substances étrangères, matières azotées, résineuses, colorantes..... Le bois contient également des éléments minéraux, qu'on retrouve plus ou moins modifiés dans les cendres.

Extraction. — Le vieux linge, le coton, le papier, la moelle de sureau, constituent de la cellulose à peu près pure. On fait bouillir ces matières, avec une solution faible de potasse caustique; on les lave et on les épuise successivement, par l'eau chlorée, l'acide acétique, l'alcool et enfin l'eau. Le produit, séché à l'étuve, est considéré comme de la cellulose pure.

Pour obtenir la cellulose chimiquement pure, on dissout le vieux linge, le coton..... dans la *liqueur de Schweitzer* (Ammoniure de cuivre); l'eau et les acides étendus précipitent la cellulose, sous la forme d'une masse gélatineuse, qu'on lave à l'alcool, puis à l'eau distillée; enfin, on sèche à l'étuve.

Propriétés physiques. — La cellulose pure est solide, blanche, sans odeur, sans saveur.

Densité $= 1,25$ à $1,45$.

Elle est insoluble dans l'eau, l'alcool, l'éther, les huiles fixes ou volatiles; — elle est soluble dans la liqueur de Schweitzer.

Action de la chaleur. Soumise à la distillation sèche, elle fournit des carbures d'hydrogène, de l'esprit de bois, de l'acide acétique.... et du goudron. (Préparation de l'alcool méthylique et de l'acide acétique.)

Parchemin végétal. — Le papier, trempé dans l'acide sulfurique étendu de son volume d'eau, puis lavé dans une eau légèrement ammoniacale et séché, acquiert les propriétés du parchemin animal et peut le remplacer dans ses usages. — C'est le *parchemin végétal.*

Sucre de chiffons. — L'acide sulfurique, concentré et froid, convertit la cellulose en amidon, susceptible d'être coloré en bleu par l'iode.

Si l'action de l'acide sulfurique se prolonge, on obtient successivement de la *dextrine,* puis de la *glucose.* — De nombreux essais ont été faits pour convertir, industriellement, la *sciure de bois en glucose.*

Fulmi-coton. — Le coton, plongé dans un mélange de 1 p. d'acide azotique et de 2 p. d'acide sulfurique, puis lavé à grande eau, devient très inflammable et brûle très rapidement, sans laisser de résidu, en produisant du gaz carbonique, de l'oxyde de carbone, de l'azote et de la vapeur d'eau. — C'est le *fulmi-coton, coton-poudre,* ou *pyroxyline.*

Le coton poudre a l'aspect du coton ordinaire, mais il est jaunâtre et rude au toucher. On utilise, principalement dans les mines, ses effets destructifs, cinq fois plus considérables que ceux de la poudre ordinaire.

Collodion. — Le fulmi-coton est insoluble dans l'eau, l'alcool, l'éther, le chloroforme et la liqueur de Schweitzer.

Cependant, en faisant agir sur le coton l'acide azotique naissant obtenu en mélangeant

4 p. . . . . . Salpêtre.
4 p. . . . . . Acide sulfurique,

on obtient un coton-poudre soluble dans un mélange d'alcool et d'éther. Cette solution, amenée en consistance sirupeuse, constitue le *collodion,* employé en médecine et en photographie.

L'addition d'une petite quantité d'huile de ricin ou de térébenthine rend moins fragile la pellicule qui résulte de l'évaporation du collodion. — On a alors le *collodion élastique.*

§ 2. — Gommes n $C^6H^{10}O^5$.

Caractères généraux. — Les *gommes* sont des substances amorphes, *vitreuses*, d'une saveur fade, insolubles dans l'alcool, donnant avec l'eau des liquides épais. — L'acide azotique les convertit en *acide oxalique* et en *acide mucique*.

Les gommes exsudent particulièrement du tronc et des branches de plusieurs arbres de la famille des Légumineuses et de celle des Rosacées.

On distingue deux espèces de gommes : la *gomme arabique* et la *gomme adragante*.

Gomme arabique. — La *gomme arabique*, ou *gomme soluble*, est fournie par certains acacias : A. *arabica senegalensis, vera*.....,. C'est une combinaison de chaux avec un isomère de l'amidon, appelé acide *gummique*.

La solution aqueuse de gomme arabique dévie à gauche la lumière polarisée.

L'acide sulfurique étendu la transforme en dextrine, puis en glucose.

Le chlorure ferrique donne avec les solutions gommeuses un *précipité orangé floconneux*, qui permet de distinguer le sirop de gomme du sirop de glucose.

Gomme adragante. — La *gomme adragante*, ou *gomme insoluble*, découle de divers astragales du Levant : A. *verus, creticus*.....

En présence de l'eau, elle gonfle, sans se dissoudre, en formant une gelée transparente.

Sous l'influence de l'eau bouillante acidulée, elle se transforme en glucose.

Mucilages. — Les mucilages sont des matières gommeuses, qu'on rencontre dans un grand nombre de plantes, dites émollientes : *guimauve, semences de lin*.....

Les mucilages gonflent dans l'eau, sans se dissoudre. On peut les considérer comme un *mélange de gomme soluble et de gomme insoluble*.

3. — Matière amylacée $3 C^6 H^{10} O^5 = C^{18} H^{30} O^{15}$.

État naturel. — La matière amylacée se rencontre en abondance
dans le règne végétal. On la trouve dans les graines des céréales et
des légumineuses, dans les fruits du châtaignier, dans les tubercules
de la pomme de terre, dans les bulbes des liliacées.....

On désigne plus spécialement sous le nom d'*amidon* la matière
amylacée qu'on extrait des céréales; on nomme *fécule* celle qu'on
extrait de la pomme de terre.

Extraction de l'amidon. — Les céréales contiennent de
l'amidon, avec du sucre et une matière azotée, qu'on appelle le
gluten.

L'extraction de l'amidon se fait par deux procédés.

(a) *Extraction mécanique.* — On fait, avec deux parties de farine
et une partie d'eau, une pâte qu'on lave sous un filet d'eau au-dessus
d'une toile métallique. Le gluten reste sur la toile; l'amidon passe à
travers les mailles et se dépose au fond de l'eau.

L'amidon ainsi obtenu est abandonné, pendant 24 heures, à une
fermentation provoquée par l'addition d'une petite quantité d'*eau
sûre* provenant d'une opération précédente. Cette fermentation a pour
but de débarrasser l'amidon des quelques traces de gluten mécaniquement entraînées.

L'amidon, purifié, est mis à égoutter sur des carreaux de plâtre, puis
porté à l'étuve pour la dessiccation. Les pains d'amidon éprouvent un
retrait et forment des prismes irréguliers qui ont valu à l'amidon
ainsi préparé le nom d'*amidon en aiguilles.*

L'amidon en aiguilles ne peut être obtenu qu'avec l'amidon des
céréales.

(b) *Extraction par fermentation.* — Le blé, concassé et additionné
de 5 à 6 fois son volume d'eau avec 12 à 15 centièmes des *eaux
sûres*, provenant d'une opération antérieure, est abandonné à lui-
même pendant quelques jours (de 4 à 30 jours suivant la saison).

Le gluten subit la fermentation putride ; il se dégage de l'ammoniaque, de l'acide carbonique, de l'acide sulfhydrique et autres
produits infects; — l'amidon, qui n'a éprouvé aucune altération, se
dépose au fond des cuves.

Cette fabrication, très insalubre, a l'inconvénient de détruire le
gluten ; elle tend de plus en plus à être délaissée.

Extraction de la fécule. — Pour extraire la fécule des pommes
de terre, on les réduit en pulpe, au moyen d'une râpe, et on agite la
pulpe sur une succession de tamis, où elle est soumise à l'action continue de nombreux filets d'eau. La fécule se rassemble au fond du
vase et forme, peu à peu, un gâteau dont on sépare l'eau surnageante,
par décantation.

Structure de la matière amylacée. — La matière amylacée
est constituée par des grains blancs arrondis ou ovales de dimensions
variables : les *grains de fécule* ont un diamètre de 185 millièmes de
millimètre, tandis que les grains d'amidon ont seulement 50 millièmes de millimètre.

Ces graines sont formées de petits sacs, emboîtés les uns dans les
autres et se terminant par une petite ouverture, appelée *hile*. Ils s'ac-

Fig. 72.

croissent par leur partie interne : aussi les couches extérieures sont-
elles plus denses que les couches intérieures.

Lorsque l'amidon préalablement desséché à 100° est humecté d'eau,
il crève et les couches concentriques se séparent, comme l'indique la
figure 72.

L'amidon des céréales, comme nous l'avons dit plus haut, se présente sous la forme de prismes irréguliers. Celui de la pomme de
terre ou fécule est une poudre blanche.

Propriétés. — L'amidon est inodore, insipide, insoluble dans
l'eau, l'alcool et l'éther.

Chauffé avec de l'eau à 60 ou 70°, il gonfle sans se dissoudre, et
forme une masse gélatineuse, translucide, qui constitue l'*empois*.

En faisant bouillir l'amidon, avec beaucoup d'eau, on obtient
en filtrant un liquide un peu trouble, qui contient une petite
quantité d'*amidon soluble* et donne avec l'iode la coloration bleue
caractéristique. C'est ce qu'on nomme ordinairement la *solution
d'amidon*.

Réactif de l'amidon. — L'amidon et l'empois se colorent en *bleu intense*, par l'iode. La solution d'amidon bleuie perd sa couleur par l'ébullition et la reprend en se refroidissant, si l'ébullition n'est pas trop prolongée.

Le chlorure de calcium précipite la liqueur bleue, en flocons bleu foncé, que l'on considère à tort comme un *iodure d'amidon*. Ce précipité n'est pas une combinaison définie.

Métamorphoses de l'amidon. — (*a*) **Amidon soluble.** — D'après Maschke, l'amidon soluble se produit quand on chauffe, en vase clos et au bain-marie, de l'amidon séché à 100°.

L'amidon ainsi transformé, traité par l'eau chaude, ne forme plus d'empois ; une partie se dissout et la liqueur ainsi obtenue, traitée par l'alcool absolu, donne une poudre *blanche*, *butyreuse*, soluble dans l'eau et l'alcool aqueux, et bleuissant par la teinture d'iode.

(*b*) **Dextrine.** — Sous l'influence :

1° *De la chaleur* (180 à 200°);

2° *Des acides étendus;*

3° *De la diastase* (principe azoté, développé dans l'orge germée).

L'amidon se dédouble en *glucose* et en *dextrine* (Musculus).

$$C^{18}H^{30}O^{15} + H^2O = C^6H^{12}O^6 + C^{12}H^{20}O^{10}.$$
Amidon.   Glucose.   Dextrine.

$$\S\ 4.\ -\ \text{DEXTRINE.}\ \ 2C^6H^{10}O^5 = C^{12}H^{20}O^{10}.$$

Préparation. — On obtient la dextrine en exposant dans une étuve à une température de 110° de la fécule humectée avec de l'eau *acidulée avec l'acide azotique*. La transformation est à peu près achevée au bout d'une demi-heure.

Voici les proportions données par M. Payen :

Fécule.	1000 p.
Eau	500
Acide azotique.	2

Propriétés. — La dextrine ainsi obtenue se présente sous l'aspect d'une poudre amorphe, semblable à la gomme, très soluble dans l'eau, insoluble dans l'alcool absolu.

La solution dévie à droite la lumière polarisée.

Application. — La dextrine a les mêmes applications que les gommes. Elle sert particulièrement comme *épaississant des couleurs*, dans les impressions sur étoffes.

Elle est employée en chirurgie pour la préparation de bandages *inamovibles*.

CHAPITRE II

GLUCOSE ET SACCHAROSE.

§ 3. — Glucose $C^6H^{12}O^6$.

État naturel. — La glucose forme les *efflorescences* que l'on trouve à la surface de certains fruits secs, tels que les pruneaux et les raisins.

On l'a trouvée dans le foie et dans un certain nombre de liquides organiques tels que le sang, l'œuf de poule.....; elle constitue le principe sucré de l'urine des diabétiques.

Mêlée à la levulose, elle forme le miel et constitue le principe sucré des fruits mûrs.

Fabrication de la glucose. — La fabrication de la glucose repose sur ce principe, que la dextrine se transforme en glucose, lorsqu'on prolonge l'action de la chaleur et des acides étendus.

Industriellement, on introduit dans une cuve de bois de l'eau acidulée avec l'acide sulfurique et on la porte à l'ébullition, en faisant arriver au milieu du liquide des jets de vapeur d'eau surchauffée, puis on ajoute la fécule délayée dans l'eau. On maintient l'ébullition, et au bout de 30 à 40 minutes la saccharification est complète. — La liqueur ne doit plus *bleuir par l'iode* et ne doit pas être précipitée par l'alcool.

On sature l'acide sulfurique par la craie; on passe à travers des toiles, pour séparer le sulfate de calcium.

On concentre, dans des chaudières chauffées à la vapeur, et, quand le sirop marque 41° *Baumé*, on le verse dans les cristallisoirs. Par le refroidissement, la glucose se prend en une masse d'un blanc jaunâtre, opaque.

L'eau, l'acide sulfurique et la fécule sont généralement dans les proportions suivantes :

$$
\begin{array}{lr}
\text{Eau} & \text{6000 p.} \\
\text{Acide sulfurique} & \text{12} \\
\text{Fécule} & \text{2000} \\
\text{Eau pour délayer} & \text{2000}
\end{array}
$$

Souvent on remplace l'acide sulfurique par l'acide chlorhydrique, qui colore moins la liqueur.

Propriétés. — La glucose cristallise en petits mamelons, blancs, agglomérés en choux fleurs (Wurtz), qui ont pour formule

$$C^6 H^{12} O^6 + H^2 O.$$

Ces cristaux sont inaltérables à l'air ; ils fondent, au bain-marie, et perdent leur eau à 100°.

A 170° la glucose donne du *caramel.*

Elle est soluble dans 1 p. 1/3 d'eau froide, assez soluble dans l'alcool ordinaire bouillant ; — insoluble dans l'éther.

La glucose est *dextrogyre.*

Fermentation. — Mise en présence de la levûre de bière, la glucose se dédouble en alcool et en gaz carbonique :

$$C^6 H^{12} O^6 = 2 C^2 H^3 OH + 2 CO^2.$$

En contact avec du vieux fromage, la glucose donne de l'acide lactique :

$$C^6 H^{12} O^6 = 2 C^3 H^6 O^3.$$

Si l'action se continue, l'acide lactique se transforme en acide butyrique.

Réactifs de la glucose. — Les principaux réactifs de la glucose sont au nombre de trois.

(a) POTASSE. — La liqueur jaunit d'abord et prend rapidement une *teinte brune foncée.*

(b) LIQUEUR DE FEHLING. — Cette liqueur, appelée encore *liqueur cupro-potassique,* est obtenue en mélangeant du sulfate de cuivre, du sel de Seignette et une lessive de soude.

On porte à l'ébullition une certaine quantité de liqueur cupro-potassique et on ajoute le liquide à essayer. S'il contient de la glucose, on voit apparaître un *précipité jaune rougeâtre, ou rouge, d'hydrate cuivreux.*

(c) POTASSE ET SOUS-NITRATE DE BISMUTH. — En présence de la potasse, la glucose réduit le bismuth et la liqueur prend une *coloration noire.*

Isomères de la glucose. — Les isomères les plus importants sont la *levulose* et la *galactose.*

(a) *Levulose.* $C^6H^{12}O^6$. — La levulose a la même composition que la glucose, fermente comme elle, au contact de la levûre de bière; mais elle est incristallisable et dévie à gauche le plan de polarisation.

On rencontre la levulose dans un grand nombre de fruits, en même temps que la glucose; elle existe dans le miel.

La saccharose, chauffée avec des acides étendus, donne un mélange de glucose et de levulose, qu'on appelle *sucre interverti.*

(b) *Galactose.* $C^6H^{12}O^6$. — L'action de l'acide sulfurique sur le sucre de lait donne un sucre interverti, constitué principalement par la *galactose.*

La galactose est cristallisable; elle peut, en présence de la levûre de bière, subir la fermentation alcoolique.

$$\S\ 2.\ -\ \text{SACCHAROSE } C^{12}H^{22}O^{11}.$$

La saccharose dérive de la cellulose de la manière suivante :

$$Cellulose = n\,C^6H^{10}O^5$$

$$Amidon = 3\,C^6H^{10}O^5 = C^{18}H^{30}O^{15}$$

$$C^{18}H^{30}O^{15} + H^2O = C^{12}H^{20}O^{10} + C^6H^{12}O^6.$$

Amidon. Dextrine. Glucose.

$$2\,C^6H^{12}O^6 - H^2O = C^{12}H^{22}O^{11}.$$

Glucose. Saccharose.

La saccharose représente donc deux molécules de glucose, moins une molécule d'eau.

État naturel. — La saccharose est très répandue dans le règne végétal. On la rencontre principalement dans la *canne à sucre* et la *betterave;* mais on la rencontre aussi dans la sève de l'érable et du palmier, dans la carotte, le navet....

On l'extrait de la canne à sucre aux colonies, de la betterave en France, de la sève de l'érable dans quelques contrées de l'Amérique du Nord.

Extraction du sucre de canne. — La canne fraîche renferme environ 18 pour 100 de son poids de sucre.

Les cannes sont écrasées entre des cylindres qui en expriment le jus, ou *vesou*. Le ligneux ou *bagasse* est employé comme combustible.

L'extraction comprend trois opérations : la *défécation*, la *concentration* et la *cristallisation*.

(*a*) *Défécation*. — Le vesou est chauffé à 60°, dans une première chaudière, avec quelques millièmes de chaux éteinte. Les matières albuminoïdes et les matières colorantes forment, avec la chaux, des produits insolubles qui forment à la surface une écume épaisse.

(*b*) *Concentration*. — Le jus, ainsi clarifié, est décoloré par le noir animal, puis concentré dans des chaudières à double fond, où l'on peut raréfier l'air de manière à activer l'opération, sans trop élever la température.

Le sirop doit marquer 42° Baumé.

(*c*) *Cristallisation*. — Le sirop est alors versé dans des tonneaux. Le sucre cristallise par refroidissement et forme le *sucre brut* ou *cassonade*.

Un trou placé à la partie inférieure des tonneaux permet de recueillir la partie non cristallisée. On soumet ce liquide à de nouvelles décolorations et de nouvelles cuites et on obtient enfin un liquide brun, incristallisable, qu'on appelle la *mélasse*. — Aux colonies on utilise la mélasse pour la fabrication du *rhum*.

Extraction du sucre de betterave. — La *betterave blanche*, ou betterave de *Silésie*, contient 10 pour 100 de sucre.

Les betteraves nettoyées et lavées sont réduites en une pulpe qu'on exprime, dans des sacs de laine ou de crin, au moyen d'une presse hydraulique.

(*a*) *Défécation*. — Le jus de betterave étant plus altérable que le jus de canne, on ajoute assez de chaux pour former, avec le sucre, des *sucrates de chaux*, moins altérables que le sucre. — Il faut 4 à 6 kilogrammes de chaux par hectolitre de jus.

Le jus clarifié et filtré est soumis, dans une deuxième chaudière, à l'action d'un courant d'acide carbonique, qui forme un carbonate de chaux insoluble et remet le sucre en liberté.

Un autre procédé consiste à ajouter, au sirop, du phosphate d'ammoniaque. Il se forme du phosphate calcique insoluble et l'ammoniaque se dégage.

(*b*) *Cristallisation.* — La concentration se fait comme pour le sucre de *canne.*

Quand le sirop marque 42° Baumé, on le fait écouler dans un rafraîchissoir, où on l'agite jusqu'à ce qu'il laisse déposer de petits cristaux. On distribue alors le sirop dans des formes coniques, en terre, placées dans une étuve à 25°, où la cristallisation s'opère.

Lorsque le sirop s'est cristallisé, on débouche les formes et on recueille la *mélasse.*

Raffinage. — Les cassonades, dissoutes dans 30 pour 100 de leur poids d'eau, sont additionnées de 5 pour 100 de noir animal et de 1/2 pour 100 de sang de bœuf.

On chauffe, toujours au moyen de la vapeur, et, quand le liquide s'est éclairci, on le soutire pour le faire passer sur du noir animal en grains, qui achève la décoloration. Le sirop, concentré, est versé dans des formes que l'on place dans des greniers chauffés à 20°. Quand la cristallisation est achevée, on recueille le sirop resté liquide.

Le *terrage* termine le raffinage. Cette opération consiste à verser, dans chaque forme, une bouillie d'argile blanche. L'eau de cette bouillie pénètre lentement dans le pain de sucre, liquifie le sirop interposé entre les cristaux, et l'entraîne à la partie inférieure. Quand l'opération est terminée on enlève le gâteau sec, formé par l'argile, et on coule, dans le pain blanchi et poreux, du sirop de sucre blanc qui remplit les vides, en se solidifiant dans l'étuve. Quelquefois on remplace la bouillie d'argile par du sirop de sucre blanc ; l'opération prend alors le nom de *clairçage.*

Propriétés. — Le sucre raffiné se présente sous la forme d'une masse cristalline, compacte et blanche.

Le sirop de sucre, concentré à 37° Baumé et exposé pendant quelques jours dans une étuve à la température de 30°, cristallise en gros prismes clinorhombiques, *anhydres durs, inaltérables à l'air.* — On place le sirop dans des bassines de cuivre, traversées par des fils tendus. Le sucre se fixe, sur les fils, en cristaux volumineux, connus sous le nom de *sucre candi.*

Solubilité. — Le sucre est soluble dans la moitié de son poids d'eau (sirop simple). — La solution est *dextrogyre.*

Il est insoluble dans l'éther et dans l'alcool absolu.

Action de la chaleur. — Chauffé à 160°, le sucre fond en un liquide visqueux, qui se prend par le refroidissement en une masse amorphe, vitreuse (sucre d'orge).

De 190 à 200°, le sucre se convertit en une matière brune, amorphe, amère, soluble dans l'eau, qu'on désigne sous le nom de *caramel*.

Action des acides. — Les acides, étendus, convertissent le sucre de canne en un mélange de glucose et de levulose, qu'on appelle *sucre interverti :*

$$C^{12}H^{22}O^{11} + H^2O = C^6H^{12}O^6 + C^6H^{12}O^6$$

Saccharose.   Eau.   Glucose.   Levulose.

Les ferments produisent la même transformation ; on admet qu'avant de subir la fermentation alcoolique la saccharose est d'abord convertie en sucre interverti.

L'acide *sulfurique*, concentré, charbonne le sucre ;

L'acide *azotique*, concentré, le transforme en *acide oxalique :* de là le nom d'*acide de sucre*, donné à l'acide oxalique.

La saccharose est sans action sur la liqueur *cupro-potassique.*

Sucre de lait ou lactose $C^{12}H^{22}O^{11}$. — La *lactose*, ou *sucre de lait*, est obtenue en évaporant le petit-lait qui reste après la fabrication des fromages.

Dans le commerce, le sucre de lait se présente en gros cylindres, formés par une agglomération de cristaux, disposés autour d'un bâtonnet servant d'axe.

Ces cristaux sont durs et craquent sous la dent; ils sont solubles dans 6 p. d'eau froide et dans 2 p. 1/2 d'eau bouillante, insolubles dans l'alcool et l'éther.

L'acide sulfurique, étendu, donne avec le sucre de lait de la glucose et de la *galactose.*

Le sucre de lait réduit les liqueurs cupro-potassiques.

CHAPITRE III

FERMENTATIONS.

§ 1. — Définition. — Division.

Définition. — On entend par *fermentation* un phénomène dans lequel un composé organique, appelé *matière fermentescible,* se transforme en un petit nombre de principes définis, toujours les mêmes, sous l'influence d'un être organisé vivant, qu'on appelle le *ferment*.

Les *ferments* sont des matières organisées qui, placées dans des conditions convenables, se développent et pullulent aux dépens de la matière fermentescible, et celle-ci, profondément attaquée dans sa constitution, se décompose. A chaque fermentation correspond un *ferment spécial*. — C'est à Pasteur que revient l'honneur d'avoir fait connaître la véritable nature des ferments.

La transformation de l'amidon en dextrine, sous l'influence de la diastase, diffère de la fermentation en ce que la diastase est une matière azotée, dénuée de vie, qui se détruit en opérant la transformation.

Nous étudierons spécialement les fermentations suivantes :

1° *Fermentation alcoolique;*

2° *Fermentation lactique;*

3° *Fermentation butyrique.*

Fermentation alcoolique. — La fermentation alcoolique a pour agent un être organisé, végétal ; comme il se développe facilement dans l'orge fermenté qui sert à la préparation de la bière, on le désigne sous le nom de *levûre de bière.*

La *levûre de bière* est constituée par un amas de globules de 1/100 de millimètre de diamètre, disposés en chapelets. Ils sont constitués par une membrane élastique contenant un liquide granuleux. — On y trouve de la cellulose, des matières albuminoïdes et des substances minérales.

Ces globules, semés dans un jus sucré renfermant de la glucose ou un sucre transformable en glucose (saccharose), en présence de phosphates et de sels ammoniacaux et à une température de 25°, se développent et se multiplient ; en même temps la glucose se décompose et la plus grande partie de cette substance se dédouble en *alcool* et en *gaz carbonique*. On a, en effet :

$$C^6H^{12}O^6 = 2C^2H^5.OH + 2CO^2.$$
Glucose.   Alcool.

D'après Pasteur, une partie de la glucose sert à former de la glycérine et de l'acide succinique ; une autre partie nourrit la levûre de bière, qui augmente de poids. Ces nouvelles cellules empruntent à la glucose les matières nécessaires pour former la cellulose ; à l'ammoniaque l'azote nécessaire à l'élaboration des substances albuminoïdes.

Produits de la fermentation alcoolique.

Alcool.	⎫ 91
Acide carbonique	⎭
Glycérine	3,5
Acide succinique	0,5
Nourriture du ferment	2
	100

La levûre de bière n'est cependant pas un agent indispensable de cette transformation de la glucose.

Berthelot a obtenu de l'alcool, sans que ces globules de levûre de bière se développent, en abandonnant, dans une étuve à l'abri de l'air atmosphérique, de la glucose avec du carbonate de chaux et une matière azotée d'origine animale.

Action de l'air. — On a cru pendant longtemps que l'air était indispensable à la fermentation alcoolique.

Pasteur a démontré que la levûre, une fois constituée, ne joue le rôle de ferment que si elle est forcée de se développer à l'abri du contact de l'air, en empruntant à la glucose l'oxygène qui est nécessaire à son développement. Au contact de l'air, elle se développe, même rapidement, mais elle ne joue pas le rôle de ferment.

Fermentation lactique. — La fermentation lactique a pour agent un être organisé végétal, auquel Pasteur a donné le nom de *levûre lactique.*

La *levûre lactique* est constituée par de petits globules ou des articles très courts, isolés ou en amas, et beaucoup plus petits que ceux de la levûre de bière.

La fermentation lactique ne peut s'accomplir que dans une liqueur neutre et en présence de matières azotées. Ainsi on obtient l'acide lactique en abandonnant à une température de 30° le mélange suivant :

Glucose	3 p.
Eau	13
Lait aigri	4
Vieux fromage	0,1
Craie	1,5

Au bout de 8 jours, le tout forme une masse de *lactate de calcium.*

Le carbonate de calcium neutralise l'acide lactique à mesure qu'il se forme et permet ainsi à la fermentation de s'étendre à toutes les parties de la glucose.

La formule suivante représente le dédoublement de la glucose :

$$C^6H^{12}O^6 = 2C^3H^6O^3.$$

Acide lactique. $C^3H^6O^3$. — Pour retirer l'acide lactique on décompose le lactate de calcium par le sulfate de zinc ; le sulfate de calcium se précipite et le lactate de zinc reste dans la liqueur. Ce lactate, décomposé par l'hydrogène sulfuré, donne un sulfure de zinc insoluble, et l'acide lactique reste dans la liqueur. On filtre et on concentre au bain-marie.

L'acide lactique est un liquide sirupeux, incolore, doué d'une saveur acide franche.

Fermentation butyrique. — La fermentation butyrique a pour agent un *infusoire* formé de petites baguettes cylindriques.

D'après Pasteur, ces vibrions se développent et vivent dans des milieux privés d'oxygène. L'énergie de leurs fonctions respiratoires est telle que l'air libre les tue ; ils ont la propriété de décomposer les corps oxygénés, pour s'approprier leur oxygène.

Ce ferment prend naissance dans la dissolution de lactate de calcium, et le lactate est transformé en *butyrate*, avec dégagement d'*hydrogène.*

§ 2. — BOISSONS ALCOOLIQUES.

Vin. — Le vin est obtenu par la fermentation du jus de raisin.

Le jus de raisin renferme :
1° Du sucre interverti ;
2° De l'albumine végétale ;
3° Des matières colorantes ;
4° De la crème de tartre.

Pour obtenir les vins blancs, il faut exprimer le raisin avant la fermentation. — Pour préparer les vins rouges, on exprime, après la fermentation, la matière colorante n'étant soluble que dans l'alcool.

Le jus du raisin est abandonné à la fermentation spontanée dans des locaux dont la température ne doit pas être inférieure à 15°. Après la fermentation, le vin s'éclaircit lentement ; les matières étrangères qui le rendaient trouble se déposent et constituent la lie.

Le vin est alors soutiré ; quelque temps après, on le bat avec du blanc d'œuf ou de la gélatine. Cette opération s'appelle le *collage.* L'albumine se coagule en présence du tannin et forme un précipité floconneux, insoluble, qui entraîne la matière albuminoïde restée en suspension.

Le vin, ainsi clarifié, renferme, indépendamment de l'*eau* et de l'*alcool*, des matières azotées et albuminoïdes, des matières grasses, des matières colorantes, de la glycérine, de l'acide succinique, de la crème de tartre, du tannin….. et des substances volatiles qui donnent au vin, les unes l'odeur vineuse propre à tous les vins, les autres le bouquet spécial qui les caractérise.

Bière. — La bière est une boisson alcoolique que l'on fabrique en faisant fermenter une infusion d'*orge germée*, aromatisée préalablement avec le houblon.

La fabrication de la bière comprend 4 opérations : le *maltage*, la *saccharification*, le *houblonnage* et la *fermentation*.

(*a*) Maltage. — L'orge ne contient pas de principe sucré, mais, lorsqu'elle a germé, elle renferme un principe particulier amorphe, insoluble dans l'alcool, la *diastase*, sous l'influence de laquelle l'amidon peut être converti en glucose. Le maltage a pour but le développement de la diastase.

L'orge, injectée d'eau et gonflée, est étendue en couches de 40 à 50 centimètres d'épaisseur dans un cellier ou *germoir*, où l'on produit une température de 15° environ. L'orge ne tarde pas à germer et il se développe de la diastase qui transformera l'amidon en glucose.

Au bout de 10 jours le germe a atteint les 2/3 de la longueur du grain. On arrête alors la germination, en séchant le grain d'abord à l'air libre, puis à l'étuve, en élevant la température graduellement jusqu'à 80°.

Les grains, débarrassés des pousses par le criblage, sont réduits en une poudre grossière qui constitue le *malt*.

(*b*) Saccharification. — Le malt étant étendu sur le fond percé d'une cuve à double fond, on fait arriver dans la cuve de l'eau à 70° ; on brasse et on ajoute une nouvelle quantité d'eau à 90°. Après un deuxième brassage, on ferme la cuve et on laisse le tout reposer pendant environ 3 heures. On soutire le *moût* sucré qui s'est formé, et on fait une deuxième infusion, dont le produit est mélangé avec le premier. — Le malt épuisé, sous le nom de *drèche*, est utilisé pour la nourriture du bétail.

(*c*) Houblonnage. — Le moût, soutiré, est transporté dans des chaudières et soumis à l'ébullition avec le *houblon*, qui non seulement lui communique son goût amer et aromatique, mais lui donne encore la propriété de se conserver.

(*d*) FERMENTATION. — Le moût houblonné, concentré et refroidi, est additionné de levûre de bière, provenant d'opérations antérieures. Il se développe une première fermentation, à la suite de laquelle la bière est soutirée et mise dans des tonneaux où la fermentation s'achève. La mousse qui s'échappe alors par la bonde, recueillie et exprimée dans des sacs, donne un résidu solide qui constitue la *levûre de bière*, employée pour les opérations ultérieures et pour la panification. La bière est alors clarifiée avec la colle de poisson et les tonneaux sont bouchés.

La bière contient, en plus de l'eau et de l'alcool, de l'acide carbonique, de la dextrine, de la glucose non fermentée, une matière albuminoïde et des sels minéraux.

Comme l'humidité et la température nécessaires au maltage se rencontrent surtout au printemps, les bières maltées à cette époque sont regardées comme supérieures ; on les appelle *bières de mars*.

Cidre et poiré. — Le *cidre* est obtenu au moyen de la fermentation du jus de pommes. — Le *poiré* est une boisson analogue, faite avec les poires.

Le jus de la pomme, abandonné à lui-même, subit successivement deux transformations; dans la première, il y a formation de glucose; dans la deuxième, il y a production d'alcool.

Eaux-de-vie. — Les eaux-de-vie sont des liqueurs renfermant 40 à 50 pour 100 d'alcool absolu et qui proviennent de la distillation de jus fermentés. Elles renferment des principes volatils qui leur impriment un caractère particulier.

Tableau des principales eaux-de-vie.

Eau de vie de vin.	
— *de cidre.*	
— *de marc....*	
— *de fécule ...*	Ces eaux-de-vie contiennent des huiles essentielles, qui leur communiquent un goût désagréable.
— *de betterave.*	
Rhum................	Moût fermenté de la canne à sucre.
Tafia................	Mélasse du sucre de canne.
Kirsch................	Cerises, écrasées, fermentées et distillées avec le noyau.—Le kirsch contient de l'essence d'amandes amères et de l'acide cyanhydrique.
Genièvre	Bières ou grains avec baies de genièvre.
Rack......................	Saccharification et fermentation du riz.

Richesse alcoolique. — La recherche de la richesse alcoolique des liquides se fait au moyen de l'alcoomètre de Gay-Lussac. Mais cet instrument ne peut donner des résultats exacts que si le liquide ne contient que de l'alcool et de l'eau.

Les vins, bières, cidres..... contenant des sels et des matières colorantes qui modifient la densité du mélange, on sépare les liquides

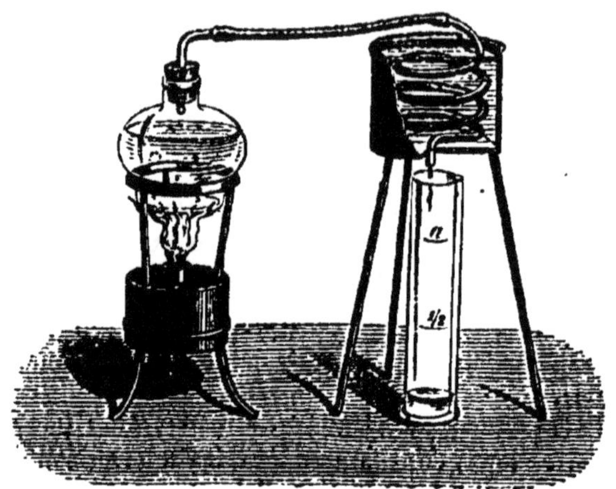

Fig. 73.

de ces différentes matières par la distillation. On emploie, pour cette opération, un petit alambic qui se compose d'un ballon de verre réuni à un petit serpentin au moyen d'un bouchon et d'un tube de caoutchouc (fig. 73).

On mesure, au moyen d'une éprouvette divisée en trois parties égales, 85 centimètres cubes du liquide; on rince l'éprouvette avec de l'eau distillée et on ajoute l'eau au vin. On chauffe avec une lampe à alcool et on reçoit le liquide qui distille dans l'éprouvette. On arrête l'opération, quand on a obtenu le tiers au moins du liquide employé; l'expérience prouve que tout l'alcool a passé à la distillation. On complète le volume primitif avec l'eau distillée et on détermine la richesse alcoolique au moyen de l'alcoomètre.

Richesse alcoolique de quelques liquides.

Vins de Madère	. . . . . .	20	pour 100.
— Malaga	. . . . . .	11 à 16	—
— Bourgogne	. . . .	9 à 12	—
— Bordeaux	. . . . . .	7 à 12	—
Cidre	. . . .	2 à 7	—
Bière	. . . .	1 à 8	—

§ 3. — Farines. — Panification.

Farines. — Les céréales, écrasées sous des meules et tamisées, donnent une poudre plus ou moins blanche qui constitue la farine; la partie corticale, isolée, forme le *son*.

Les principales farines des céréales présentent la composition suivante.

Composition des principales farines.

	BLÉ.	SEIGLE.	AVOINE.	RIZ.
Eau	11	16	11	14
Amidon	59,5	57,5	53,5	77
Dextrine et glucose. . .	7	10	8	»
Cellulose.	1,7	3	4	0,5
Matières azotées	11	9	12	7
— grasses	1,2	2	5,5	0,5
— animales. . . .	1,5	2	3	0,7
Divers.	1,1	1,5	»	0,3
	100	100	100	100

La qualité d'une farine s'évalue, surtout, d'après la quantité de matières azotées, ou *gluten*, qu'elle renferme.

Essai d'une farine. — On fait une pâte épaisse avec de l'eau et un poids connu de farine, 25 grammes, par exemple; on laisse cette masse à l'air, pendant une demi-heure, puis on la malaxe sous l'eau, au-dessus d'un tamis; on peut ainsi recueillir les filaments qui se détachent. Quand l'eau s'écoule limpide, on pèse le *gluten;* le gluten humide pèse environ trois fois plus qu'à l'état sec.

La proportion de gluten varie entre 9 et 11 pour 100.

Gluten. — Le gluten est un des résidus de la fabrication de l'amidon. C'est une substance éminemment plastique, qui donne à la pâte son élasticité.

A l'air humide, le gluten se ramollit et se putréfie, c'est surtout le gluten qui est altéré dans les farines avariées; quand la farine est avariée, le gluten est grenu; le gluten des légumineuses est également grenu; le gluten du seigle est brun et visqueux.

Panification. — La panification comprend trois opérations : le *pétrissage*, le *levage de la pâte* et la *cuisson*.

(*a*) *Pétrissage.* — On délaie la farine avec 60 pour 100 d'eau, du sel et du *levain*. Le levain est de la pâte réservée d'une opération précédente ; on la remplace souvent par la levûre de bière.

Le pétrissage a pour but de rendre la pâte homogène et d'y faire pénétrer l'air nécessaire à la fermentation.

(*b*) — La pâte, coupée et façonnée en *pains*, est abandonnée à elle-même dans le voisinage du four. La glucose qui existe dans la farine et celle qui se forme sous l'influence du ferment se transforment en alcool et en acide carbonique qui se logent dans la pâte et la rendent spongieuse.

(*c*) — La cuisson de la pâte ainsi préparée se fait dans des fours à voûte basse, qu'on a chauffés avec du bois léger. On enlève la braise, on nettoie la sole, on introduit les pains et on ferme le four.

Sous l'influence de la chaleur, l'acide carbonique se dilate et la pâte augmente de volume. La surface extérieure se durcit et se caramélise ; au bout d'une demi-heure environ le pain peut être défourné et livré à la consommation.

100 kilogrammes de farine donnent à peu près 135 kilogrammes de pain.

CHAPITRE IV

ALCOOL ET ÉTHERS.

§ 1. — Alcool ou hydrate d'éthyle. $C^2H^5.OH$.

Alcools de l'industrie. — L'industrie retire l'alcool du vin, des grains, de la pomme de terre, des mélasses et des betteraves.

Les appareils employés pour la distillation des liquides alcooliques sont arrivés à une perfection telle que, par une seule distillation, on obtient de suite des alcools à 95°.

Appareil de Laugier. — L'appareil de Laugier, très employé dans le Midi pour la distillation des vins, se compose de deux chaudières, d'un rectificateur et d'un serpentin (fig. 74).

Chaudières. — La première chaudière A, pleine du liquide à distiller, est chauffée directement par un foyer; — elle communique avec une chaudière A' par un tube B muni d'un robinet. Cette chaudière A' est chauffée par les gaz perdus du foyer et par la vapeur qui distille de A en A' par le tube B.

Fig. 74.

Rectificateur. — Le rectificateur R se compose d'une caisse cylindrique, renfermant un serpentin formé de six tronçons d'hélice h, reliés entre eux par de petits tubes a.

La vapeur alcoolique aqueuse, en arrivant dans le rectificateur, abandonne la plus grande partie de son eau qui se condense et retourne dans la chaudière, tandis que l'alcool, plus volatil, arrive dans le serpentin ordinaire S' et se condense.

Le liquide alcoolique qui sert à alimenter l'appareil suit une marche inverse. Après avoir servi de liquide réfrigérant dans le serpentin, il passe, déjà chauffé, dans le cylindre du rectificateur, s'y échauffe davantage et arrive de là dans la chaudière A'.

Quand le liquide de la chaudière A est complètement privé d'alcool, on le soutire et l'on y fait arriver le liquide de la chaudière A'.

Préparation de l'alcool absolu. — Pour obtenir l'*alcool absolu,* c'est-à-dire l'*alcool anhydre*, on laisse séjourner l'alcool du commerce sur de la chaux vive, pendant 24 heures, et on distille sur la chaux; on ajoute quelques fragments de sodium au produit de la distillation et on rectifie une deuxième fois au bain-marie.

Propriétés physiques. — L'alcool absolu est un liquide incolore, très fluide, plus mobile que l'eau, doué d'une odeur spiritueuse agréable et d'une saveur brûlante.

Densité = 0,809 à 0°.

L'alcool bout à 78°. On n'a pu le solidifier; à 100° au-dessous de zéro, il devient épais comme l'huile.

L'alcool se mêle à l'eau et à l'éther, en toutes proportions. Il est assez avide d'eau pour s'échauffer au contact de ce liquide et pour attirer l'humidité de l'air. Le mélange d'alcool et d'eau éprouve une contraction qui atteint son maximum, quand on mélange 53 litres d'alcool absolu et 47 litres d'eau; au lieu de 100 litres de mélange, on en a seulement 96. De là, la nécessité de multiplier. les graduations directes dans la construction de l'alcoomètre.

Pouvoir dissolvant. — L'alcool dissout :
1° L'oxygène, le cyanogène, le gaz carbonique, les hydrocarbures gazeux;
2° L'iode, le brome ;
3° Les acides boriques, phosphoriques, les acides organiques ;
4° La potasse, la soude, l'ammoniaque et la plupart des alcaloïdes;
5° Le perchlorure de fer, le chlorure mercurique, l'iodure de potassium, l'iodure ferreux et l'iodure mercurique ;
6° Les essences et les résines, les corps gras (moins bien que l'éther).

Affinités. (a) OXYGÈNE. — Il est très inflammable et brûle avec une flamme peu éclairante. Sous l'influence de l'oxygène, l'alcool peut donner lieu à deux réactions :

1° *Déshydrogénation :*

$$C^2H^5.OH + O = H^2O + C^2H^4O.$$
Alcool.   Aldéhyde.

2° *Oxygénation :*

$$C^2H^5.OH + 2O = H^2O + C^2H^4O^2.$$
Alcool.   Acide
cétique.

(*b*) **Chlore.** — L'action prolongée du chlore donne le *chloral :*

$$C^2H^5.OH + 8Cl = 5HCl + C^2Cl^3O.H.$$

Alcool.   Chlore.   Acide   Chloral.
                                 chlorhydrique.

(*c*) **Acides.** — D'une manière générale, l'alcool donne avec les acides des *éthers.*

L'acide sulfurique peut donner :

1° *Du gaz éthylène;*
2° *De l'acide sulfovinique;*
3° *De l'éther sulfurique.*

(*d*) **Azotate d'argent ou de mercure.** — Une solution d'azotate d'argent ou d'azotate de mercure, additionnée d'acide azotique et chauffée avec l'alcool, donne

$$C^2H^5.OH + 2AzO^3Ag = 3H^2O + 2O + 2CAzOAg.$$

Alcool.   Azotate   Fulminate
                 d'argent.   d'argent.

$$C^2H^5.OH + (AzO^3)^2Hg = 3H^2O + 2O + (CAzO)^2.Hg,$$

Alcool.   Azotate   Fulminate
                 mercurique.   de mercure.

§ 2. — Éthers.

Définition. — *Un éther* est le résultat de l'action d'un acide sur un alcool. Nous ne considérerons dans ce paragraphe que les éthers de l'alcool *vinique* ou *éthylique.*

L'éther proprement dit est l'un des résultats de l'action de l'acide sulfurique sur l'alcool.

Éther chlorhydrique, ou chlorure d'éthyle $C^2H^5.Cl.$ — *Préparation.* — L'alcool, saturé par l'acide chlorhydrique, est abandonné à lui-même pendant 24 heures, puis distillé :

$$C^2H^5.OH + HCl = H^2O + C^2H^5Cl.$$

Alcool.   Acide   Chlorure
                 chlorhydrique.   d'éthyle.

On fait passer le gaz dans un flacon laveur qui retient l'acide chlorhydrique resté libre; le gaz passe ensuite dans une éprouvette contenant du chlorure de calcium fondu, et on le recueille dans un récipient entouré d'un mélange réfrigérant.

Propriétés. — L'éther chlorhydrique est un liquide d'une odeur agréable, très mobile, qui bout à 11°.

Il brûle avec une *flamme blanche, bordée de vert*.

Il est peu soluble dans l'eau ; il se mêle à l'alcool, en toutes proportions.

Éther iodhydrique, ou ioduro d'éthyle $C^2H^5.I.$ — *Préparation*. — Au lieu de faire agir directement sur l'alcool l'éther iodhydrique, on met en présence de l'alcool les éléments capables de produire cet acide.

Fig. 75.

Dans un grand ballon, chauffé au bain-marie, on introduit du
phosphore et de l'alcool ; le col du ballon porte une allonge renfermant de l'iode entremêlé de fragments de verre et reliée à un réfrigérant relevé à son extrémité libre de manière que les vapeurs condensées refluent dans le ballon.

On chauffe ; les vapeurs d'alcool s'élèvent dans l'allonge, y dissolvent une petite quantité d'iode, se condensent, et retombent
dans le ballon, entraînant ainsi un peu d'iode qui rencontre le phosphore.

En présence du phosphore et de l'eau, l'iode se transforme en acide iodhydrique et celui-ci, réagissant sur l'alcool, le transforme en iodure d'éthyle.

On distille au bain-marie, pour recueillir l'iodure d'éthyle ; on lave le produit de la distillation avec de l'eau, pour enlever l'excès d'alcool, et on sèche sur du chlorure de calcium.

Propriétés. — L'iodure d'éthyle, récemment préparé, est un liquide incolore, d'une odeur éthérée.

Densité $= 1,075.$ — Il bout à 72°.

Il subit à la lumière une décomposition partielle ; un peu d'iode se trouve mis en liberté et le liquide se colore en brun.

Il décompose à froid tous les sels d'argent et donne naissance aux éthers qui correspondent aux acides :

$$C^2H^3O^3 . Ag + C^2H^3 . I = AgI + C^2H^3O^3 . C^2H^3$$

<table>
<tr><td>Acétate
d'argent.</td><td>Iodure
d'éthyle.</td><td>Iodure
d'argent.</td><td>Éther
acétique.</td></tr>
</table>

On pourrait préparer de la même manière l'*éther azotique.*

Éther azotique $AzO^3 . C^2H^3$. — *Préparation.* — On fait réagir l'alcool sur l'acide azotique, en présence d'une petite quantité d'urée, pour détruire les vapeurs nitreuses qui donneraient de l'azotite d'éthyle :

$$C^2H^3 . OH + AzO^3H = H^2O + Az O^3 . C^2H^3$$

<table>
<tr><td>Alcool.</td><td>Éther
azotique.</td></tr>
</table>

On ajoute de l'eau au liquide distillé ; il se sépare une couche dense d'éther nitrique, qu'on lave avec une solution alcaline et qu'on rectifie sur le chlorure de calcium.

Propriétés. — L'éther, nitrique est liquide, doué d'une odeur agréable.

Densité $= 1,32$; il bout à 86°.

Éther acétique $C^2H^3O^3 . C^2H^3$. — *Préparation.* — On distille un mélange d'alcool, d'acide sulfurique et d'acétate de potassium ; l'éther passe à la distillation, avec une certaine quantité d'alcool.

Pour le purifier, on agite le liquide distillé avec une solution de chlorure de calcium ; on décante l'éther qui surnage et on le rectifie sur du chlorure de calcium.

Propriétés. — Liquide incolore, d'une odeur éthérée agréable.

Densité $= 0,91$; il bout à 71°.

Peu soluble dans l'eau, il se mêle à l'alcool et à l'éther, en toutes proportions.

§ 3. — Éther sulfurique ou oxyde d'éthyle $(C^2H^5)^2O$.

Préparation. — L'acide sulfurique ajouté à l'alcool, à la température ordinaire, donne de l'acide *éthylsulfurique* ou *acide sulfovinique*.

$$C^2H^5.OH + SO^4H^2 = HO^2 + SO^4.(C^2H^5)H$$
$$\text{Acide éthylsulfurique.}$$

Mais, si l'on porte la température à 140°, l'acide éthylsulfurique réagit sur une nouvelle molécule d'alcool ; il se forme de l'éther sulfurique et l'acide sulfurique est régénéré :

$$C^2H^5.OH + SO^4.(C^2H^5)H = SO^4H^2 + (C^2H^5)^2O$$
$$\text{Alcool.} \qquad \text{Acide éthylsulfurique.} \qquad \text{Éther sulfurique.}$$

En définitive :

En présence de l'acide sulfurique, deux molécules d'alcool se dédoublent pour former de l'éther et de l'eau, et le poids du mélange représente le poids de l'alcool employé :

$$2C^2H^5.OH = H^2O + (C^2H^5)^2O.$$

On met dans une cornue :

Acide sulfurique . . . . 9 p.
Alcool 90° . . . . 5 p.

et on fait arriver dans ce mélange, maintenu entre 140° et 145°, un filet continu d'alcool, réglé de manière à ce que le liquide de la cornue reste en ébullition, en occupant toujours le même niveau. — Un mélange d'eau, d'éther et d'un peu d'alcool, se condense dans le récipient refroidi.

L'acide sulfurique commence à noircir, quand il a transformé 60 fois son poids d'alcool.

L'éther recueilli dans le récipient est décanté, lavé avec un lait de chaux pour enlever l'acide sulfurique, puis avec de l'eau distillée, et enfin rectifié à plusieurs reprises, au bain-marie, sur le chlorure de calcium.

Propriétés physiques. — L'éther pur est un liquide incolore, très mobile, doué d'une *odeur spéciale caractéristique*

Densité = 0,723.

Il bout à 34°,5. — A 31° au-dessous de 0°, il se concrète en lames blanches.

L'eau en dissout 1/10 de son volume. Il se mélange à l'alcool et au chloroforme, en toutes proportions.

Fig. 76.

Pouvoir dissolvant. — L'éther dissout :
1° L'iode, le brome. . . . . .
2° Le perchlorure de fer, le chlorure mercurique, le chlorure d'or, l'azotate de mercure ;
3° Les corps gras, les huiles, les ricins. . . . . .

Affinités. — L'éther est très inflammable ; il brûle à l'air, avec une belle flamme blanche très éclairante.

La vapeur d'éther forme avec l'air des mélanges qui détonent au contact d'une bougie. Cette vapeur, étant très dense, gagne rapidement les parties inférieures de l'atmosphère : de là le danger de manier l'éther dans des appartemeuts où il existe un foyer même à une grande distance.

Les vapeurs d'éther subissent une combustion lente, au contact du platine. — Ainsi, un fil de platine roulé en spirale suspendu au-dessus d'un verre contenant un peu d'éther devient incandescent.

Le chlore donne une série d'*éthers chlorés*, dont le produit final est le *sesquichlorure de carbone*.

Applications. — L'éther est employé comme anesthésique, surtout pour les anesthésies locales.

§ 4. — ÉTHYLÈNE OU BICARBURE D'HYDROGÈNE. C^2H^4.

L'éthylène, appelé encore *gaz oléfiant*, *hydrogène carboné*, se forme dans la distillation sèche d'une foule de substances organiques. Nous avons vu qu'il fait partie des premiers gaz qui se dégagent dans la distillation de la houille.

Préparation. — On l'obtient dans les laboratoires, en traitant l'alcool par l'acide sulfurique en excès :

$$C^2H^5.OH + SO^4H^2 = (SO^4H^2 + H^2O) + C^2H^4.$$
Acide sulfurique
pluribydraté.

On remplit un ballon, au tiers, avec du sable, et on verse sur ce sable 1 p. d'alcool et 8 p. d'acide sulfurique monohydraté. L'éthylène qui se dégage est mélangé d'acide sulfureux, d'acide carbonique et d'éther. On force le mélange gazeux à passer dans deux flacons laveurs : le premier, contenant de la potasse, retient les acides ; le deuxième, contenant de l'acide sulfurique concentré, absorbe l'éther.

Propriétés. — L'éthylène est un gaz incolore, d'une odeur éthérée.

Densité 0,97. Il est peu soluble dans l'eau, plus soluble dans l'alcool.

Affinités. — (a) *Oxygène.* — Il brûle avec une flamme très éclairante. Mêlé avec 3 volumes d'oxygène, il produit à la chaleur rouge une violente détonation.

(b) *Chlore.* — L'éthylène, abandonné à la lumière diffuse avec son volume de chlore, donne naissance à un liquide huileux, appelé la *liqueur des Hollandais;* c'est un *chlorure d'éthylène* qui a pour formule $C^3H^4Cl^3$.

L'action prolongée du chlore donne une série de produits dont le dernier terme est représenté par C^3Cl^6, *sesquichlorure de carbone.*

Glycol $C^3H^4(OH)^3 = C^3H^6O^3$. — *Préparation.* — Le *glycol* ou *dihydrate d'éthylène* est l'alcool de ce radical.

Pour obtenir le glycol, on fait agir le bromure d'éthylène sur l'acétate d'argent, puis on traite par la potasse l'acétate d'éthylène ainsi obtenu.

Les formules suivantes représentent ces deux réactions successives :

$$1° \quad C^3H^4.Br^2 + 2C^3H^5O^3.Ag = 2AgBr + (C^3H^5O^3)^2.C^3H^4.$$

Bromure d'éthylène.   Acétate d'argent.   Bromure d'argent.   Acétate d'éthylène.

$$2° \quad (C^3H^5O^3).C^3H^4 + 2KHO = 2C^3H^5O^3.K + C^3H^4(OH)^2.$$

Acétate d'éthylène.   Acétate de potassium.   Glycol.

Propriétés. — Le glycol est un liquide incolore, un peu visqueux, sans odeur, d'une saveur sucrée, soluble en toutes proportions dans l'alcool et l'éther.

En présence de l'oxygène, il donne :

1° Avec le noir de platine,

$$C^3H^6O^3 + 4O = H^2O + C^3H^4O^5$$

Glycol.   Acide glycolique.

2° Sous l'influence de la potasse et de l'acide azotique,

$$C^3H^6O^3 + 4O = 2H^2O + C^3O^4H^2$$

Glycol.   Acide oxalique.

CHAPITRE V

ACIDES ORGANIQUES.

§ 1. — Acide acétique $C^4H^3O^3.H = C^2H^4O^2$.

Origines de l'acide acétique. — L'acide acétique a deux origines principales :

1° *L'oxydation de l'alcool ;*

2° *La distillation du bois.*

(*a*) Oxydation de l'alcool. — Connu dès la plus haute antiquité, l'acide acétique constitue la partie la plus essentielle du vinaigre ; il se produit par l'oxydation de l'alcool. Tout liquide contenant de l'alcool, ou susceptible de devenir alcoolique par la fermentation, peut servir à la fabrication du vinaigre.

D'après Pasteur, l'oxydation est due à l'existence d'un ferment qui se développe à la surface des liquides alcooliques toutes les fois qu'ils sont abandonnés au contact de l'air, en présence des matières albuminoïdes. — Ce ferment végétal, appelé *Mycoderma aceti*, présente en son milieu un étranglement ; les matières organiques servent à la nourriture du ferment et ne sont pas elles-mêmes le ferment.

Le mycoderma aceti ne peut pas vivre sans le contact de l'air, et, s'il vient à être submergé, l'acétification s'arrête. D'un autre côté, il faut éviter que l'alcool soit complétement transformé, car le ferment, agissant alors sur l'acide acétique lui-même, le transformerait en acide carbonique et en eau :

$$C^2H^3O^2.H + 4O = 2CO^2 + 2H^2O.$$

(*b*) Distillation du bois. — Nous avons vu que les liquides condensés, résultant de cette distillation, sont formés d'eau, d'acide acétique et de goudron. Le goudron est séparé par décantation ; la partie aqueuse, distillée, donne comme premier produit l'*esprit de bois* ; le résidu constitue un acide acétique impur, auquel on donne le nom d'*acide pyroligneux*.

Fabrication du vinaigre. — Le vinaigre est le résultat de l'oxydation des liquides alcooliques. Cette oxydation est obtenue par trois procédés :

1° *Procédé d'Orléans;*
2° *Procédé allemand;*
3° *Procédé Pasteur.*

(*a*) PROCÉDÉ D'ORLÉANS. — L'opération s'exécute, à Orléans, dans des tonneaux de 200 litres de capacité environ, qui servent indéfiniment à cette fabrication; ces tonneaux sont placés dans un cellier maintenu à une température voisine de 30°.

On met d'abord dans chaque tonneau 100 litres de vinaigre et 10 litres de vin; au bout d'un mois, on retire 10 litres de vinaigre qu'on remplace par 10 litres de vin. Une fois le tonneau en travail, on peut retirer 10 litres de vinaigre tous les 10 jours.

(*b*) PROCÉDÉ ALLEMAND. — L'opération se fait dans un grand tonneau, divisé en 3 compartiments par 2 diaphragmes percés de trous. Le compartiment moyen est rempli de copeaux de hêtre trempés d'avance dans du vinaigre fort. Les trous du diaphragme supérieur sont oblitérés en partie par des ficelles, retenues par un nœud fait à leur extrémité.

On verse dans le compartiment supérieur un mélange d'eau-de-vie, d'eau et d'une matière albuminoïde (suc exprimé de topinambours, de pommes de terre.....). Le liquide coule, goutte à goutte, sur les copeaux, qui se recouvrent bientôt d'une couche de mycoderme. On soutire, de temps en temps, le vinaigre qui se rassemble dans le compartiment inférieur.

(*c*) PROCÉDÉ PASTEUR. — Ce procédé consiste à étaler le liquide alcoolique en couches minces et d'une grande étendue, et à répandre à la surface libre le mycoderme recueilli sur la surface libre d'une cuve fermentant depuis 2 ou 3 jours.

On peut ainsi obtenir plus de vinaigre dans le même temps que par les procédés ordinaires.

Fabrication du vinaigre de bois. — L'acide pyroligneux, qui forme le résidu de la distillation de l'esprit de bois, saturé par un lait de chaux ou par la craie, se transforme en *acétate de calcium.*

La solution d'acétate de calcium, additionnée de sulfate de sodium, donne un sulfate de calcium qui se précipite et l'acétate de sodium qui reste dans la liqueur :

$$(C^2H^3O^3)^2.Ca + SO^4Na^2 = SO^4Ca + 2C^2H^3O^3.Na.$$

<table>
<tr><td>Acétate
de calcium.</td><td>Sulfate
de sodium.</td><td>Sulfate
de calcium.</td><td>Acétate
de sodium.</td></tr>
</table>

La liqueur, évaporée à siccité, laisse un résidu d'acétate de sodium, coloré en brun par des matières empyreumatiques ; on chauffe ce résidu à 250° pour détruire les substances goudronneuses, et on reprend par l'eau. La solution d'acétate de sodium ainsi obtenue, traitée par l'acide sulfurique, donne de l'acide acétique aqueux, qu'il suffit d'étendre convenablement d'eau pour avoir le *vinaigre de bois*.

Préparation de l'acide acétique cristallisable. — La solution d'acétate de sodium concentrée à chaud donne des cristaux d'*acétate de sodium pur*.

L'acétate cristallisé, distillé avec la moitié de son poids d'acide sulfurique, est décomposé, et il passe à la distillation de l'acide acétique, qu'on achève de déshydrater, en le soumettant à l'action d'un mélange réfrigérant.

Propriétés. — L'acide acétique est solide au-dessous de $+17°$; il cristallise en grandes lames brillantes. Son odeur est piquante et acide. Il est corrosif ; mis en contact avec la peau, il désorganise l'épiderme.

Densité $= 1,08$; — il bout à $118°$.

L'acide acétique se mêle à l'eau et à l'alcool, en toutes proportions. Le mélange d'eau et d'acide acétique est susceptible de contraction.

Sa vapeur est inflammable et brûle avec une flamme pâle.

Réactif. — Un mélange d'acide arsénieux et d'acétate de potassium, chauffé dans un tube bouché, donne des vapeurs blanches, épaisses, douées d'une *odeur d'ail caractéristique* (liqueur fumante de Cadet).

§ 2. — ACIDE OXALIQUE $C^3O^4H^2$.

Origine de l'acide oxalique. — L'acide oxalique se rencontre dans un grand nombre de végétaux. Scheele l'a extrait de l'*oseille*, où on le rencontre à l'état de *bioxalate* et de *quadroxalate de potassium* (*sel d'oseille*).

Bergmann l'a obtenu en traitant le sucre de canne par l'acide azotique. L'industrie fait application de ce procédé et fabrique l'acide oxalique en faisant agir l'acide azotique sur les mélasses.

Enfin, depuis quelque temps, on obtient l'acide oxalique en faisant réagir, à une température élevée, la potasse sur la sciure de bois.

Extraction. — On retire le sel d'oseille des *rumex*, en Suisse et dans la Forêt-Noire.

Les rumex sont pilés dans un mortier et soumis à l'action d'une presse puissante. Le jus verdâtre ainsi obtenu est additionné d'argile et porté à l'ébullition. On obtient ainsi une liqueur incolore, qui donne, par évaporation, le sel d'oseille.

Pour obtenir l'acide oxalique, on ajoute à la solution du sel d'oseille une solution d'acétate de plomb; il se forme un précipité d'oxalate de plomb, qu'on traite par l'acide sulfurique ou par l'hydrogène sulfuré; le plomb est précipité et l'acide oxalique reste dans la liqueur. On évapore jusqu'à cristallisation.

Fabrication. — L'industrie fabrique l'acide oxalique par deux procédés.

1° *Acide oxalique des mélasses.* — On fait bouillir 1 p. de mélasse ou d'amidon avec 8 p. d'acide azotique, jusqu'à ce qu'il ne se dégage plus de vapeurs nitreuses. La solution, réduite au sixième par évaporation, dépose en se refroidissant l'acide oxalique cristallisé.

Les eaux mères sont évaporées à siccité et le résidu est repris par une petite quantité d'eau bouillante. On a ainsi de nouveaux cristaux d'acide oxalique.

100 p. de sucre solide donnent 60 p. d'acide oxalique.

2° *Acide oxalique de la sciure de bois.* — La potasse, chauffée à une température élevée avec la sciure de bois, forme de l'*oxalate de potassium*.

On épuise par l'eau le produit de la calcination et on ajoute, à la solution ainsi obtenue, un lait de chaux; il se précipite de l'oxalate de calcium et la potasse, régénérée, peut servir pour une nouvelle opération.

L'*oxalate de calcium*, mis en suspension dans l'eau, est décomposé par l'acide sulfurique, qui précipite la chaux et laisse l'acide oxalique en dissolution.

Propriétés physiques. — L'acide oxalique est solide, incolore; il cristallise en prismes transparents qui renferment deux molécules d'eau.

Il s'effleurit à l'air, en perdant son eau de cristallisation; il est soluble dans 15 p. d'eau froide et dans 1 p. 1/2 d'eau bouillante; il est soluble dans l'*alcool*.

Affinités. — Sous l'influence de la chaleur, l'acide oxalique fond à 98°; à 150, il donne de l'acide formique, du gaz carbonique et de

l'oxyde de carbone. Avec la glycérine, il donne de l'acide carbonique
et de l'acide formique.

Chauffé avec l'acide sulfurique, il donne de l'oxyde de carbone et
du gaz carbonique :

$$C^2O^4H^2 = H^2O + CO + CO^2.$$

Réactifs. — Saturé préalablement avec l'ammoniaque, l'acide oxalique donne :

1° Avec les sels de calcium solubles, un *précipité blanc* caractéristique;

2° Avec l'azotate d'argent, un *précipité blanc* qui, séché et chauffé
dans un tube, se décompose avec *explosion*.

Les oxalates donnent les mêmes réactions. On reconnaît l'acide à ce
que le sel sec est soluble dans l'alcool.

§ 3. — Acide tartrique $C^4H^6O^6 = C^4H^4O^6 . H^2$.

L'acide tartrique a été extrait du *tartre des vins*, par Schçole,
en 1770.

Extraction. — (*a*) *Crème de tartre*. — Le tartre qui se dépose
dans les tonneaux où l'on conserve le vin est constitué essentiellement
par un bitartrate acide de potassium, mêlé de matières colorantes.

Ce tartre, dissous dans l'eau bouillante et clarifié avec l'argile,
donne par le refroidissement de la *crème de tartre*, ou tartrate acide
de potassium, à peu près pur. — La crème de tartre est soluble dans
300 p. d'eau froide et dans 15 p, d'eau bouillante.

(*b*) *Acide tartrique*. — Pour extraire l'acide tartrique, on ajoute
d'abord à une solution bouillante de crème de tartre du carbonate de
calcium, qui donne un tartrate de calcium insoluble et transforme le
tartrate acide en tartrate neutre :

$$2C^4H^4O^6HK + CO^3Ca = C^4H^4O^6K^2 + C^4H^4O^6Ca.$$

| Crème de tartre. | Carbonate de calcium. | Tartrate neutre de potassium. | Tartrate de calcium. |

On filtre et on ajoute à la solution du chlorure de calcium; il se
forme un nouveau précipité de tartrate de calcium et il reste dans la
liqueur du chlorure de potassium :

$$C^4H^4O^6K^2 + CaCl^2 = 2KCl + C^4H^4O^6Ca.$$

| Tartrate neutre de potassium. | | Tartrate de calcium. |

Les deux précipités de tartrate de calcium, réunis, sont décomposés par l'acide sulfurique; on filtre et on fait cristalliser.

Propriétés. — L'acide tartrique cristallise en gros prismes rhomboïdaux obliques, inaltérables à l'air.

Ces cristaux sont solubles dans 1/2 p. d'eau, solubles dans l'alcool, insolubles dans l'éther.

Ils fondent entre 170 et 180° et donnent un acide anhydre. A une température plus élevée, l'acide se transforme en acide. *pyrotartrique.*

Les solutions d'acide tartrique sont généralement *dextrogyres.*

§ 4. — ACIDE TANNIQUE OU TANNIN.

Tannins. — On connaît sous le nom de *tannins* des principes divers existant dans les végétaux et caractérisés par les deux propriétés suivantes :

1° *Ils donnent avec les sels ferriques une coloration noire tirant sur le bleu, qui est l'encre;*

2° *Ils précipitent les matières albuminoïdes et notamment la gélatine.*

Extraction. — On extrait généralement le *tannin* de la noix de galle.

On introduit les noix de galle, réduites en poudre grossière, dans un appareil à déplacement, de manière à remplir l'allonge à moitié, et on finit de remplir avec l'éther du commerce. Le lendemain, on trouve dans la carafe deux couches de liquide : l'une, supérieure, éthérée; l'autre, inférieure, aqueuse, chargée de tannin.

On sépare la couche aqueuse et on l'abandonne dans une étuve à la dessiccation.

Propriétés. — Le tannin se présente sous l'aspect d'une poudre légère, boursouflée, d'une teinte jaunâtre.

Il est inodore et d'une saveur très astringente.

Il se dissout facilement dans l'eau, moins dans l'alcool; il est insoluble dans l'éther.

Il se comporte comme un acide énergique, rougit le tournesol et précipite la plupart des dissolutions métalliques.

Abandonné au contact de l'air, il se transforme en *acide gallique.*

Applications. — Le tannin forme avec la peau fraîche une combinaison imputrescible, qu'on appelle le *cuir*.

§ 5. — Acétates et tartrates.

A. Acétates.

Acétate neutre de plomb $(C^3H^3O^3)^2.Pb.$ — L'*acétate neutre de plomb*, appelé encore *sel* ou *sucre de Saturne*, s'obtient, industriellement, par la dissolution de la litharge dans l'acide acétique.

Il est en cristaux transparents, solubles dans 1 p. 1/2 d'eau froide ; — la saveur d'abord sucrée, puis astringente, laisse un arrière-goût métallique désagréable.

Extrait de Saturne. — La solution d'acétate neutre dissout la litharge et forme, suivant les proportions, divers acétates basiques, notamment un *bibasique* et un *tribasique*. La solution, ainsi obtenue, constitue l'*extrait de Saturne*.

Acétate neutre de cuivre $(C^3H^3O^3)^2.Cu.$ — L'*acétate neutre de cuivre*, ou *verdet*, se prépare en mélangeant des solutions chaudes d'acétate de sodium et de sulfate de cuivre :

$$(C^3H^3O^3)^2.Pb + SO^4Cu = SO^4Pb + (C^3H^3O^3)^2.Cu.$$

L'acétate cuivrique se dépose, par refroidissement, sous la forme de beaux prismes clinorhombiques, d'un vert bleuâtre, appelés *cristaux de Vénus*.

Chauffé, l'acétate neutre donne le *vinaigre radical*.

Le *Verdet de Montpellier* est un mélange de divers acétates basiques, obtenu en empilant des lames de cuivre avec du marc de raisin. Au contact de l'air, l'alcool s'acétifie et au bout de quinze jours les lames de cuivre sont recouvertes d'une couche de *vert-de-gris*.

Le vert-de-gris est pétri avec un peu de vinasse et roulé en boules qu'on fait sécher au soleil.

B. Tartrates.

Tartrate double de potassium et de sodium, ou *sel de Seignette* $C^8H^4O^6KNa.$ — Une solution bouillante de crème de tartre, saturée par le carbonate de sodium et filtrée, laisse déposer de beaux prismes droits rhomboïdaux de sel de Seignette, solubles dans 2 p. 1/2 d'eau, insolubles dans l'alcool.

Émétiques. — On appelle *émétiques* les résultats obtenus en saturant la crème de tartre par les oxydes métalliques Sb O, Fe O, Bo O.

D'une manière générale, on obtient les émétiques en saturant une dissolution bouillante de crème de tartre par l'oxyde correspondant.

On prépare en pharmacie :
1° *Le tartrate double d'antimoine et de potasse;*
2° *Le tartrate ferrico-potassique;*
3° *Le tartrate borico-potassique.*

Tartre stibié. — Le *tartre stibié* ou *émétique proprement dit* est l'émétique d'antimoine.

Pour préparer l'émétique, il faut saturer avec l'oxyde d'antimoine une solution bouillante de crème de tartre. Par le refroidissement, l'émétique se dépose sous la forme de rhomboïdes octaëdriques.

L'émétique a une saveur métallique désagréable. Il est soluble dans 14 p. 1/2 d'eau froide et 2 p. d'eau bouillante.

CHAPITRE VI

CORPS GRAS.

§ 1. — Caractères généraux.

Propriétés physiques. — Les corps gras se présentent sous deux formes. Les uns, solides à la température ordinaire, sont plus ou moins mous; suivant leur consistance, ils prennent les noms de *beurre, graisse, suif.* — Les autres sont toujours liquides à la température ordinaire; ce sont les *huiles.*

Les corps gras neutres sont onctueux; ils font, sur le papier, des taches transparentes qui persistent.

Les corps gras sont insolubles dans l'eau, peu solubles dans l'alcool; solubles dans l'éther, les essences et le chloroforme.

Les corps gras solides fondent à une certaine température, mais ils ne sont pas volatils; au-dessus de 300°, les corps gras se décomposent en produisant des carbures d'hydrogène, de l'oxyde de carbone, de l'acide carbonique et de l'acroléine.

Action de l'air. — Au contact de l'air, les corps gras s'altèrent peu à peu; ils *rancissent*.

Certaines huiles s'épaississent, au contact de l'air, en dégageant de l'acide carbonique; d'autres conservent leur limpidité. — De là la distinction d'*huiles siccatives* et d'*huiles non siccatives*.

$$
\text{Huiles siccatives....} \left\{ \begin{array}{l} \text{Huile de lin.} \\ \text{— de noix.} \\ \text{— de chènevis.} \\ \text{— d'œillette.} \\ \text{— de ricin.} \end{array} \right.
$$

$$
\text{Huiles non siccatives.} \left\{ \begin{array}{l} \text{Huile d'olives.} \\ \text{— d'amandes.} \\ \text{— de colza.} \\ \text{— de noisette.} \\ \text{— de faîne.} \end{array} \right.
$$

Les huiles siccatives sont employées pour la fabrication des vernis et des couleurs; on augmente leurs propriétés en les faisant bouillir avec de la litharge.

Un autre caractère sépare les huiles siccatives des huiles non siccatives. Le peroxyde d'azote ne solidifie pas les huiles siccatives; il solidifie les huiles non siccatives.

Principes immédiats des corps gras. — M. Chevreul, dans un travail d'une très grande importance, publié en 1814, a établi que les corps gras neutres sont formés par le mélange de divers principes immédiats.

L'*oléine*, principe liquide des graisses, — la *margarine* et la *stéarine*, principes solides des graisses, sont les principes immédiats principaux.

Oléine. — Pour obtenir l'oléine, on refroidit l'huile d'olive à 0° et on comprime la matière pâteuse obtenue, entre deux feuilles de papier buvard; le liquide qui se sépare est de l'*oléine*.

Margarine ou Palmitine. — Le résidu solide de l'opération précédente, solide, composé de petites lamelles blanches et nacrées, n'est autre chose que la *margarine* ou *palmitine*.

On obtient mieux la palmitine en exprimant l'huile de palme et en la traitant à plusieurs reprises par l'alcool bouillant. La partie insoluble est lavée à l'éther, qui abandonne la palmitine par le refroidissement.

La palmitine fond à 47°.

Stéarine. — La stéarine se prépare en fondant du suif dans l'essence de térébenthine ; les deux autres principes se précipitent et la stéarine reste dissoute. On purifie la stéarine par plusieurs cristallisations dans l'éther.

La stéarine fond à 64°.

Constitution des corps gras. — Plus tard, les travaux de M. Chevreul établirent que la glycérine est le produit constant du dédoublement des corps gras par les alcalis. Enfin, M. Berthelot, en réalisant la synthèse des éthers de la glycérine, fit voir que la glycérine est un *alcool triatomique.* — On peut donc dire que :

Les corps gras sont des mélanges d'éthers de la glycérine.

§ 2. — Produits industriels des corps gras.

Les corps gras, étant des éthers de la glycérine, se dédoublent en acides gras et en glycérine, sous l'influence des *alcalis* ou de la *vapeur d'eau surchauffée.* Ce phénomène de dédoublement a reçu le nom de *saponification.* — La combinaison des acides gras avec une base s'appelle un *savon.*

La saponification des corps gras fournit les produits industriels suivants :

1° *Emplâtre simple ;*
2° *Savons ;*
3° *Bougies.*

Emplâtre simple. — L'emplâtre simple est un savon de plomb.

On fait bouillir de l'huile d'olives et de l'axonge avec de l'eau et de la litharge jusqu'à ce que la masse prenne un aspect blanc uniforme, et on entretient l'ébullition jusqu'à ce qu'en pétrissant un peu la matière dans l'eau froide elle ne s'attache plus aux doigts.

On laisse refroidir ; l'emplâtre simple va au fond. L'eau qui surnage l'emplâtre simple renferme de la glycérine en solution.

Fabrication des savons. — Les savons sont obtenus en saponifiant les corps gras avec la potasse ou la soude. On emploie pour cette fabrication des huiles d'olives de qualité inférieure, des huiles d'arachides et de sésame.

On fait bouillir les huiles avec une lessive de potasse ou de soude et, après l'ébullition, on additionne la liqueur de *chlorure de sodium.* Les savons, étant insolubles dans les eaux chargées d'un excès d'alcali et de chlorure de sodium, se rendent à la surface du bain.

Le liquide aqueux que l'on soutire contient la glycérine.

Les savons à base de potasse et de soude sont seuls solubles; ils constituent les savons ordinaires.

Les savons *mous* sont à base de potasse; les savons *durs* sont à base de soude.

Fabrication des bougies. — Dans cette fabrication, la saponification des corps gras se fait par deux procédés.

(a) *Saponification par la chaux.* — Le suif est fondu dans une cuve en bois contenant de l'eau, qu'on chauffe par la vapeur. Quand le suif est complètement fondu, on ajoute un lait de chaux et on brasse toute la masse. — On laisse reposer et on soutire le liquide qui contient la glycérine.

Le savon calcaire pulvérisé est mis en suspension dans l'eau acidulée par l'acide sulfurique et maintenue à une douce chaleur; le sulfate de calcium insoluble se précipite et les acides gras, devenus libres, forment à la surface une *couche huileuse,* qu'on coule dans des moules.

(b) *Saponification par la vapeur d'eau surchauffée.* — En Angleterre, on saponifie l'huile de palme en la soumettant à l'action de la vapeur d'eau surchauffée à 300°.

Le récipient contient deux couches : l'une supérieure, formée par les acides gras, l'autre inférieure, constituée par une solution aqueuse de glycérine.

§ 3. — Glycérine $C^3H^5(OH)^3$.

La glycérine a été découverte par Scheele, en 1779, dans la préparation de l'emplâtre simple; il l'appela *principe doux des huiles.*

Extraction. — Les liqueurs provenant des diverses opérations précédentes sont concentrées à une douce chaleur, jusqu'à consistance sirupeuse. — La liqueur donnée par l'emplâtre simple doit être préalablement traitée par un courant d'hydrogène sulfuré, qui forme un sulfure de plomb insoluble avec les quelques traces de plomb dissous.

Purification. — Pour purifier la glycérine, on met la glycérine industrielle dans un alambic et l'on fait arriver un courant de vapeur d'eau, surchauffée à 300°. La glycérine est entraînée dans le récipient par la vapeur d'eau, et il suffit d'évaporer la solution au bain-marie, pour avoir de la glycérine parfaitement pure.

Propriétés physiques. — La glycérine est un liquide inodore, de consistance sirupeuse, d'une saveur sucrée, incolore ou légèrement jaunâtre.

Densité = 1,26 à 15°.

La glycérine est soluble, en toutes proportions, dans l'eau et dans l'alcool; — elle est insoluble dans l'éther et le chloroforme. — Les propriétés dissolvantes sont intermédiaires entre celles de l'alcool et de l'eau; elle dissout la potasse, la soude, et leurs sels.

Elle distille dans le vide, sans altération, entre 275 et 280°.

Affinités. — Chauffée avec l'acide oxalique, la glycérine n'est pas altérée, mais, sous son influence, l'acide oxalique se dédouble en acide formique et en acide carbonique.

L'acide azotique donne, avec la glycérine, la *nitroglycérine*.

Nitroglycérine $(C^3H^5)(AzO^3)^3$. — La *nitroglycérine*, ou *éther triazotique de la glycérine*, a été découverte par Sobrero.

Préparation. — Pour la préparer, on ajoute à un mélange bien refroidi de 2 vol. d'acide sulfurique et de 1 vol. d'acide azotique le sixième de son volume de glycérine sirupeuse.

Après quelques minutes d'agitation, on verse la solution dans 15 à 20 fois son volume d'eau froide; la nitroglycérine se sépare et va au fond du vase.

Propriétés. — La nitroglycérine est une huile jaunâtre, *plus dense que l'eau;* très toxique.

Insoluble dans l'eau, très soluble dans l'alcool et dans l'éther.

Chauffée, elle se décompose avec explosion; elle détone violemment par le choc. Insuffisamment lavée, elle détone spontanément.

Dynamite. — La dynamite est de la nitroglycérine mélangée avec des poudres inertes : sable, alumine.... Sous cette forme pulvé-rulente, la nitroglycérine est moins dangereuse à manier et plus facile à conserver.

La dynamite sert comme poudre de mine et poudre de guerre.

LIVRE III

COMPOSÉS AZOTÉS DE CARBONE

CHAPITRE PREMIER

ALCALOÏDES.

On désigne sous le nom d'*alcaloïdes* des substances azotées capables de s'unir aux acides, à la façon de l'ammoniaque.

Cette analogie est consacrée par la propriété que possèdent les chlorhydrates de former des sels doubles avec le chlorure de platine.

Nous étudierons seulement les alcaloïdes suivants :

1° *Alcaloïdes de l'opium ;*

2°   —   *des quinquinas ;*

3°   —   *des strychnées.*

§ 1. — Alcaloïdes de l'opium.

L'opium est le produit de l'évaporation du latex du *Papaver somniferum album* (Papavéracées).

Il contient un grand nombre d'alcaloïdes. Les seuls usités sont la morphine et la codéine. Ces deux alcaloïdes peuvent être extraits de l'opium par un seul procédé, dû à *Grégory.*

Préparation de la morphine et de la codéine. — On fait un extrait sirupeux d'opium et on y ajoute du marbre pulvérisé ; l'acide méconique, combiné dans l'opium avec les alcaloïdes, est précipité à l'état de méconate de calcium.

On ajoute à la liqueur filtrée une solution de chlorure de calcium contenant 1/6 environ d'acide chlorhydrique, et on abandonne le mélange à lui-même.

Au bout de 25 jours, on a une masse de cristaux de chlorhydrate de morphine et de codéine. Ces cristaux exprimés dans un linge sont dissous dans l'eau bouillante, additionnée de noir animal; on filtre et on a une solution limpide des deux sels.

L'ammoniaque précipite la *morphine*.

On fait bouillir l'eau mère pour chasser l'excès d'ammoniaque; la morphine, encore dissoute à la faveur de l'ammoniaque, se précipite.

La liqueur, décantée et concentrée, traitée par la *potasse caustique*, donne la *codéine*.

Morphine $C^{17}H^{19}AzO^5 + H^2O$. — La morphine a été découverte par Serterner en 1817; c'est le *premier alcaloïde connu*.

La morphine, obtenue par le procédé de Grégory, est souvent mélangée de narcotine; on enlève cet alcaloïde en lavant la morphine avec le chloroforme ou l'éther, qui dissolvent facilement la narcotine, et on fait cristalliser dans l'alcool.

La morphine cristallise en prismes incolores, transparents, inodores, d'une saveur amère persistante.

Elle est soluble dans 13 p. d'alcool bouillant, et dans 500 p. d'eau bouillante; — elle est insoluble dans l'éther et le chloroforme.

Réactif. — La morphine en poudre, projetée dans une solution de sulfate ferrique un peu acide, lui donne une coloration *bleu foncé*.

Codéine $C^{18}H^{21}AzO^5 + H^2O$. — La codéine est obtenue cristallisée, au moyen de l'éther.

Elle est soluble dans 80 p. d'eau froide, plus soluble dans l'eau bouillante, facilement soluble dans l'éther et l'alcool.

§ 2. — ALCALOÏDES DES QUINQUINAS.

Les quinquinas contiennent de nombreux alcaloïdes. Nous étudierons seulement la *quinine* et la *cinchonine*.

Quinine $C^{20}H^{24}Az^2O^4$. — La quinine a été isolée par Pelletier et Caventou, en 1820.

Extraction. — On fait bouillir, pendant une heure au moins, le *quinquina calisaya* pulvérisé, avec 8 ou 10 fois son poids d'eau, additionnée de 25 pour 100 d'acide chlorhydrique. On passe la décoction à travers une toile et l'on soumet le résidu à une seconde, puis à une troisième ébullition, avec des liqueurs acides plus étendues.

On ajoute aux liqueurs réunies un lait de chaux en léger excès ; on recueille un précipité, qu'on laisse égoutter et qu'on comprime fortement. Le précipité desséché est mis à digérer en vase clos, au bain-marie, avec de l'alcool qui s'empare des alcalis.

A la solution alcoolique on ajoute de l'acide sulfurique étendu de manière à lui communiquer une réaction légèrement acide, et l'on retire l'alcool par distillation. Par le refroidissement, le résidu se prend en une masse cristallisée de sulfate de quinine ; la quinine est précipitée par l'*ammoniaque*.

Propriétés. — La quinine ainsi obtenue se présente sous la forme d'une masse blanche et caillebotée. Abandonnée au contact de l'air, cette masse cristallise à l'état d'hydrate.

La quinine est inodore, très amère.

Elle est très soluble dans l'alcool, beaucoup plus soluble dans l'éther et dans le chloroforme ; l'eau n'en dissout qu'un 400° de son poids.

Réactifs. — 1° Dissoute dans un excès d'acide sulfurique dilué, la quinine forme une solution à *reflets bleus ;*

2° Lorsqu'on ajoute quelques gouttes d'eau de chlore à la solution d'un sel de quinine, puis de l'ammoniaque, la solution se colore en *vert.*

Sulfate de quinine. — Le sulfate de quinine se présente sous la forme d'aiguilles minces, longues, flexibles.

Il est peu soluble dans l'eau, presque insoluble dans l'éther ; il est très soluble dans l'eau légèrement acidulée avec l'acide sulfurique.

Cinchonine $C^{20}H^{24}Az^2O_2$. — Les eaux mères du sulfate de quinine, traitées par l'ammoniaque, donnent un précipité qui renferme de la cinchonine, mélangée d'un peu de quinine. On reprend par l'alcool ; la quinine, moins soluble, cristallise la première.

La cinchonine cristallise en prismes quadrilatères, presque insolubles dans l'éther, à peine solubles dans le chloroforme. L'alcool concentré en dissout seulement 3 pour 100.

§ 3. — ALCALOÏDES DES STRYCHNÉES.

La strychnine et la brucine, découvertes par Caventou, forment les alcaloïdes les plus remarquables des plantes de la famille des Logamiacées.

Extraction. — On retire ces deux alcaloïdes de la noix vomique, dans une seule opération.

La noix vomique, râpée, traitée comme les quinquinas, donne un mélange d'alcaloïdes bruts, que l'on fait dissoudre dans de l'acide azotique étendu. On fait cristalliser; l'*azotate de strychnine*, moins soluble, cristallise le premier.

Pour isoler ces alcaloïdes, il suffit de traiter l'azotate correspondant par l'ammoniaque.

Strychnine $C^{21}H^{22}Az^2O^2$. — La strychnine cristallise en octaèdres à base rectangle.

Elle est incolore, inodore et d'une amertume excessive.

Elle est insoluble dans l'eau et dans l'éther; très soluble dans l'alcool ordinaire et dans le chloroforme.

A petites doses, elle provoque des accès de tétanos.

Brucine. $C^{23}H^{26}Az^2O^4$. — La brucine cristallise en prismes clinorhombiques assez volumineux.

Elle est presque insoluble dans l'eau, très soluble dans l'alcool.

L'acide azotique colore les cristaux de brucine en *rouge sang*.

CHAPITRE II

MATIÈRES ALBUMINOÏDES.

Définition. — On désigne sous le nom de *substances albuminoïdes* des matières quaternaires, contenant quelquefois un peu de soufre, et se rapprochant de l'albumine de l'œuf et du sang par leur constitution et par l'ensemble de leurs propriétés.

Les matières albuminoïdes sont caractérisées par une structure amorphe. Elles dégagent par la chaleur l'odeur de plume brûlée; elles sont insolubles dans l'alcool et dans l'éther, solubles dans les alcalis; la liqueur alcaline est précipitable par les acides.

Albumine. — On rencontre l'albumine dans le sang et dans tous les liquides séreux. Quand on soumet la farine à l'action d'un filet d'eau, l'albumine est entraînée avec l'amidon.

Elle se coagule à 60° et devient blanche, dure et opaque. Elle se coagule à froid, sous l'influence des acides, sauf de l'acide *acétique* et *phosphorique*, de même que par l'action de l'*alcool* et du *tannin*. C'est sur cet emploi qu'est fondé l'emploi du blanc d'œuf, *pour coller les vins.*

L'albumine, coagulée, redevient soluble, après une ébullition prolongée dans l'eau et plus facilement dans une dissolution de potasse. Ces dissolutions sont précipitées par les acides étendus.

Un grand nombre de sels précipitent la solution d'albumine : *bichlorure de mercure, sulfate de cuivre, acétate de plomb, azotate d'argent.* De là l'emploi du blanc d'œuf comme antidote du sublimé corrosif.

L'albumine se combine avec l'*hydrate de chaux;* un mélange de blanc d'œuf et de chaux éteinte constitue *un lut, très résistant.*

Fibrine. — La fibrine se rencontre dans le sang et dans la chair musculaire. Le *gluten*, qui constitue la matière plastique des céréales, a la composition et les propriétés générales de la fibrine.

Isomère de l'albumine, insoluble dans l'eau et dans l'alcool, la fibrine se dissout dans les solutions alcalines, à l'aide d'une douce chaleur.

Chauffée à 200°, elle se décompose, en donnant beaucoup de carbonate d'ammoniaque. L'acide chlorhydrique et l'acide acétique la transforment en gelée, soluble dans l'eau chaude.

Caséine. — La *caséine* est la matière azotée du lait. Cette substance se précipite en grumeaux blancs, quand on traite le lait par un acide. L'acide lactique qui se produit dans la fermentation du sucre de lait produit la coagulation.

De là l'emploi du conservateur (bicarbonate de soude) pour empêcher le lait de tourner; il sature l'acide, à mesure qu'il se forme.

Les fromages sont formés de caséine presque pure. On emploie la *présure* pour cette coagulation.

La caséine coagule, comme l'albumine, par les acides et l'alcool. Les alcalis et les carbonates alcalis les dissolvent.

Gélatine. — La matière organique des os est soluble par une ébullition prolongée et surtout dans l'eau surchauffée. Par le refroidissement, la solution forme une *gelée transparente.*

Le tissu cellulaire de la peau, des écailles et de la vessie natatoire des poissons se convertit en gélatine par l'ébullition prolongée (colle de poisson).

La gélatine est une substance solide, transparente, inodore et incolore, quand elle est pure; 1 pour 100 suffit pour que la solution se prenne en gelée.

L'acide sulfurique convertit la gélatine en *sucre de gélatine*, ou *glycocolle*.

Le tannin et l'alcool la précipitent de ses dissolutions les plus étendues.

Les solutions de gélatine sont précipitées par le chlorure de platine et par le sublimé corrosif; elles ne le sont pas par l'*alun*, les sels de plomb, de cuivre et d'argent.

Chondrine. — La chondrine, obtenue en faisant bouillir longtemps les cartilages des fausses côtes..., se distingue de la gélatine, en ce qu'elle précipite par l'*alun*, qui ne précipite pas la gélatine.

CHAPITRE III

CYANOGÈNE ET SES DÉRIVÉS.

§ 1. — Ferrocyanure de potassium Cy^6FeK^4.

Radical cyanogène $CAz = Cy$. — Le carbone ne s'unit pas directement à l'azote; mais on obtient la combinaison de ces deux corps dans les conditions suivantes :

1° *Lorsqu'on calcine les matières azotées avec un carbonate alcalin ;*

2° *Lorsqu'on fait passer un courant d'azote sur du charbon imprégné d'un carbonate alcalin ;*

3° *Lorsqu'on fait passer un courant d'ammoniaque sur du charbon incandescent.*

En 1814, Gay-Lussac démontra que l'*acide prussique*, découvert par Scheele, en 1782, avait la même constitution que l'acide chlorhydrique et qu'il pouvait être considéré comme une combinaison de l'hydrogène avec un gaz composé de carbone et d'azote, rappelant par ses propriétés le chlore, le brôme et l'iode. Il reconnut de plus que ce composé gazeux, se comportant comme un corps simple, forme avec les métaux des composés isomorphes, des chlorures, bromures, iodures.

Comme, d'ailleurs, ce *radical* fait partie essentielle du bleu de Prusse, Gay-Lussac lui a donné le nom de *cyanogène* (κυανος, *bleu*; γεννάω, *j'engendre*).

Le carbone étant tétratomique et l'azote triatomique, le groupe CAz possède une atomicité libre et est par conséquent *monoatomique.*

Préparation. — Dans l'industrie, on obtient le ferrocyanure de potassium, en calcinant des matières animales azotées (*cheveux, cuir, sang desséché*).... avec du carbonate de potassium, en présence du fer.

L'azote des matières animales s'unit au charbon pour donner naissance à du cyanogène, lequel forme : avec le potassium, du cyanure de potassium ; avec le fer, du cyanure de fer ; ces cyanures ont respectivement pour formules

$$CyK \qquad\qquad Cy^2Fe.$$

Cyanure de potassium.   Cyanure ferreux.

En épuisant le résidu de la calcination par l'eau bouillante, on obtient de gros prismes, d'un *jaune ambré*, qui ont pour formule :

$$Cy^6FeK^4 + 3H^2O.$$

On peut écrire :

$$Cy^6FeK^4 = 4CyK + Cy^2Fe.$$

Cyanure   Cyanure
de potassium.   ferreux.

De là, l'ancienne dénomination : *cyanure double de fer et de potassium*.

Propriétés physiques. — Les cristaux du ferrocyanure de potassium dérivent d'un octaèdre à base carrée ; — ils possèdent un éclat vitreux ; — leur saveur est à la fois salée et amère.

Solubilité. — Le ferrocyanure de potassium se dissout dans 4 p. d'eau froide et dans 2 p. d'eau bouillante ; — il est insoluble dans l'alcool.

Action de la chaleur. — Le ferrocyanure de potassium est inaltérable à l'air.

A 100°, il perd son eau de cristallisation et devient anhydre ; — le *sel anhydre est blanc*.

Au-dessous du rouge, le ferrocyanure de potassium fond et se décompose en *cyanure de potassium* et en *carbure de fer*. — En reprenant par l'alcool bouillant, on sépare le cyanure de potassium $CAzK$.

Affinités. — Le ferrocyanure de potassium, chauffé avec les corps suivants, donne :

(*a*). **Oxygène**. *Peroxyde de manganèse*, MnO^2.

Cyanate de potassium $= CAzOK.$

(*b*). **Soufre** *Sulfocyanate de potassium* $= CAzSK$.

(*c*). **Acide sulfurique.**

$$Cy^6FeK^4 + 3SO^4H^2 = 2SO^4K^2 + SO^4Fe + 6HCy$$

Ferrocyanure de potassium.   Acide sulfurique.   Sulfate de potassium.   Sulfate ferreux.   Acide cyanhydrique.

Bleu de Prusse (*Ferrocyanure ferrique*) $(Cy^6Fe)^3 Fe^4$. — Le bleu de Prusse prend naissance quand on verse une solution de ferrocyanure de potassium dans la solution d'un sel ferrique.

$$2(SO^4)^3 Fe^2 + 5 Cy^6 FeK^4 = (Cy^6 Fe)^3 Fe^4 + 6 SO^4 K^2.$$

Sulfate ferrique.   Ferrocyanure de potassium.   Ferrocyanure ferrique.   Sulfate de potassium.

Le bleu de Prusse est en masses d'un bleu foncé, inodores, insipides; — la cassure offre un *reflet cuivré*.

Il est insoluble dans l'eau, l'alcool, l'éther, les acides faibles, les huiles.

Application (*Encre bleue*). — Dissous dans l'*acide oxalique*, le bleu de Prusse forme une *encre bleue*.

Teinture et impression. — Lorsqu'on veut colorer un tissu en bleu de Prusse, on l'imprime d'abord d'hydrate ferrique, puis on le passe dans un bain de ferrocyanure de potassium, additionné d'acide chlorhydrique.

Le bleu de Prusse lui-même est usité dans la fabrication des papiers peints, dans la peinture à l'huile, l'azurage du papier. — La couleur que le bleu de Prusse fournit aux fibres textiles résiste assez bien aux acides; mais elle est enlevée facilement avec le savon et surtout avec les alcalis.

Poudre blanche. — Le ferrocyanure, mélangé au chlorate de potassium et au sucre, forme une poudre blanche qui détonne par le choc. Cette poudre est usitée surtout pour les fourneaux des mines et les torpilles.

Ferricyanure de potassium. $Cy^{12}Fe^2K^6$. — Ce sel prend naissance quand on fait passer un courant de chlore dans une solution de ferrocyanure de potassium.

$$2Cy^6FeK^4 + 2Cl = 2KCl + Cy^{12}Fe^2K^6.$$

Ferrocyanure de potassium.   Chlorure de potassium.   Ferricyanure de potassium.

Le ferricyanure de potassium cristallise en gros prismes rhomboïdaux obliques, d'un rouge foncé, solubles dans l'eau, insolubles dans l'alcool. Chauffé à la flamme d'une bougie le ferricyanure brûle avec vivacité, en pétillant et en lançant des étincelles d'oxyde de fer.

Le ferricyanure ne précipite pas les sels ferriques. Il donne, avec les sels ferreux, un *ferricyanure ferreux*, d'un beau bleu, désigné sous le nom de *bleu de Turnbull*.

Tableau des réactions.

Sels ferreux.	Précipité *blanc* devenant *bleu.*	
— ferrique.	—	*bleu.*
— de zinc.	—	*blanc.*
— de plomb.	--	--
— d'argent.	—	—
— de cuivre.	—	*marron.*

FERROCYANURE. { (the six rows above)

FERRICYANURE. Sels ferreux.   Précipité *bleu* (de Turnbull).

§ 2. — Acide cyanhydrique $CAzH = HCy$.

L'acide *cyanhydrique* a été retiré du bleu de Prusse, par Scheele, en 1782. — De là, le nom d'*acide prussique* qui lui a été longtemps donné.

Nous avons dit que c'est Gay-Lussac qui a fait connaître en 1814 sa véritable constitution.

Préparation. — L'acide prussique existe dans les eaux distillées de laurier-cerise, d'amandes amères des fruits à noyaux et dans le suc de la racine du *Jatropha Manihot*.

Quand on veut avoir de l'acide cyanhydrique aqueux, il suffit de chauffer un mélange de ferrocyanure, d'acide sulfurique et d'eau et de recevoir le liquide distillé dans un récipient refroidi.

Préparation instantanée. — On mélange :

      Cyanure de potassium. . . . . 4 p.
      Acide tartrique. 0

Il se précipite de la crème de tartre ; le liquide, décanté, est une solution d'acide cyanhydrique avec des traces de crème de tartre.

Acide cyanhydrique pur. — Pour préparer l'acide cyanhydrique pur, on introduit dans une cornue le mélange suivant :

      Ferrocyanure de potassium. . . . . . 10 p.
      Acide sulfurique concentré. 7
      Eau. 11

Le col de la cornue est relevé et muni d'un long tube incliné, *a*, pour que les vapeurs condensées refluent dans la cornue (fig. 77).

Ce tube *a* se rend dans un tube plus large *b*, renfermant des fragments de chlorure de calcium et en communication avec un flacon à deux tubulures B, rempli également de chlorure de calcium et

Fig. 77.

plongé dans de l'eau tiède, maintenue à 30°, pour que les vapeurs d'acide cyanhydrique ne s'y arrêtent pas. L'autre tubulure du flacon B est munie d'un tube abducteur *c*, qui conduit l'acide cyanhydrique dans un matras à long col, entouré d'un mélange réfrigérant C.

On chauffe la cornue. L'acide cyanhydrique mélangé d'eau distille; la plus grande partie de l'eau se condense dans le col de la cornue. Les portions qui sont entraînées avec l'acide sont retenues par le chlorure de calcium et l'acide cyanhydrique anhydre se condense dans le récipient.

Procédé du Codex. — On introduit dans la cornue :

Cyanure de potassium. . . . . 100 p.
Chlorhydrate d'ammonium 45

et on adapte au col de la cornue un gros tube de 50 centimètres de longueur, contenant du marbre concassé, puis du chlorure de calcium fondu (fig. 78). L'autre extrémité du tube est réunie à un deuxième tube en U, entouré d'un mélange de glace et de sel pilé.

On verse par la tubulure de la cornue :

Acide chlorhydrique . . . . 90 p.

On bouche et on chauffe lentement. L'acide chlorhydrique entraîné mécaniquement est retenu par le marbre.

On promène alors, à distance, un charbon allumé le long du tube horizontal, afin de chasser l'acide cyanhydrique dans le récipient.

Fig. 78.

On peut traiter le cyanure de mercure seul par l'acide chlorhydrique.

$$HgCy^2 + 2HCl = HgCl^2 + 2HCy.$$

Cyanure mercurique.   Chlorure mercurique.   Acide cyanhydrique.

$$HgCy + HCl = HgCl + HCy.$$

Mais, dans ce cas, le sublimé corrosif formé retient une partie de l'acide cyanhydrique et cette combinaison n'est détruite qu'à une température élevée. Quand on ajoute du chlorure d'ammonium, ce sel se combine avec le sublimé corrosif à mesure qu'il se forme, et le soustrait ainsi à l'action de l'acide cyanhydrique.

Acide médicinal. — L'acide cyanhydrique médicinal s'obtient en mélangeant l'acide pur avec 9 fois son poids d'eau distillée.

On conserve ce liquide dans un flacon noir, bouché à l'émeri.

Propriétés physiques. — L'acide cyanhydrique pur est un *liquide* incolore, très mobile, faiblement acide.

Densité = 0,70.

Action de la chaleur. — Il se solidifie à — 15° et oout à 26°,5.

Solubilité. — Il se mêle à l'eau et à l'alcool, en toutes proportions. La solution a l'odeur de l'essence d'amandes amères.

Affinités. — L'acide cyanhydrique se décompose à la lumière, avec formation d'ammoniaque et d'un dépôt brun ; des traces d'acides minéraux le rendent plus stable.

Il prend feu au rouge au contact de l'air et brûle avec une flamme blanche, teintée de violet.

Les acides énergiques le transforment à froid en ammoniaque et en acide formique :

$$CAzH + 2H^2O + HCl = CHO^2.H + AzH^4.Cl.$$

<table>
<tr><td>Acide
cyanhydrique.</td><td>Acide
formique.</td><td>Chlorure
d'ammonium.</td></tr>
</table>

Il réagit sur les métaux, comme l'acide chlorhydrique ; il se forme un cyanure et l'hydrogène se dégage

Réactions caractéristiques. — Ces réactions sont au nombre de deux :

1° *L'azotate d'argent* donne un précipité de cyanure d'argent, *blanc, caillebotté, soluble dans l'ammoniaque* et se distinguant du chlorure d'argent en ce qu'il est *soluble dans l'acide azotique bouillant.*

2° *Il précipite les sels de * *en présence des alcalis.* On ajoute au liquide qui renferme l'acide cyanhydrique un peu de potasse caustique. puis quelques gouttes d'un mélange de sulfate ferreux et de sulfate ferrique ; il se forme un *précipité vert ocreux.*

On traite le précipité par l'acide chlorhydrique en excès ; celui-ci dissout l'oxyde ferrique et laisse apparaître la teinte caractéristique du *bleu de Prusse.*

Action physiologique. — A la dose de 5 centigr., en une seule fois, l'acide cyanhydrique peut tuer un homme.

Lorsqu'on en respire de petites quantités, il cause des douleurs de poitrine très vives et un sentiment d'oppression qui dure plusieurs heures ; à une dose plus élevée, il occasionne la mort, après avoir déterminé de violents accès tétaniques ; il peut même foudroyer l'individu 2 ou 5 minutes après l'ingestion du poison.

Chez les animaux de petite taille la mort est instantanée.

§ 3. — CYANURES ET CYANATES. — CYANOGÈNE.

Cyanure de potassium $CAzK = KCy$. — On calcine au rouge, dans une cornue de grès, le ferrocyanure de potassium.

Quand la cornue est refroidie, on la brise et on pulvérise la masse noire qui forme le résidu. Cette poudre est épuisée par l'alcool bouillant qui dissout le cyanure de potassium et l'abandonne par évaporation.

Le cyanure de potassium cristallise en cubes.

Sa saveur est âcre et amère; son odeur est celle de l'acide cyanhydrique.

Il est très soluble dans l'eau, assez soluble dans l'alcool ordinaire, insoluble dans l'alcool absolu. — La solution aqueuse s'altère rapidement, en formant de l'ammoniaque et de l'acide cyanhydrique, du formiate et du carbonate de potassium.

Le cyanure de potassium dissout le chlorure d'argent; à ce titre il est usité dans la photographie. Il dissout aussi l'azotate d'argent et le cyanure double qui en résulte est employé pour l'argenture galvanique.

Le cyanure de potassium est un poison presque aussi énergique que l'acide cyanhydrique; quelques centigrammes déterminent la mort.

Cyanure de potassium des Arts. — Le cyanure de potassium, employé en photographie, est obtenu en chauffant au rouge, dans un creuset de fer, un mélange de 3 p. de carbonate de potassium et de 1 p. de ferrocyanure de potassium. L'acide carbonique se dégage; le fer se dépose au fond du creuset et on obtient une masse incolore, *mélange de cyanure et de cyanate* qui, décantée, se solidifie immédiatement.

Cyanure de mercure $HyCy^2$. — Pour le préparer, on ajoute de l'oxyde de mercure finement pulvérisé à une solution aqueuse d'acide cyanhydrique, en ayant la précaution de ne pas saturer entièrement l'acide.

On concentre la solution et on laisse cristalliser.

Le cyanure de mercure se présente sous la forme de petits prismes à base carrée, incolores, opaques, solubles dans l'eau, l'alcool et l'éther.

Cyanogène CAz. — *Préparation.* — On chauffe le cyanure de mercure *bien sec*, dans un tube en verre (fig. 79), ou dans une cornue.

$$HgCy^2 = Hg + 2Cy.$$

Cyanure mercurique.   Cyanogène.

19.

Le cyanure est décomposé ; le mercure se dépose dans le col de la cornue et le cyanogène se dégage. On recueille le gaz sur la cuve à mercure.

Il reste dans le fond du tube un résidu noir, abondant, polymère du cyanogène qui a pour formule $(CAz)^x$. Ce résidu est d'autant plus

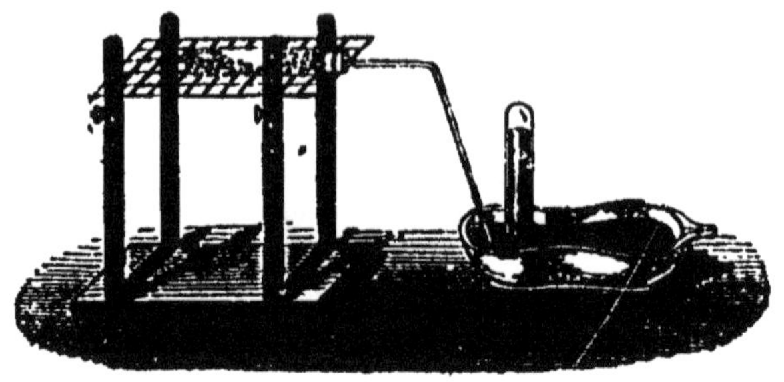

Fig. 70.

considérable que la température est plus élevée; on l'appelle *paracyanogène*.

Propriétés. — Le cyanogène est un gaz incolore, d'une odeur vive et piquante, qui rappelle celle des *amandes amères*.

Densité $= 1,80$.

L'eau en dissout 4,5 vol.; l'alcool 23 vol.

Entre 25 et 30° au-dessous de zéro, le cyanogène se liquéfie ; à une température plus basse, il se prend en une masse cristalline radiée, qui ressemble à de la glace, et fond à $-34°$.

Le cyanogène brûle avec une *flamme pourpre*, caractéristique, en donnant du gaz carbonique et de l'azote.

Le cyanogène donne, avec les alcalis, les mêmes réactions que le chlore. Avec une dissolution concentrée de potasse, il donne un cyanure et un cyanate.

$$2KHO + 2Cy = CAzK. + CAzOK.$$

Potasse caustique. — Cyanogène. — Cyanure de potassium. — Cyanate de potassium.

Cyanate d'ammonium $CAzO.AzH^4$. — *Préparation.* — Pour préparer le cyanate d'ammonium, on décompose le cyanate de potassium par un sel d'ammonium.

Nous avons vu qu'on obtient le cyanate de potassium, en chauffant sur une plaque de tôle 28 p. de ferrocyanure bien sec, avec 14 p. de peroxyde de manganèse.

La masse refroidie est pulvérisée et épuisée par l'eau froide, qui dissout le cyanate de potassium. A la liqueur filtrée, on ajoute 20 p. de sulfate d'ammonium et l'on évapore à siccité au bain-marie.

$$2CAzOK + SO^4(AzH^4)^2 = 2CAzO.AzH^4 + SO^4K^2.$$

Le résidu est épuisé par l'alcool bouillant, qui dissout le cyanate d'ammonium et laisse comme résidu le sulfate de potassium.

Nous verrons plus loin que le cyanate d'ammonium ainsi obtenu constitue l'*urée artificielle*.

CHAPITRE IV

URÉE ET ACIDE URIQUE.

Ces deux produits constituent la plus grande partie des éléments de l'urine. Sur les 48 grammes de substances dissoutes dans l'urine de 24 heures, on trouve en effet 28 à 32 grammes d'urée et $0^{gr},60$ d'acide urique.

Urée $COAz^2H^4$. — Nous pouvons écrire :

$$COAz^2H^4 = CAzO.AzH^4,$$

formule qui nous montre que l'urée est isomère du cyanate d'ammonium.

Urée artificielle. — Nous avons vu que pour préparer le cyanate d'ammonium, on traite le cyanate de potassium par un sel d'ammonium. Lorsqu'on évapore au bain-marie le cyanate d'ammonium qui s'est formé passe à l'état d'*urée ;* et le mélange de potasse et d'urée, traité par l'alcool bouillant, abandonne l'*urée artificielle*, qu'on retire par cristallisation.

Urée naturelle. — Pour retirer l'urée de l'urine, on évapore celle-ci en consistance sirupeuse; on laisse refroidir et on ajoute de l'acide azotique. On a ainsi une masse de cristaux qu'on laisse égoutter sur un entonnoir et qu'on lave avec un peu d'eau froide.

Les cristaux d'azotate d'urée sont redissous et la solution est décolorée au moyen du noir animal. On filtre et on ajoute à la dissolution une solution concentrée de carbonate de potasse jusqu'à ce qu'il ne se dégage plus d'acide carbonique. On évapore à siccité, au bain-marie, et on traite le résidu par l'alcool bouillant qui dissout seulement l'urée.

L'urée se présente sous la forme de longs prismes aplatis, striés, incolores, d'une saveur fraîche.

Ils sont solubles dans leur poids d'eau à 15° et dans 5 p. d'alcool froid.

Acide urique $C^5H^4Az^4O^3$. — On fait bouillir le guano, avec une solution de borax dans l'eau, au cent vingtième ($\frac{1}{120}$). On filtre la solution bouillante et, après le refroidissement, on la précipite par l'acide chlorhydrique.

L'acide urique, pur, forme une poudre blanche, légère, insoluble dans l'alcool et dans l'éther.

Il se dépose souvent dans l'urine sous la forme de petites tables rhomboïdales, colorées en jaune brunâtre.

PROBLÈMES

—

I. — *Combien 1 kilogramme de peroxyde de manganèse pur peut-il, par calcination, produire de litres d'oxygène sec, à 0° et sous la pression de 760ᵐᵐ?*

La réaction est représentée par l'équation suivante :

$$3 MnO^2 = Mn^3 O^4 + 2O.$$

27,5 étant l'équivalent du manganèse, 8 celui de l'oxygène, nous pouvons écrire que :

$3 \times (27,5 + 16)$ *de peroxyde de manganèse donnent 16 d'oxygène,*

c'est-à-dire :

$$130,5 \quad MnO^2 \quad \text{donnent} \quad 16 \quad \text{d'oxygène;}$$

par suite :

$$1 \quad \text{»} \quad \text{donnera} \quad \frac{16}{130,5}$$

$$1000 \text{ gr.} \quad \text{donneront} \quad \frac{16 \times 1000}{130,5}.$$

En effectuant, on trouve

$$122 \text{ grammes } 60.$$

La densité de l'oxygène étant 1,1056, le poids d'un litre d'oxygène à 0° et sous la pression 760ᵐᵐ est égal à

$$1 \text{ gr. } 3 \times 1,1056.$$

On a, par suite, pour le volume cherché :

$$\frac{122,60}{1,3 \times 1,1056} = 85 \text{ litres } 29.$$

II. — *Combien faut-il mettre de zinc et d'acide sulfurique monohy-dralé dans de l'eau pour préparer 2000 mètres cubes d'hydrogène saturé d'humidité, à 22°, sous la pression de 760ᵐᵐ, la tension maximum de la vapeur d'eau, à 22°, étant 19ᵐᵐ,60 ?*

La tension du gaz sec est égale à

$$760^{mm},2 - 19,66 = 740^{mm},54.$$

La densité de l'hydrogène étant égale à 0,0692, le poids d'un litre d'hydrogène sec à 22° et sous la pression 740,54 est représenté par

$$\frac{1,3 \times 0,0692 \times 740,54}{760} = 0,088366.$$

Le poids des 2000 mètres cubes cherché sera

$$0,088366 \times 2000 = 176^{gr},732.$$

La réaction qui donne l'hydrogène quand on fait agir l'acide sulfurique monohydraté sur le zinc est d'ailleurs représentée par l'équation :

$$SO^3,HO + Zn = ZnO.SO^3 + H,$$

L'équivalent du soufre étant 16, celui de l'oxygène 8 et celui du zinc 33, nous pouvons écrire que :

49 *d'acide sulf.* + 33 de *zinc* donnent 81 *sulfate de zinc* + 1 *d'hydrogène.*

Pour avoir 176ᵍʳ,732 d'hydrogène, il faudra employer :

$$49 \times 176,732 \ \textit{acide sulfurique.}$$
$$33 \times 176,732 \ \textit{zinc.}$$

En effectuant, on trouve :

     8 kilogr. 659 *acide sulfurique.*
     5 kilogr. 832 *zinc.*

On obtient comme résidu :

     14 kilog. 315 *sulfate de zinc.*

III. — *On introduit dans l'endiomètre 250 centimètres cubes d'air et 100 centimètres cubes d'hydrogène, puis on fait passer l'étincelle. — Quel est le volume et la composition du résidu?*

250 centimètres cubes d'air contiennent une quantité d'oxygène représentée par

$$250 \times 0,2093 = 52 \ \text{centim. cubes } 325;$$

en ne tenant pas compte de l'acide carbonique, la quantité d'azote est représentée par la différence :

$$250 - 52,325 = 197 \text{ centim. cubes } 675.$$

Les 100 grammes d'hydrogène brûlent 50 centim. cubes d'oxygène pour former 100 centim. cubes de vapeur d'eau, et il reste comme résidu :

$$2 \text{ centim. cubes } 325 \text{ } d'oxygène.$$

La vapeur d'eau se condensant pour la plus grande partie, le résidu renferme :

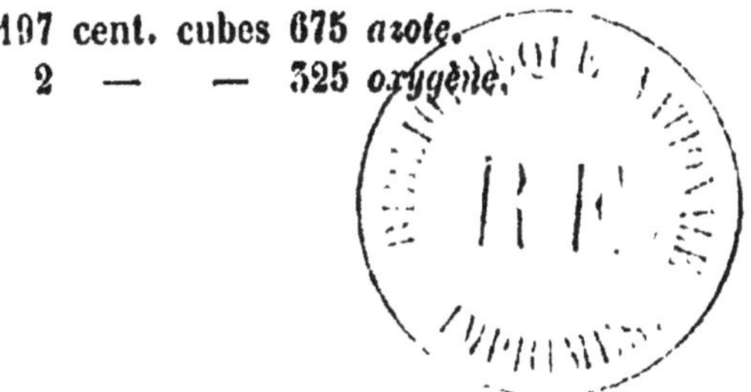

197 cent. cubes 675 *azote.*
2   —   —   325 *oxygène.*

FIN.

INDEX ALPHABÉTIQUE

TABLE DES MATIÈRES

NOTIONS PRÉLIMINAIRES

I. — Corps simples. — Corps composés.

II. — Nomenclature.

III. — Cristallisation.

IV. — Allotropie. — Isomérie.

PREMIÈRE PARTIE

CHIMIE INORGANIQUE

LIVRE I. — MÉTALLOIDES

CHAPITRE I. — MÉTALLOÏDES MONOATOMIQUES.

CHAPITRE II. — MÉTALLOÏDES DIATOMIQUES.

CHAPITRE III. — MÉTALLOÏDES TRIATOMIQUES.

CHAPITRE IV. — MÉTALLOÏDES TÉTRATOMIQUES.

LIVRE II. — COMPOSÉS DES MÉTALLOIDES ENTRE EUX

CHAPITRE I. — AIR ATMOSPHÉRIQUE.

CHAPITRE II. — EAU.

CHAPITRE III. — COMBINAISON DE L'HYDROGÈNE AVEC LES MÉTALLOÏDES.

CHAPITRE IV. — COMPOSÉS OXYGÉNÉS DU CHLORE.

CHAPITRE V. — COMPOSÉS OXYGÉNÉS DE SOUFRE.

CHAPITRE VI. — COMPOSÉS OXYGÉNÉS DE L'AZOTE.

Chapitre VII. — Composés oxygénés du phosphore.

Chapitre VIII. — Composés oxygénés de l'arsenic.

Chapitre IX. — Composés oxygénés du bore et du silicium.

Chapitre X. — Composés oxygénés du carbone.

Chapitre XI. — Composés divers.

CHAPITRE XII. — CLASSIFICATION DES MÉTALLOÏDES.

LIVRE III. — MÉTAUX

CHAPITRE I. — POTASSIUM.

CHAPITRE II. — SODIUM.

CHAPITRE III. — ARGENT.

CHAPITRE IV. — LITHIUM. — RUBIDIUM. — CŒSIUM.

Livre IV. — Combinaison des métaux avec les métalloïdes

Chapitre I. — Oxydes métalliques.

Chapitre II. — Des sels.

CHAPITRE III. — SELS AMMONIACAUX.

CHAPITRE IV. — SULFURES MÉTALLIQUES.

CHAPITRE V. — CHLORURES MÉTALLIQUES.

CHAPITRE VI. — CARBONATES.

CHAPITRE VII. — DES SULFATES.

CHAPITRE VIII. — DES AZOTATES.

ANALYSE INORGANIQUE.

DEUXIÈME PARTIE

CHIMIE ORGANIQUE

—

INTRODUCTION

I. — OBJET DE LA CHIMIE ORGANIQUE.

II. — ANALYSE ORGANIQUE.

III. — DIVISION DE LA CHIMIE ORGANIQUE.

LIVRE I. — CARBURES D'HYDROGÈNE

Chapitre I. — Gaz d'éclairage. — Flamme.

Chapitre II. — Protocarbure d'hydrogène et ses dérivés.

Chapitre III. — Benzine et ses dérivés.

Chapitre IV. — Huiles essentielles.

LIVRE II. — COMPOSÉS TERNAIRES OXYGÉNÉS DU CARBONE ET LEURS DÉRIVÉS

Chapitre I. — Cellulose et ses isomères.

CHAPITRE VI. — CORPS GRAS.

LIVRE III. — COMPOSÉS AZOTÉS DE CARBONE

CHAPITRE I. — ALCALOÏDES.

CHAPITRE II. — MATIÈRES ALBUMINOÏDES.

CHAPITRE III. — CYANOGÈNE ET SES DÉRIVÉS.

CHAPITRE IV. — URÉE ET ACIDE URIQUE.

FIN DE LA TABLE DES MATIÈRES.